Here
Be
Dragons

Science

Technology

and the

Future of

Humanity

科技通史

科学将引领我们走向何方？

[瑞典] 奥勒·哈格斯特姆 著

Olle Haggstrom

刘 浩 张尧然 译

新世界出版社
NEW WORLD PRESS

北京版权保护中心引进书版权合同登记 01-2019-3670

图书在版编目（CIP）数据

未来科技通史 / (瑞典) 奥勒·哈格斯特姆

(Olle Haggstrom) 著；刘浩，张尧然译 . -- 北京：新

世界出版社，2019.9

ISBN 978-7-5104-6805-6

Ⅰ . ①未… Ⅱ . ①奥… ②刘… ③张… Ⅲ . ①科学技

术 - 普及读物 Ⅳ . ① N49

中国版本图书馆 CIP 数据核字 (2019) 第 125782 号

未来科技通史：科学将引领我们走向何方？

作　者：	[瑞典] 奥勒·哈格斯特姆（Olle Haggstrom）
译　者：	刘　浩　张尧然
策　划：	中资海派
执行策划：	黄　河　桂　林
责任编辑：	贾瑞娜
特约编辑：	林　晖　刘馥鸣　温敏超
责任校对：	宣　慧
责任印制：	王宝根　汪勋辽
出版发行：	新世界出版社
社　址：	北京西城区百万庄大街 24 号（100037）
发 行 部：	(010) 6899 5968　　(010) 6899 8705（传真）
总 编 室：	(010) 6899 5424　　(010) 6832 6679（传真）
http：//www.nwp.cn　　http：//www.nwp.com.cn	
版 权 部：	+8610 6899 6306
版权部电子信箱：	frank@nwp.com.cn
印　刷：	深圳市福圣印刷有限公司
经　销：	新华书店
开　本：	787mm×1092mm　1/16
字　数：	400 千字　　印 张：22
版　次：	2019 年 9 月第 1 版　　2019 年 9 月第 1 次印刷
书　号：	ISBN 978-7-5104-6805-6
定　价：	69.80 元

《新科学家》

　　《未来科技通史》值得所有科学家与工程师一读，尤其推荐有雄心做最前沿科技研究的博士后读者阅读。作者对前沿科技的洞见谨慎细致、独到深刻、坦率真诚，不同于卢德式辩论，本书以古典却发人深省的谦逊态度，尝试缓和当下狂热追求技术进步的趋势。

《金融时报》

　　这是一部深刻而透彻的科学概述作品。

《选择》

　　这是一次穿越技术可能性的迷人之旅，强烈推荐。

目 录 | Here Be Dragons

第 1 章

好科学与坏科学

外星人犯了什么错误？

大约在 500 年后，人类第一次遇到了外星智慧种族。埃利泽·尤德考斯基（Eliezer Yudkowsky）那篇引人入胜的短篇小说《三界冲突》（*Three Worlds Collide*）由此展开。在此，我将在不过多剧透的基础上，叙述这篇小说的一些次要情节。

在相互初步了解之后，漫游太空的人类与外星智慧种族交流了各自在科学领域的发现。虽然两者在文化和表达方式上存在很大差异，但在物理、化学等大多数科学领域，双方的发现基本相同。或许这并没有什么值得大惊小怪的，毕竟两个种族同处一个宇宙。但值得注意的是，尽管外星人跟人类一样有普朗克常量的概念（当然二者对此的命名有别），双方计算出的数值也相差无几，并且几乎所有自然界的基本常量也都相同，但奥尔德森常量却是个例外。奥尔德森常量在此前几百年被人类发现，由此奠定的奥尔德森物理学的基础，成就了人类穿越虫洞的技术。但双方测算的奥尔德森常量值却相差近 10 个数量级——这着实让人目瞪口呆！为何偏偏在这个极为重要的常量上，这个科技发达、同样拥有穿越虫洞技术的外星文明会犯下如此大错？

小说中的几位主人公决定到飞船的图书馆中寻找答案。他们深入研究奥尔德森物理学，试图找出外星人在哪一步计算出错，或者错得如此离谱的原因。但他们发现的真相却更加让人瞠目结舌：外星人对奥尔德森常量的计算完全正确，错误的是人类！数个世纪以来，作为奥尔德森物理学基础的奥尔德森常量是错误的！为什么会这样呢？为了找出答案，他们继续深挖相关的档案，并最终弄清楚了事情的来龙去脉。

原来，最早研究奥尔德森物理学的科学先驱们发现，只要掌握该领域的知识便可以将太阳转化为超新星，而制造相关设备的材料在普通的五金店里就能买到！这一发现令他们陷入极大的惶恐。面对这一事实，先驱们反复权衡后认为，如果将所有知识不加保留地公之于众，必将导致人类的灭顶之灾。所以，他们对真正的奥尔德森常量秘而不宣，转而给出一个虚假的数值[1]。

对这篇小说的剧透到此为止。现在，请设想自己是一名早期的奥尔德森物理学家，在意识到你的团队发现了灭世武器后，你该怎么做才算符合道德伦理？

在二十多年的科学生涯中，我见过许多有关科研伦理的意见。如果说有什么众人都认可的金玉良言，那便是绝不伪造科研成果！也就是说，不论结果是否符合（私下的）预期，只管遵循证据的指引走下去。科研人员永远不能因为自己想要不同的结果，就把研究成果秘而不宣。科学的真谛是大公无私、孜孜不倦地追求真理，而不论真理是什么。

上述观点我曾多次听到，我自己也曾多次复述。按照这个原则，奥尔德森物理学家就应该将惊世骇俗的新发现公之于众，但公布之后，各路媒体极有可能蜂拥而至，世界末日迅速接踵而至[2]。怎么做才是正确的？换作是我，我会像小说中的科学家一样，将"大公无私、孜孜不倦追求真理"之类的漂亮话抛诸脑后，竭尽全力掩盖研究成果（希望读者也会这么做）。科学原则固然很重要，不该轻易被僭越，但如果到了小说中描述的危及存亡之时，或许就应该顾全大局、放下原则，以免让地球与全人类遭受灭顶之灾。

小说中的现实：人类上空的核战阴霾

《三界冲突》毕竟是虚构的小说，书中设定的发生于遥远未来的情节是否真的与人类当今现实中的选择存在关联？

在某种程度上，刚刚的故事不太符合现实，但它确实阐明了一个观点：纵使崇尚不偏不倚、无拘无束地探寻科学的真理，我们也不应该罔顾实际情况，不惜一切代价袒护这种理念。而且在现实中，不少情境都与尤德考斯基的小说有异曲同工之妙。不论我们是否会在 21 世纪经历这些情境，我们将在随后的几个章节就其中的几个展开讨论。

事实上，早在 20 世纪与 21 世纪早期，科学界就已经历过一些类似的道德困境。其中最有力的例子当数曼哈顿计划。20 世纪 40 年代，一群天赋异禀的物理学家成功研发出原子弹。1945 年 8 月，曼哈顿计划成功后，两颗原子弹立即被分别投放到广岛和长崎，造成约二十万受害者死亡。而这又导致了随后的美苏核武军备竞赛。我们很难评估人类有多侥幸，才在没有爆发全球核战的情况下熬过了冷战。

1983 年（正值大韩航空 007 号航班遭苏联击落后的紧张时期），错误的警报显示美国的核导弹正向苏联袭来，千钧一发之际，多亏苏联空军将领斯坦尼斯拉夫·彼得罗夫（Stanislav Petrov）的正确判断，危机才成功化解。这次错误警报和古巴导弹危机等事件表明，爆发全面核战的风险绝对不容忽视。即使到了今天，核战末日的阴霾依然笼罩在全人类上空。

以上陈述无意评判参与曼哈顿计划的物理学家的道德对错。毕竟，事情并非三言两语就能说清。需要考虑的因素太多,其中最让人担心的,莫过于纳粹德国抢先成功研发原子弹的后果。关于这个道德问题的文章和书籍有很多,其中不少更是由研发原子弹的物理学家亲自编写而成的。理查德·费曼(Richard Feynman)的反思尤为有趣。他说自己在参与曼哈顿计划的前后备受良心拷问,但在研发过程中全神贯注并没有顾虑太多,甚至没注意到纳粹德国在 1945 年 5 月已经投降,而使他投身原子弹研发的初始情况已不复存在。

广岛和长崎的核爆已过去 70 多年,为什么死于核战争的人数依然停留在几十万而不是变成几十亿?原因有很多,运气只是其一。最关键的原因是核武器技术(跟尤德考斯基小说的灭世武器不同)的简化过程十分缓慢,即使到了今天,这个过程对于普通人、恐怖组织,甚至较小的国家而言依然十分困难。但并非每种技术都像核技术一样难以掌握,以飞机和电子计算机为例,如果它们在问世 70 多年后依然是少数国家才拥有的宝贵工具,那么我根本无法想象世界现代史会是怎样的走向。

在研发出人类史上第一种大规模杀伤性武器——核武器之前,我们并不知道它的简化过程如此缓慢。为此我们应该感到庆幸,但不能指望下次还能这么走运。

说到下次,我立刻想到人为制造(或再制造)的致命性病毒。2005 年,美国的一些科学家宣布,他们成功重制了 1918 年和 1919 年让大约 5 000 万人丧生的西班牙流感病毒。这一举动立即引发巨大争议,各界就实验相关的安全问题争论不休。最近,风波再起,某间实验室泄露了让禽流感病毒变异,并使其能在哺乳类动物间传播的技术细节。事件发生后,美国生物安全顾问委员会先是发布声明表示,建议有关文章在发表前需要经过审核,后来却话锋一转,改称"有证据表明分享病毒变异的相关信息有助于预防大规模流行病的爆发,且流出的资料不太可能马上造成恐怖威胁"。最终，经过修订的学术论文完整出版发布。在舆论争议不断之际，一位微生物学家在接受一家电视台的新闻采访[3]时为发布行为辩护道："恐怖分子不具备相关技术基础，就算他们据此得知了方法，也无法制造出变异的禽流感病毒。"然而就算恐怖分子不具备技术基础，这种言论也完全站不住脚。研究成果一旦发布便覆水难收，我们不仅要考虑恐怖组织当下的技术水平，还要考虑10年、20年甚至50年后的情况（这位微生物学家很可能做过仔细研究，并得出了不存在相关威胁的结论，但研究成果被恐怖分子利用的可能性依然存在[4]）。

请保持警惕，此处恶龙出没

以上论述的重点在于可能因科技突破而爆发的危机，在之后的章节里，我们还会讨论更多潜在的危机。当然，刚刚的论述存在严重偏颇，完全没有提到另一面的事实：科技给人类带来了许多福祉（对此的争议要小得多），且未来还会在更大程度上造福人类[5]。几乎没有人会怀疑：持续的医学研究能帮助我们治愈更多疾病，提高我们的健康水平并延长人类寿命；新兴的绿色能源技术和绿色出行方式也得到广泛的认同，被认为是保持繁荣、避免引发气候灾变的关键所在。科技的好处不一而足。我们甚至还能参考未来学家埃里克·德雷克斯勒（Eric Drexler）在《极度富足：纳米技术革命将如何改变人类文明》（*Radical Abundance: How a Revolution in Nanotechnology Will Change Civilization*）一书中描绘的极端场景，以下段落总结了他对新兴的自动化精密制造技术的前景与影响的看法[6]：

请想象，如果我们能够轻而易举地以低廉的成本和无污染的途径，在全球范围内制造精良的物件，这个世界将会是一幅怎样的图景。如果制造光电转换率极高的太阳能电池板的成本和制造一张硬纸板的成本差不多，笔记本电脑的制造成本与铝箔纸的成本也不相上下，世界又会怎样？现在请设想这样一种情况：能源转换率极高的车辆、照明设备及整个工业文明的幕后基础设备，它们的制造成本都相当低廉，而且无论是在制造还是在运转过程中，碳排放量都为零。

如果我们的工艺水准真的如此高超，人类未来非但不会出现资源稀缺的现象，反而会迎来前所未见的富足年代。那样的情况还并非一般意义的富足，而是彻底的、具有革新意义和可持续的富足。因为我们能够以极低的经济和环境成本，制造出比人们的需求多得多的产品。

......

请想象这样一个世界：维持人类社会运转的各种器件和商品无须经过由各种工业设备组成的冗长供应链，而是由台式电脑般大小的精密机器制作而成。另外，也不再有任何巨大的汽车制造厂，因为一个车库大小的设备就容纳了各种价值数百万美元的装置，只需几分钟，它就能用成本低廉的微小部件组装完成一部汽车。最后请想象，让这些图景成真的技术正在蓬勃发展，它们被冠以许多名字，虽然离成熟仍有很长的路要走，但正在以快得惊人的速度不断发展。

德雷克斯勒所描绘的图景只是对未来的一种推论，但我们根据已知条件，现在就能得出这个确切的结论：

科学发展既能给人类带来灾厄，也能带来福祉当然我不会自夸有先见之明，因为许多先贤早已这么说过。阿尔伯特·爱因斯坦（Albert Einstein）就是其中一位，以下是他的论述：

> 深刻透彻的研究和尖端科研成果往往给人类带来悲剧。科学发展能把人们从繁重的体力活中解放出来，让人们的生活更加便利富足；但另一方面，科技的产物也能使人压抑不安，把人变成各种技术产物的奴隶。最糟糕的是，科学技术还孕育出各种大规模杀伤性武器。

但不管怎么说，这个结论给了我编写本书的动力。既然科学是一把双刃剑，我们就应该尽一切努力扬其长避其短。而一张反映我们即将踏足的科学领域的地图，能帮助我们明晰正确的前行路径，进而增加我们利用科学造福人类的概率。

我写本书的目的之一，就是把已确定的、与新技术有关的零碎信息拼合起来。但我必须承认，目前我们对新技术一知半解的状态不禁让我回想起中世纪的制图师，他们喜欢在未知的区域画上龙或其他虚构生物，并写上"此处恶龙出没！"以警示旅人存在未知的危险。虽说这种模糊的警示并非毫无用处，但我们需要了解更多信息以绘制更准确的"地图"。说实话，当前状况的紧急程度，丝毫不亚于全人类命悬一线的危局，我们迫切需要知道，前路上潜伏着怎样的危险。而让更多的人意识到这种迫切性，就是本书的主要目的。

无论是工业政策、环境政策、军事政策还是国民教育政策，对众多公共领域的政策来说，反映未知科学领域的"地图"十分重要。作为某一领域的一分子，我曾不同程度地参与到瑞典的学术界活动和政府管理中。由于对前方的未知区域缺乏认知，甚至连相关讨论都没有，我们正陷入多少有些荒唐的境地。我所指的是科研经费政策。参与科研经费政策制定的经历是引发我写作本书的原因之一。在此我打算用几页的篇幅交代自己的背景，让读者对我所在的领域有更清晰的认识。本章节剩余部分将主要讲述瑞典的科研政策和科研经费政策。瑞典的例子在一定程度上反映了其他西方国家如何处理相同的事物。因此，这些内容对其他国家来说也具有一定的借鉴意义。

瑞典研究理事会（Swedish Research Council）[7]是瑞典最大的科研经费分配机构，数年来，我任职于其中的自然与工程科学理事会。迄今为止，每当谈到基础科学的研究经费时，它的话语权都是最大的。而所谓基础科学研究，指的是不以快速获得新专利或制造新工业产品等为目标的研究。我们每年都会收到几千份经费申请，但预算有限，只有少数的研究项目能够获得拨款。所以我们需要挑选项目，但挑选的标准是什么？

根据官方的政策，研究项目的质量是唯一的遴选标准。而高质量大致上是指能够扩展人类的知识面，它需要趣味性而不要求成果能马上运用到实际中。虽然我在遴选过程中表现得礼貌克制，但在我看来，这一政策完全可以用"疯狂"二字来形容。我如此评价，主要有两个方面的原因。

首先，申请经费的研究项目通常跨越不同的领域和学科，不可能真正按质量高低排出次序。假设有一名地质学家甲，他想尝试用新方法分析湖泊沉积物，从而了解该湖泊临近区域几千年前的夏季气温变化；计算机学家乙渴望开发一种更快的算法，力求把并行运算技术运用到数据库检索中；微生物学家丙想要研究出能让禽流感病毒通过空气传播的变异体；还有政治学家丁，他想明确发展中国家各层级腐败行径背后的因果关系。那么，对于甲、乙、丙、丁，我们如何才能独立于自身的主观意见，以及觉得哪项研究更有趣的个人看法，对他们的研究项目的质量按高低排序呢？所以一般而言，按质量排序根本不可行。无论是从对比方法还是从预想结果来看，这都如同拿苹果和橙子作比较。为了评判甲、乙双方孰优孰劣，我们需要评判是远古气候变化更有趣，还是复杂的搜索算法更吸引人。而这完全是个人口味的问题，与研究项目的客观质量无关。

理事会的主要做法是通过文献计量法尝试避免主观判断，即根据经费申请人发布科研论文的多少及其被科学文献引用的次数，对申请项目进行排序。但这其实又回避了质量问题，因为它计算的不是质量，只是论文发布的数量；比较被引用的次数也不是在比较质量，而是在比较名气。不同的学术领域有不同的出版传统，为了修正由此造成的不公平，申请者的论文发表次数和被引用次数有时会除以一个根据该学术领域的传统而定的平均值。但这种修正并没有解决根本问题，即流行程度不等同于质量。此外，如果想要把文献计量法作为资助系统的基础，我们还必须把其可能在科学界引发的刺激效应和病态行为纳入考量。

为避免主观判断，瑞典研究理事会与其他科研经费机构一样，在采用文献计量法的同时，其决策团队和理事会中还拥有不少来自各个学术领域的研究员代表。但这同样解决不了问题。举例来说，决策团队中各学术领域代表的人数比例如果由各个学术领域在当前所有科研项目中所占比重决定（瑞典研究理事会在很大程度上就是这样），那决策结果往往是：研究经费按照既存比例分配，并不会特别青睐具有"高质量"这种神秘特质的研究项目。

我苛刻地评判瑞典研究理事会把质量作为分配科研经费的唯一标准还有一个原因。为了留有些讨论的余地，我们假设我们对质量有明确定义，并懂得分辨哪些研究项目质量高，哪些质量低。又因为瑞典研究理事会所理解的质量，与研究项目的实用性无关，把质量高低作为遴选的唯一标准就意味着，我看重的是新知识本身，而不是新知识能帮助我们达成其他目的的效用。对这种从浪漫角度看待知识与思想的态度，我长久以来都深表同情，现在依然如此。增进人类对这个世界的认知，确实是最崇高、最可敬的人类行为。不过，这并不是唯一值得追寻的目标。一个贫困、痛苦和不幸都被降至最低程度，人人前程似锦、生活美满富足的世界，或许也是一个值得为之奋斗的目标，其重要性起码不亚于无止境地追求新知。

正如我在先前部分所说（在之后的章节中，我会用更长的篇幅详尽探讨），即将到来的科学成果极有可能会对未来社会，以及未来人类的生活水平造成巨大影响，一如青霉素、原子弹、避孕药、计算机、移动电话和互联网等 20 世纪的科学发现和发明，极大地改变了我们的生活。对科学的这一面完全视而不见，几乎是一种疯狂之举。

基于这种特殊情况，有人可能会为瑞典研究理事会争辩，既然政府指派这个机构特别照顾**基础科学**的研究项目，在瑞典又有其他更注重实用性的科研经费机构[8]，那瑞典研究理事会就有理由为纯粹探寻新知的项目拨款，因为其他机构会照顾那些注重实用性的研究项目。但问题是，这么做的后果我们真的承担得起吗？

如果说科学发展的进程只会给人类带来好处而没有任何坏处，那我完全同意上一段落的观点。但不幸的是，此前提并不成立。如果只有一部分的科研经费机构对关系到人类存亡的危机保持警惕，而其他科研经费机构对此不屑一顾，那科研经费机构就无法在防范工作中发挥决定性作用，也无法避免导向人类毁灭的新技术的出现。换句话说，只有部分研究人员懂得约束自己不去研发灭世武器是不够的，我们需要的是人人都保持警惕意识。

我尝试着引起瑞典研究理事会对这个问题的重视，但到目前为止，我还没有取得成功。我的一个想法是，召集专家代表成立一个代表团，把所有标着"此处恶龙出没！"的未知科学领域的已知信息，以及所有与之有联系的信息统统收集起来，并写成一份报告。行动的赞助费用由瑞典研究理事会或瑞典政府的教育研究部（Ministry of Education and Research）（后者更好）提供。完成后，这份报告可以递交给瑞典研究理事会、其他科研经费机构、政府组织和立法机构以做参考。或许这能让瑞典的科研经费政策更为明晰。

当然，考虑到在上一段落中提到的原因，只有瑞典有这种报告还远远不够，但总得有人带头这么做。或许在瑞典发起的行动，能够激发其他国家也采取类似措施。我希望看到，联合国最终能够成立一个咨询专家委员会，专门评估各种能够带来剧变的新技术，以及它们可能带来的致命危机，就像今天的联合国政府间气候变化专门委员会（Intergovernmental Panel on Climate Change，IPCC）专门就气候变化的议题发表评估意见一样。

但这些只是我构想的计划，我提议的专家代表团和报告可能不会很快实现，甚至永远不会有实现的一天。你手上这本书并不能替代那份报告，但却是我目前所能做到的极限。

未来之轮驶向何方

当我提及上述事物，以及有必要系统研究未来科技会带来的危机时，不时会有人这样回应："没错，看来是有很大风险，但你的计划太天真，而且毫无用处。"他们通常会用以下两个理由中的一个来支撑其观点，或者两个都用上。

第一个理由是，明确前方未知区域潜伏着何种凶险，是一件极难做到的事情。这是显而易见的道理，试想一下，如果我们回到50年前，让一位未来学家预言在2015年之前世界会发生哪些重大事件，他会提到苏联和南斯拉夫的解体吗？会提到"9·11"事件和反恐战争吗？会提到欧洲货币联盟吗？会提到臭氧空洞危机、艾滋病流行、手机、平板电脑、互联网，以及于 20 世纪 90 年代开始惊人地腾飞，至今仍在增长的中国经济吗？这么多重大事件，他能言中其中之一，就算得上十分幸运了。而想要预测未来的科学技术突破，则更为困难。在 2007 年时，塔勒布（Taleb）以精妙的笔法写明了个中缘由：

> 假设你是一名生活在石器时代的历史学家，现在被要求预言未来，并给规划全族发展的酋长制定一份全面的未来报告，那你就肯定会预言轮子的发明，否则其他的预言几乎都会落空。好了，如果你能够预言轮子这种事物，就说明你知道轮子长什么样，以及如何制造一个轮子，所以你马上就能把轮子发明出来了。

在阐述持不同意见者的第二个理由之前，我们先设想一个情境，为争论留点余地。假设现在我们能够相对有信心地预测一种新技术即将出现，我们将其称为 X 技术。先不管 X 技术是什么，也许是仿真完整大脑的技术，也有可能是让纳米机器人具备自我复制功能的技术，总之它在短期内（10 ~ 20 年）能够给人类带来巨大经济利益，但如果任由技术泛滥，繁荣过后不久，就会招致灭绝人类的全球危机。

预设好情境后，持不同意见者会问："在得知这些信息后我们又能怎么办？你该不会天真地以为自己能够叫停 X 技术的研发吧？要知道，我们处在一个高度复杂的社会中，全球的大部分区域都由市场经济和自由的企业理念主导，肯定会有些研究人员和企业家对所谓的末日预言置若罔闻，只想着从 X 技术带来的短期利益中捞一笔。如果你想通过立法来禁止研发 X 技术，那我必须告诉你，就算你能成功说服 205 个国家也不够。除非你能够一个不落地成功说服全球

206 个主权国家，否则该法案就不会被通过或执行。所以说，禁止 X 技术的研发，根本不可能！"

诚然，两个反对理由都有根有据。要精准预测未来会发展出哪些新技术确实很困难，即便我们能够分辨出，能够考虑到为了全人类的存亡，哪些技术发展红线不该被逾越，我们也很难让全世界的人都停止在该领域的探索。但是，承认巨大困难的存在，跟摊开双手以宿命论的口吻认定问题不可能解决，完全是两回事。在尝试并且是付出巨大努力的尝试之前，我们不该断言问题不可能得到解决。当前，我们对问题的忽视程度令人震惊。尼克·波斯特洛姆最近就在他的论文中举例说明了这一点。他以图解的方式表明，探讨单板滑雪的学术论文，与探讨人类灭亡风险的学术论文的发表数量比例大概是 20∶1。而研究金龟子的论文，又是单板滑雪相关论文的两倍。我并无意以此暗示人们对单板滑雪和金龟子问题做了过多的学术研究，而是想表明，在不影响整体学术环境的前提下，我们不费多大力气，就能极大地丰富有关人类生存危机的研究。

我的主要目的是想表明，我们急需明确在未来几十年或数个世纪中，新技术会带来怎样的正面和负面影响。鉴于这一点，我不想过度强调，接下来我们可能要采取怎样的措施，才能稍微降低极度高危研究项目的危害性。不过，值得一提的是，虽然减少全球温室气体排放的会谈成果让人心灰意冷，但也有鼓舞人心的、相对来说比较成功的例子，如在 1987 年通过的规定为防止臭氧层进一步损耗，各缔约国必须逐步减少氯氟烃排放量的《蒙特利尔议定书》（*Montreal Protocol*）。控制氯氟烃排放比控制温室气体排放更为容易的原因在于，氯氟烃对各国经济的影响远不及温室气体（尤指二氧化碳）。所以，对全球各国来说，减排氯氟烃所造成的经济阵痛相对较小。

臭氧层危机（这也是全球变暖危机的一部分）的另一重要特点是，

由于排放氯氟烃的有害效应是逐渐累加的，所以就算有些小国拒绝缔约，考虑到它们对问题整体严重性的影响不大，所以也不会有太大关系。但换作是另一些危险的未来技术，如刚刚提到的 X 技术，结果可能不会如此。换句话说，哪怕有一个国家，比如朝鲜，执意研发 X 技术并导致全球生物圈崩坏，那即使剩下的 205 个国家都同意禁止研发 X 技术也是不够的。这突出表明了如今的当务之急，是建立能让这种禁令得到通过和执行的国际政治架构。

但假设我们失败了，朝鲜最终还是毁灭了世界，这是不是就意味着剩余的 205 个国家为禁止 X 技术研发而付出的努力是彻底的徒劳？诚然，我们是失败了，但并不是彻底的惨败。因为，朝鲜以自身的力量把 X 技术研发到致命阶段的速度，不太可能跟美国、欧洲及中国的研究团队竞相或合作把 X 技术研发到致命阶段的速度一样快。或许 205 个国家都同意通过的禁令，能在末日的前夕为人类争取到整整 10 年的繁荣期，但如果 205 个国家不这么做，人类也许连这 10 年的时间都没有。人类与整个生态圈都被彻底毁灭确实是极坏的结果，但即便这是不可避免的宿命，我们依然有值得为之努力奋斗的事物，而延缓毁灭日的到来，肯定是其中之一[9]。

在接下来的章节中，我将带领读者一览各个我认为与未来危机有关的科学与技术领域。我还会简述一些我们已知的相关事物，并着重强调一些我们需要回答的具体问题，为做出明智决策做好准备。当然，我的表述与选用的事例会带有我的个人色彩，反映我的各种个人偏见与关心的问题。同样显而易见的是，没有哪部由单一作者所著且篇幅精简的作品，对科学技术危机这一宽广议题，甚至是某些具体问题的阐述程度能比得上这本书。但不管怎样，哪怕只有一名读者在读完本书后会卷起袖子，开始为明确前路有什么在等待着我们，以及我们该如何应对而努力，本书就算得上得其所哉。

注　释

[1] 你或许会问，为什么外星文明的科学家公开了同样的技术，却没有招致灭顶之灾？那是因为外星人的心理结构与人类的完全不同。所以对于它们来说，虽然人口数以十亿计，但完全不用担心有任何个体会选择利用技术毁灭整个文明。——作者注（编者：如无特殊说明，以下注释皆为作者注。）

[2] 这意味着在数百年后的奥尔德森物理学黄金时期，人类的心理结构和社会结构与今天相比，依然没有发生多大变化。发生自杀式炸弹袭击、亡命之徒暴力事件（不论有没有如今在校园枪击案和类似悲剧中常见的精神病因素），以及高智商青少年觉得生活无聊，因而醉心于制造和传播电脑病毒等事件发生的频率，与今天也大体一致。

[3] 很不幸，我找不出比这更具体的例子。

[4] 最新消息：就在我快写完此章时，我从新闻得知，白宫在舆论压力下，宣布有意暂停向所有以制造更危险病毒为目的、研究特定致病因子的实验项目提供更多拨款。

[5] 但有些作家还是怀疑科学在总体上是不是对人类有益。如杜梅特（Dummett）在 1981 年写道：事后看来，我认为人类如果在 1900 年或 1920 年就永远地停止所有的科学研究，现在的经济状况会好得多。从发生过的事情看，我们几乎没有理由去怀疑，未来的科学研究最终只会带来越来越大的灾难。详情请参考贝里斯特伦为表示对科学价值极其坚定的悲观态度而在 1994 年所写的文章，我在这篇文章中发现了这条出自杜梅特的引述。

[6] 第 5 章会讲述更多德雷克斯勒所描绘的图景。

[7] 瑞典研究理事会的瑞典文为 Vetenskapsradet，其缩写为 VR。

[8] 这些机构包括瑞典政府创新署（Swedish Government Agency for Innovation Systems，VINNOVA）和瑞典战略研究基金会（Swedish Foundation for Strategic Research）。

[9] 此处的论点是，末日前的缓冲期是十分宝贵的。但也许更有力的论点是，我们或许能利用缓冲期的时间，找出规避大灾变的办法。

第 2 章

冰与火之歌

冰：史前的雪球地球

假设在未来的某天，人类认定，减少化石燃料使用和其他人为温室气体排放源的传统方法已不再可行或不足以阻止气候剧变，并意图运用高新技术，彻底解决气候危机。那么，这将会带来哪些风险？气候变化问题与激进解决方案的潜在风险，都是本章主要探讨的内容。激进方案的其中一例，就是故意将大量硫黄打入同温层，以遮挡部分来自太阳的电磁辐射。

我们对气候学的了解，比起本书后面章节中所探讨的科学领域要充分得多。所以，在探讨其他科学领域的话题时，我们只能更多地从推测的角度出发。为最大限度利用已明确的气候学知识，从相对实际的角度探讨气候危机的解决方案，在本章中，我将详述引人入胜的相关科学背景，并罗列出一系列不寻常的自然迹象，以证明我们正在以危险的方式改变气候。如果读者对气候的相关科学背景非常熟悉，或愿意不问细节就接受当下科学界对气候变化的共识，或想马上接触此书的主旨内容，即新兴技术及其对人类未来的潜在影响，那么这一部分的内容，我建议你可以快速浏览。

地球的生活环境曾在史前时代发生过剧变。对于在小学就学习过冰河时期相关知识的我们来说，很难想象这个概念在刚被提出来时是多么怪异又兼具革命性：在大约一万年前，广袤的冰川覆盖着大部分北欧地区、几乎整个加拿大和美国北部的部分区域，大部分冰层更是厚达数千米。这便是 18 世纪到 19 世纪早期，几位欧洲的博物学家和地质学家提出的构想。他们认为，当今的地貌特征可能由过往的冰川作用造成。斯潘塞·沃特（Spencer Weart）在其精彩绝伦的《全球变暖大发现》（*The Discovery of Global Warming*）（2003）中，向我们呈现了 19 世纪中叶的最高科学水准，他讲述了爱尔兰裔英国物理学家约翰·廷德耳（John Tyndall）所理解的控制地球气候变化的机制：

> 他（廷德耳）希望解开史前冰河时期，这一激起当时科学界巨大争论的谜题。虽然他的设想令人难以置信，但相关的证据却雄辩有力。被铲平的岩床、在北欧和美国北部随处可见的奇怪沉积砾石等，都与高山冰川留下的痕迹非常相似，但只有极为广袤的冰川，才能大规模地留下这些痕迹。在激烈的讨论中，科学家们逐渐接受了这一不可思议的构想：在很久以前（虽然从地质年代的层面上看这算不上久，毕竟石器时代的人类就经历过了整个冰期），北半球的很多地区被厚达一千米、横跨整个大陆的巨大冰层覆盖。这种现象是怎么产生的呢？

如今，廷德耳与法国数学家兼物理学家约瑟夫·傅里叶（Joseph Fourier）、瑞典化学家斯凡特·阿伦尼乌斯（Svante Arrhenius）一道，被认为是研究温室气体如何影响气候的先驱。到了 1875 年，苏格兰科学家詹姆斯·克罗尔（James Croll）出版了《气候与时间的地质关系》（*Climate and Time, in Their Geological Relations*），这大体上标志着大众普遍接受了地球曾经历过数次冰期的理论。

克罗尔的著作和过往气候剧变的成因，我们会另作讨论。现在，我们先以更长远的时间尺度来看待冰期。我们常说的冰河时期指的是11万年前到1万年前的时间段，但这只不过是到目前为止，重复性冰川作用最接近当下的阶段。采集自南极洲、形成时间可追溯到74万年前的冰芯表明，自其形成以来，这样的冰川周期已发生过至少8次。而这8次冰期只是被称为"第四纪冰期"的大冰期的一部分，这个大冰期的证据就是延续至今、从未消失过的南极冰盖。如果这样定义"冰期"（专业的地质学家就更偏向于这种定义），那可以说我们现在仍处于冰期之中！

追溯的年代越久远，我们就越不清楚当时的地球处于怎样的环境条件之下，但我们已知的是，在进入第四纪冰期之前，地球不仅经历过更久远的冰期，也经历过温暖得多的间冰期。举例来说，在6600万年前[1]的白垩纪—古近纪生物大灭绝之前，是持续了大约2.3亿万年的恐龙纪元，当时的气候可能普遍较为温暖，大多数时段的平均气温比现在要高出几度。科学家们还提出了极具争议的假说，猜测在6.5亿万年甚至更久前，地球曾经历过极端的冰川时期，那时的冰雪覆盖了整个星球的表面。这就是所谓"雪球地球假说"。

火：我们的温室世界

不论雪球地球假说是否正确，我们能够明确的是，地球上的生命确实从环境剧变中存活了下来。与大灭绝形成鲜明对比的是，从1万年前延续至最近的时间段里，即地质学家称之为"全新世"的时期，地球却出奇地平稳。而恰恰在这段时期内，人类文明以空前的态势迅猛发展。很有可能，这并不是纯粹的偶然。自工业革命以来，原本相对稳定的环境发生了不小的变化，一些学者进而表示，人类已不再处于全新世，而是迈入了一个名为"人类世"的全新纪元。虽然不再生活在气候稳定的全新世，但地球生物并不太可能马上受到生存威胁。然而，促使人类文明繁荣昌盛的有利自然条件可能会不复存在，这就意味着人类文明的进步可能会就此告终（甚至是发生倒退）。一个由约翰·罗克斯特伦（Johan Rockstrom）带领的、驻扎于斯德哥尔摩的科学家团队，曾在《自然》（*Nature*）上发表了一篇名为《人类的安全操作空间》（*A safe operating space for humanity*）的论文，并给出了安全和稳定区间的相关量值，界定了所谓的安全操作范围。

或许有一天会产生真正意义上的革命性技术，让我们挣脱地表空间或血肉之躯的束缚，赋予我们移民外太空或存在于电脑硬件中的能力。但即便这一天真的会到来，在其到来之前，人类的生存还是得依赖于地球的生物圈。如果地球生物圈不复存在，我们就无法进行农业生产等攸关人类生死的活动。因此罗克斯特伦的这个研究项目十分重要。

在论文中，他们初步提出了与所谓的"行星界限"息息相关的九大地球环境问题。所谓的行星界限，就是临界值的意思，一旦超过了这些值，就有可能导致环境不稳定，全新世良好的生存条件便可能不复存在。九大问题分别指气候变化、陆海生物多样性的减少率、氮循环和磷循环的变化、同温层臭氧层的损耗、海洋酸化、全球淡水资源损耗、土地使用的变化、化学污染和大气气溶胶含量。考虑到人们目前对最后两个问题的认知相当匮乏，因此罗克斯特伦和团队的其他成员认定，以具体数字划定最后两个问题的临界值尚言之过早。至于前七个问题，他们则给出了具体的临界值。

根据他们的判断，在其中的四个问题上，人类当下尚处于安全区域。

但是他们也吃惊地发现，另外三个问题，即气候变化、生物多样性的减少率和氮循环方面，已经超过了临界值。这就意味着，地球未来的宜居性可能会因此打折扣。

如果要充分探讨全部九个问题，恐怕用掉整本书的篇幅也远远不够。因此，本章的剩余部分将集中探讨其中的一个，即气候变化问题。但在此之前，请让我解释这么做的缘由：本书的主旨是提出并探讨与科学和技术进步相关、但迄今为止大众鲜少提及的重要问题，而选择探讨气候变化问题，似乎有悖这一主旨。虽说气候变化问题确实是"重要"的，但或许读者也发现了，这并非是"大众鲜少提及"的话题。但正因如此，我才选择最先讨论气候问题。在我看来，从相对熟悉的领域入手，有助于我们在往后的章节中预知在不明的领域里潜伏着哪些"恶龙"。在讨论气候变化和进行相关决策时，人们已能够着眼于更长的时间尺度（往后100年），也已开始构建相关的道德和经济框架，并尝试让相关的决策在框架内制定。而这些框架，可能对我们在其他领域的探索有一定借鉴意义。

罗克斯特伦等人选择了两个重要指标作为界定人类在气候问题方面的"安全操作空间"，二者分别是二氧化碳在大气层中的浓度，以及与工业化之前的时代对比，以瓦／平方米衡量的辐射强迫发生了多大变化。请容我简单解释这两个量和气候变化，尤其是全球变暖的关系。

读者可能对第一个量——二氧化碳在大气层中的浓度更为熟悉。在工业革命之前，二氧化碳浓度在280ppm（体积浓度是用每立方米的大气中含有污染物的体积数来表示，常用的表示方法是 ppm，1ppm=1立方厘米／立方米 $=10^{-6}$）上下。在8000年前，二氧化碳浓度大概是260ppm，在全新世的大部分时期里，这个量都在以十分微弱的幅度增加。到了20世纪，二氧化碳浓度开始迅速上升。1960年，浓度达到315ppm；2013年，更是达到400ppm。遵循汉森等人在2008年的论述、汉森在 2009 年的论述和罗克斯特伦等人的指标，二氧化碳浓度的临界值是 350ppm。这就意味着我们虽没必要把二氧化碳浓度降低到工业革命之前的水准，但至少要让当前的浓度值下降 50ppm。在后文中我们会看到，减少 50ppm 的可行性大致上有多少。350ppm 这个量值逐渐在公众舆论中流行起来，并引起相关的公益性活动。

至于第二个量，辐射强迫的变化，则与第一个量息息相关。因为大气中二氧化碳含量的变化是导致辐射强迫发生变化的主要因素。换句话说，二氧化碳含量并不是辐射强迫的唯一影响因素，二者是有区别的。

辐射强迫度量的是一天 24 小时，一年 365 天之中，整个地球表面的所有区域平均吸收的入射辐射能量。假设 I_{in} 是地球表面吸收的入射辐射的平均功率，I_{out} 是地球表面释放辐射的平均功率，那在平衡状态下：

$$I_{in} = I_{out} \qquad (1)$$

而释放辐射 I_{out} 又与地球的表面温度 T 相关：

$$I_{out} = \varepsilon\sigma\, T^4 \qquad (2)$$

如果 I_{in} 增加，那么地球就会积蓄热量，表面温度也会随之升高[2]。戴维·阿切尔（David Archer）在他 2007 年出版的《全球暖化：理解预测》（*Global Warming : Understanding the Forecast*）一书中精妙地阐释了这条定理，并预测了许多在温度升高后会发生的事。

现在，我们将厘清二氧化碳浓度与引发温室效应的辐射强迫之间的因果关系。首先，温室气体，如二氧化碳和水蒸气等，具有吸收和放射红外电磁辐射的能力；然后，入射的太阳辐射大都集中在可见光部分，因此会穿过这些气体。但地球表面释放的辐射，却大都集中在红外光谱部分。如果没有温室气体的话，这些辐射会逃逸到太空之中，但在当前的情况下，这些辐射中的大部分都会在照射到如二氧化碳或水分子后被吸收，然后朝着随机的方向再次射出。这样一来，辐射量子就会在大气层内随机游动，许多最终会再次撞到地球表面上，进而增加入射辐射强迫。随着温室气体的浓度上升，最终回到地球表面的辐射量子的比例及辐射强迫也会增加，然后表面温度就会上升。

事实上，如果按照现实的温室气体浓度，温度与二氧化碳浓度之间的关系大概呈对数分布。在这个意义上，如果二氧化碳浓度增加一倍，那不管初始数值是多少，温度都会以同等数值增加。那么，我们自然（这也是合理的做法）就需要量化出二氧化碳需要增加多少，其浓度才算翻了一番，进而使全球平均温度为了达到新均衡而升高。我们以 $T_{2 \times CO_2}$ 来表示升高的温度，并称之为气候的二氧化碳敏感性。对了解气候变化来说，这是至关重要的量之一。

如果我们只考虑温室效应对温度造成最为直接的影响，那么 $\Delta T_{2 \times CO_2}$ 的数值就会接近 1K，或者 1℃。但事实上，暖化还会在气候系统中触发一些其他的效应，其中的一些效应会形成所谓的反馈影响，进而增加（正反馈）或减少（负反馈）暖化程度。如果我们想要全面厘清二氧化碳的各种影响，就需要把这些情况也纳入考量。尽管我们对温室效应本身了如指掌，其定义与定量也非常清楚，但说到温室效应的所有影响与各种反馈效应，我们就所知不多了。正因如此，科学界（到目前为止）还无法给 $\Delta T_{2 \times CO_2}$ 定下一个准确的单一数值。虽然 $\Delta T_{2 \times CO_2}$ 有一个经常被引用的最佳估算值，即 3K 上下，但联合国政府间气候变化专门委员会（IPCC）还是在最新的一份报告中，总结了当前的科研成果，给 $\Delta T_{2 \times CO_2}$ 的值界定了一个合适区间：

$$1.5K \leqslant \Delta T_{2 \times CO^2} \leqslant 4.5 \text{ K} \tag{3}$$

此区间由气候学家们结合模型与理论工具、通过各种实证研究得出，直观地表明了温室效应的正反馈（在总体上）要比负反馈强。为基本了解这个重要的研究结论，我们必须首先回顾让约翰·廷德耳那个时代的科学家们冥思苦想的问题：冰河时期到底是由什么原因导致的？

驱动地球气候变化的力量

研究全球暖化的关键途径之一，就是以不同的时间尺度来看待全球的气候史。这就意味着，我们要回顾第四纪冰期中，冰川作用最大的时期与作用最小的时期之间的循环。虽然在细节与机制上，史前气候变化与当下的全球变暖不尽相同（毕竟，神志清醒的人都不会认为，煤炭发电厂的排放和手机的使用，导致了冰期顶峰时期与全新世之间的二氧化碳浓度的提升），但毕竟我们谈论的事情都发生在同一个星球上，所以我们有理由相信，对于过去与现在的气候变化，二者在许多机制上存在相似之处。

根据沃特（Weart）在 2003 年的描述，19 世纪中叶出现了几种关于过往气候剧变原因的猜想。有人说，或许是太阳亮度的变化导致了气候剧变；也有人说，改变洋流走向的地质事件或许也会对区域性气候产生重大影响。但这些猜想大都没有就显而易见的冰期循环做出解释，唯独有一个例外。这个例外的理论最早由詹姆斯·克罗尔提出，并载入他于 1875 年出版的书中。后来，塞尔维亚天文学家米卢廷·米兰科维奇（Milutin Milankovitch）丰富和完善了这一理论，其主旨就是把气候变化归咎于地球轨道的缓慢变化。

我们都在学校学习过，地球以圆形的轨道绕太阳运转。后来大多数人又认识到，"地球轨道是圆的"只是一种粗略的说法，并不完全正确。因为事实上，地球绕日运行的轨道呈椭圆状，近日点（距离太阳

最近的位置）和远日点（距离太阳最远的位置）的地日距离相差 3.3%，
而与其对应的椭圆偏心率 [3] 则为 0.017 。但这也只是个近似值，椭圆
轨道的偏差主要由太阳以外的天体的引力影响导致。有人怀疑，造成
这种影响的天体很有可能就是月亮。因为地球与月亮围绕着二者的公
共质心运转（由于地球的质量大得多，地月系的公共质心位于地球内
部，距离地表 1700km），这进而对地球轨道造成轻微的摇摆。除此之外，
其他行星也可能对地球轨道造成影响，其中主要有金星（因为金星相
对靠近地球）、木星和土星（由于二者的巨大体积）。

　　整件事情看上去错综复杂。不过，在克罗尔研究这个问题之前，
法国数学家奥本·勒维耶（Urbain Le Verrier）已对天体力学做出一定
贡献，为这一问题的解决打下了基础。所以在前人研究的基础之上，
克罗尔找到了厘清事情全貌的办法。通过研究天王星运行轨迹的一些
异常现象，奥本·勒维耶推测，太空中存在着一颗在当时尚未被发现
的行星。他的推测最终促成科学界在 1846 年发现了海王星。运用同样
的天体力学计算方法，克罗尔测算了地球轨道，并尝试把地球轨道变
化与气候变化联系起来。

　　克罗尔的研究预言了（或者，更确切地说是倒推出）冰期与冰期
之间存在较温暖的间冰期。但克罗尔的理论与今日盛行的理论的重大
区别在于，克罗尔认为南北半球的气候是负相关的，也就是说，如果
北半球进入温暖期，那么南半球就会进入寒冷期，反之亦然。19 世纪
的科学家很难准确推断史前地质事件的发生时间，但进入 20 世纪后，
新发现的证据似乎与克罗尔的理论背道而驰。到那时，人们已不再怀
疑过去曾发生过大规模冰川作用，但其成因仍然众说纷纭。

　　接下来，我们来了解米卢廷·米兰科维奇。在 19 世纪 20 年代，
他通过仔细的天体力学计算，研究了在过去数千年间北半球不同纬度
的日射量（太阳辐射的总额）变化。他发现日射量的变化取决于地球

轨道数种缓慢的周期性变化，其中，以下三个又最为重要：

(1) 地球椭圆轨道的离心率以复杂的规律在 0.005 ~ 0.058 之间变化，主要循环周期是 413 000 年，但与之相伴的还有其他几个周期约为 100 000 年的循环。

(2) 地球自转轴的倾斜角度在 22.1° ~ 24.5° 之间浮动，这一数值目前是 23.4°，其循环周期大概是 41 000 年。

(3) 岁差，即地球自转轴所指方向的变化，循环变化周期大约是 26 000 年[4]。

后来，人们把它们统称为**米兰科维奇循环**。米兰科维奇相信，这些循环对地球的气候变化有重要影响，但在很长时间里它们都饱受争议。直到米兰科维奇逝世 18 年后的 1976 年，争论才终于尘埃落定。当时，詹姆斯·海斯（James Hays）、约翰·英布里（John Imbrie）和尼古拉斯·沙克尔顿（Nicholas Shackleton）发表了一篇影响重大的论文，他们利用深海钻探取得的沉积岩心还原了过去 450 000 年的气候变化，并发现这些变化非常符合米兰科维奇循环。这就表明，地球轨道的变化的确导致了发生在 100 万年前，以及更久远年代的冰川作用。

二氧化碳扮演的角色

但二氧化碳又扮演着什么角色？有些读者可能会联想到，阿尔·戈尔在 2006 年荣获奥斯卡金像奖的纪录片《难以忽视的真相》（*An Inconvenient Truth*）中，用各种图像表明在冰期循环中温度和二氧化碳浓度发生了哪些变化，并着重强调了二氧化碳在全球变暖中扮演的角色。这些影视资料表明，温度与二氧化碳浓度之间存在着明显的正相关性。也就是说，其中一个升高，另一个也会随之升高（反之亦然）。但考虑到我们刚刚才探讨过的冰川周期成因（米兰科维奇循环而非二氧化碳），戈尔在电影中提出的结论，以及其他认为二氧化碳与温度存在因果关系的观点，至少在表面看来并不正确。

更糟糕的是，仔细查看表面温度和二氧化碳浓度变化的图表后我们会发现，一个阶段的冰川作用结束后，温度就会开始上升，上升的过程持续数百年，但此期间的二氧化碳浓度并没有增加。在最近的一次冰川作用结束后，情况也同样如此。那么这是否意味着，向人们警示全球变暖的媒体把因果关系完全弄反了？或许在 20 世纪，大气层中的二氧化碳含量上升是（人类在此期间经历过的）全球温度升高 0.8K 的结果，而非原因？事实上，近年来，无数否定气候变化的人 [5] 都宣扬过这一观点（但却鲜少有气候科学家会这么说）。

在解决这个问题之前，请容我首先强调，我们对温室效应定义的理解，绝对不像戈尔的影片那样，只着眼于古气候数据。因为在没有反馈效应的前提下，温室效应本身就表明 $\Delta T_{2 \times CO_2} \approx$ 1K 这个约等式和相关理论的根基是二氧化碳分子的发射光谱等基础物理学。而且，在知悉古气候的数据之前，这些知识就已经明确。所以，大气二氧化碳含量的升高确实会导致暖化，即使不知道任何古气候数据（戈尔的影片表示这一结论来源于冰河时期的数据，与此恰好相反），我们也能明确这一点。

此外，我们还知道，这一因果关系反过来也能使用。换句话说，暖化也会让大气中二氧化碳的含量升高。它的作用机制是，随着全球变暖，海洋也会变暖，随着温度升高，二氧化碳在水中的溶解度就会降低，所以二氧化碳就会从海水中析出并进入大气。暖化与大气二氧化碳含量间的主要因果机制如下：

暖化　　　→　　二氧化碳在海洋中的溶解度降低

$\uparrow$ 　　　　　　　　　　　$\downarrow$ 　　　　　　　　(4)

加剧温室效应　←　　大气的二氧化碳含量增加

这是我们列举的第一个反馈效应。最初的一些暖化致使二氧化碳输送到大气之中，进而加剧温室效应，让温度进一步升高。这种反馈效应加强了最初的暖化，所以我们称之为正反馈。反之，如果反馈效应削弱了最初的暖化，我们则称之为负反馈。乍看之下，这种正反馈效应非常危险，因为如果新的暖化致使更多的二氧化碳进入大气层，就会造成恶性循环。这种恶性循环，是否会让温度像脱缰的野马一样狂飙？

其实，也不一定如此，关键要看反馈循环的效力有多强。假设最初的暖化使温度上升 1℃，我们就要看这 1℃ 在第一次循环中让温度额外上升了多少。如果气温额外升高了 0.5℃，那第二次循环的强度就只有第一次的一半，并让温度上升 0.25℃，以此类推。又因为

$$1 + 1/2 + 1/4 + 1/8 + \cdots = 2$$

所以最初的 1℃ 所引发的温度上升的总和不会超过 2℃。也就是说，只要反馈效应不过强，正反馈并不会导致气候系统暴走[6]。另外，值得注意的是，有五种不同方法可以触发模型（4）中的循环。在最近一次冰川作用的鼎盛期中，由米兰科维奇循环触发的暖化首先发生。如今，我们正在从循环的另一端，通过向大气内注入大量二氧化碳（大部分

来源于化石燃料的燃烧），引发同样的反馈循环。

冰川作用循环的另一促成因素，就是北半球冰盖的大小变化。随着温度的降低，冰盖的面积会增大，而与其覆盖的土地相比，冰面能够反射更多的入射阳光，所以冰盖增大会减少地面对阳光的吸收，进而导致温度进一步降低（相反，温度升高会导致冰盖融化，地表对阳光的反射强度减弱，导致温度进一步升高）。有趣的是，北半球和南半球在这一点上并不对称：北半球的许多高纬地区都容易受此波动现象影响；而南半球的冰盖则局限于南极洲这一小块大陆，由于南极洲纬度极高，就算在间冰期，冰盖也不会消失[7]。

这些反馈效应，就是我们了解冰川作用循环的关键所在。因为，由米兰科维奇循环所导致的全球平均日射量变化实在太小，仅凭这一点完全不足以解释种种气候剧变。比起全球平均日射量变化，北半球夏季的日射量变化对气候变化的影响更大，因为后者会使冰盖面积发生变化，并导致温度和大气中二氧化碳的含量像滚雪球般升高，最终造成重大的全球气候变化。所以，实际情况与克罗尔的设想恰恰相反：即便在最初由米兰科维奇循环导致的变化中，南半球日射量变化与北半球并不协调，但紧随其后的强大反馈效应也会使南北半球的日射量趋于一致。

在气候系统中还有其他重大的反馈效应，如随着冰雪融化，北极冻土会释放各种温室气体。其中，水蒸气的影响尤为重大：随着温度的上升，空气中的水蒸气含量也会升高，进一步加剧温室效应与温度的升高[8]。我们尚无法非常精准地确定所有反馈效应的量值，这也是为什么 IPCC 只能把反映气候敏感度的 $T_{2 \times CO_2}$ 的数值限定在一个浮动空间巨大的区间内的原因。但通过研究温度如何影响冰盖大小、二氧化碳浓度，以及其他与冰川作用循环相关的因素，我们得出了重要的线索与估值。现在说回阿尔·戈尔的电影，虽然电影过于简单地（我们在科学普及时难免如此）讲述了二氧化碳扮演的角色，但它传递的基本信息是正确的。也就是说，冰川作用循环中的气候剧变，关键是由大气中二氧化碳含量的大幅波动造成的，而当下剧增的二氧化碳含量，可能会造成类似的剧变效应。为估算出 $T_{2\times CO_2}$ 的数值，科学界在过往的几十年里做了大量研究，这些研究的基础是各种数据，其中也有古气候数据。这些数据不仅与过去 100 万年中的冰川作用循环有关，也反映了各种时间尺度上的气候变化。虽然这些研究没有一个能够给出 $T_{2\times CO_2}$ 的精确数值，但它们汇集的研究成果还是体现在 IPCC 所给出的限定区间（3）中。

值得一提的是，詹姆斯·汉森（James Hansen）和其他合著者曾给出两条与气候灵敏度有关的告诫。第一条告诫表明，标准定义下的 $T_{2\times CO_2}$ 排除了冰盖面积减小 [9] 和植被变化所带来的缓慢反馈效应。这就意味着，$T_{2\times CO_2}$ 可能有助于我们估计排放情景在往后 100 年左右的时间内会造成何种影响。但如果看得更远些，$T_{2\times CO_2}$ 的意义可能就没那么大了，因为这些反馈效应虽然缓慢，但影响终会凸显出来。在现今，$T_{2\times CO_2}$ 普遍被接受的估值是 3K，但如果把格陵兰冻土和西南极冰盖融化的效应也纳入计算，其数值很有可能是 3K 的两倍。

第二条告诫是，独立于气候系统之外的 $T_{2\times CO_2}$ 单一值只是一种模型化的近似值。换句话说，就是把外力对温度的影响线性化地表达出来。如果时间尺度足够小，这种线性化的方法往往很好用，但如果把时间尺度放宽，如对比当前与上一次冰川作用鼎盛期的气候状况，线性化方法的准确性就得打个折扣。这还意味着，如果我们继续按照目前的规模与量级来排放二氧化碳，导致气候越来越偏离人类所熟悉的状态，$T_{2\times CO_2}$ 的值也并不一定恒定不变。有人已经进行过相关论述，如果我们做得足够彻底，如燃烧掉所有化石燃料，气候敏感度很有可能会朝着这一方向增长，并导致全球暖化失控、全球海洋蒸干，最终导致地球变成一颗像金星一样不适宜居住的星球。气候科学界普遍没有把"地球可能会变成金星"当做实际的风险考虑,汉森自己后来也与这一看法划清了界限。燃烧化石燃料的影响确实能够让气候发生剧变,但或许不至于把地球变成金星那般模样。

让硫黄在天空飞一会儿

那么,我们该怎么办?考虑到气候敏感度(当然还有其他关键量值)的不确定性,就算我们知道未来的排放量,我们仍不能准确地预言未来,如 2100 年的地球气候会是怎样?可以确定的是,如果人类继续以当前的态势排放温室气体,那无论 $T_{2 \times CO_2}$ 的准确值落在 IPCC 限定区间(3)中的哪一处,都一定会引发影响深远的气候变化。世界银行最近发布了一份名为《减少热量:为何一定要避免让地球的温度上升 4℃》(*Turn Down the Heat: Why a 4℃ Warmer Planet Must be Avoided*)的报告,简述了如果气温高于工业化之前的温度 4℃的升温水平[10],世界将会发生什么。2100 年全球平均气温上升 4℃,是人类按照当前态势排放温室气体的较坏结果,还算不上最坏。但他们所描述的情境已令人非常不安。该份报告的序言如下:

温度上升 4℃将造成一系列毁灭性的后果:沿海城市会被洪水淹没;粮食生产的风险越来越大,并可能导致营养不良的人口比例上升;干旱地区将变得更加干旱,潮湿地区将变得更加潮湿;前所未见的热浪将席卷许多地区,热带地区尤其如此;很多地区的水资源短缺现象会严重加剧;高强度热带气旋出现的频率将增加;包括珊瑚礁生态系统在内,生物的多样性将不可逆转地减少。

　　而最重要的是，温度上升 4℃之后，世界将不再是我们所熟悉的那般模样。随之而来的还有极大的不确定性，以及前所未见的风险。而这些风险可能会削弱我们预测未来和为适应新形势而制订计划的能力。

　　或许我们该避免让这些情境成为现实。最明显的规避方法，就是通过重组经济架构（能源、交通、农业）来减少我们排放的温室气体。纯粹从技术角度来看，这毫无疑问是可行的。举例来说，我们仅需把太阳能发电设备铺设在占撒哈拉沙漠面积数个百分比的土地上，就足以满足当今全世界的能源需求。许多文章都论述过，该采取哪些具体措施，才能减少温室气体排放[11]。

　　本书的主旨是探讨哪些研究方向可能对人类有益，哪些可能危及我们自身。对绿色可持续的能源、交通方式和农业技术的研究，最终极有可能会被证明是对人类有益的。但我不打算就这些研究展开论述，相反，我接下来要讲一些人们没那么熟悉的事物，探讨如何才能既不减少温室气体的排放，又能避免危险的气候变化。其中一些方案相当激进，而且大部分（但不是全部）都从属于"气候工程"这一大类。

　　我考虑介绍这些更为激进的方案的主要原因是，减少人类自身温室气体排放的传统理念，久久未能让全球（大多数）的领导者采取任何实际行动。或许，至少就现在而言，我们可以公道地说，转型使用绿色能源技术的最大障碍来自政治，而非技术层面。这种转型要花费一笔不小的费用，但当前的政客看来已深陷无能的泥沼，无法决定该如何在国家之间及时间段上，分配这笔款项。

　　全球每年由燃烧化石燃料和生产水泥造成的二氧化碳排放量，恰恰印证了这种转型困局。1990 年，全球二氧化碳排放量是 227 亿吨；到了 1997 年（同年签署了《京都议定书》，目的是减少排放量），增加到 244 亿吨；2010 年，增加到 330 亿吨。这 20 年间，我们恐怕已意识到全球变暖这一问题的存在，但此期间的二氧化碳排放量还是上升了45%。气候工程的主要诱人之处在于，某些解决方案在花费上，似乎要比转型使用绿色、非化石能源技术的传统方案小得多。

那么我们就来研究一下，是否有其他解决气候危机的办法。斯蒂夫·列维特（Steven Levitt）和斯蒂芬·都伯纳（Stephen Dubner）在他们2009年的畅销书《超爆魔鬼经济学》（Super Freakonomics）中[12]，提出了类似的建议。作者之所以把"全球变冷"纳入标题，并不是因为他们疯狂地认为当下的气候变化会导致全球平均气温下降，而是在暗指通过改造气候，有目的地让全球气温回归工业化之前的水平（或任何我们计划达到的水平）。

列维特和都伯纳所倡导方案的灵感来自火山喷发。在火山喷发的过程中，大量硫黄会被送入大气之中。这些硫黄进而会形成气溶胶（微小的颗粒），只要它们留在大气之中，就能够在一定程度上遮挡太阳辐射。如果这些微粒只进入到对流层，即地表至1万米高度的最低的大气层，那么就会在数日或数周之内被雨水带走。但借着火山喷发的冲击力，有些微粒能够直冲入距离地表1万到5万米的同温层。

一旦进入同温层，气溶胶的留存时期就会长得多，一般来说半衰期有数年之久。过往的大规模火山喷发曾导致气温在几年内暂时性地变冷。人类活动对大气气溶胶的成分也有一定贡献，这些气溶胶对气候起到一定的冷却作用，抵消（隐藏）了许多我们排放的温室气体造成的暖化效应。既然如此，那我们为何不把这种东西大量送入同温层，想抵消多少全球暖化就抵消多少呢？在与物理学家内森·梅尔沃德（Nathan Myhrvold）讨论后，列维特和都伯纳解释道，这个解决方案其实惊人地简单。他们认为，可以用一根非常长的软管把二氧化硫送入同温层中，人为制造气溶胶：

　　首先，我们在基站中，让硫黄通过燃烧变成二氧化硫，然后将其液化……至于软管，则从基站直接延伸到同温层之中。管道长约 18 千米，但会十分轻。"管道的直径只有几英寸（1 英寸 =2.54 厘米），"梅尔沃德说，"就是特制的消防软管而已。"管道上会固定有许多高强度的氮气球，每隔 100 ~ 300 米就有一个。气球的大小随高度逐渐增加，离地面较近的气球直径 25 英尺（1 英尺 =0.3048 米），靠近顶部的气球直径 100 英尺。

一系列的泵会负责把液化的二氧化硫送上高空。这些泵也固定在管道上，每隔 100 米就有一个。这些泵相对来说也很轻，每个大概只有 45 磅（1 磅 =0.454 千克）重。梅尔沃德还说："这些泵比我家游泳池里的水泵还小。"在管道的尽头，液化的二氧化硫会通过一个喷头，以无色薄雾的形式进入同温层。由于同温层的风速动辄 100 千米 / 时，因此喷出的二氧化硫在 10 天之内就会覆盖整个世界。

从书中我们得知，如果每个基站有三根导管，那只需要五个基站就足以完全抵消掉全球暖化的影响。这个方案最棒的地方在于，其花费之少几乎可以忽略不计。这个方法能够"以 2500 万美元的总花费，有效地逆转全球暖化效应"。这就意味着，哪怕是一个小国（或甚至是像比尔·盖茨这种富有的个人），都能凭借自身经济实力逆转全球暖化，根本不需要经过冗长乏味、艰难万分的国际谈判，也无须放弃使用简单便捷的化石燃料！

如此简单就能解决气候变化的问题，简直好到让人难以置信。然而可悲的是，这确实不可行。这个方案（至少）会带来以下的严重弊端：

（1）达摩克利斯之剑。虽然达到同温层的气溶胶会在数年之间散尽，但我们排放的二氧化碳对气候变化造成的影响却会持续千年之久。所以，如果我们采用这个往同温层输送二氧化硫的方案，我们的后代就将面临一个选择：继续输送更多的二氧化硫，或是承受一场突如其来的气候灾变。

换句话说，我们这么做，就相当于把达摩克利斯之剑悬挂在后代的头顶上[13]。而我们有什么权力让后代承受如此重担[14]？我们又怎能确信，未来的世代还会拥有二氧化硫输送项目的必要基础设施？如果在未来的某天，社会架构出于某种原因分崩离析，那这一项目很有可能遭到遗弃。届时，人类就会同时面临两大灾变：社会架构的崩塌和突如其来的气候剧变。

(2) 全球变暖 vs 气候变化。往同温层输送二氧化硫的方案，确实有可能让温度降到任何在我看来最适合的水平。但是，这个方案并不能让气候变化停止。如果我们一边通过一种机制（增加温室气体的浓度）让全球平均温度上升，一边又用另一种机制（增加同温层中的气溶胶）削弱暖化效应，就不该妄想区域气候还会保持不变。

一些区域的平均温度会上升，另一些区域的会下降，各地的降水模式也会发生改变。卡尔代拉（Caldeira）和伍德（Wood）于 2008 年的模拟结果表明，二氧化碳浓度上升一倍后再将二氧化硫输送到同温层产生的共同效应所造成的区域性气候，很有可能会比单单受二氧化碳影响的区域性气候更接近工业化之前人类所经历的气候。但也有可能产生重大的变化，如改造过后相比人类干预之前的气候，全球平均降水量可能会有所增加，降水模式的地理分布也会发生重大变化。

(3) 海洋酸化。排放二氧化碳最为人所熟知的影响是促进全球暖化，但其全部影响并不止于此。例如，大气中二氧化碳浓度上升还会增加海洋中二氧化碳的含量，进而导致海洋酸化。由罗克斯特伦等人于 2009 年所提出的行星边界线中，海洋酸化位列第五项。根据他们提出的阈值，在这一问题上我们尚处于"安全操作空间"，但已经在不断逼近边界线[15]。

(4) 臭氧层。我们非常不确定这种干预同温层的行为会对同温层臭氧造成何种影响，但有结果表明，二氧化硫会严重加剧臭氧损耗。

哪怕只考虑到这些问题中的任何一个，我们都不该听信列维特和都伯纳的宣传，把往同温层输送二氧化硫的方案当做是解决气候危机的锦囊妙计。但这个方案只是其中之一，在气候工程这一大标题下，建议通过激进的工程解决气候变化问题的方案还有很多。

英国皇家学会在 2009 年进行了一次水准极高、名为"改造地球气候"（Geoengineering the Climate）的调查，并在其中将气候工程定义为"故意大规模操纵行星环境，以抵消人为引发的气候变化"。各种减少温室气体排放的措施并不能算是气候工程，因为这些措施不以改变气候为目的，而是为了避免让气候受到进一步的影响。

另外，如果某天我们认为抵消掉人为引发的气候变化也不够[16]，还要更进一步改造气候，那我们自然会扩展"气候工程"的涵盖范围，好把我们想要采取的行动也纳入其中。不时，有些(爱争辩的)人会提议，把当前的温室气体排放也归为气候工程的项目之一。但这么做并不太合适，因为（十分不幸的是）改变气候是我们排放温室气体带来的副作用，而不是我们原来的目的。

英国皇家学会已系统调查了各种气候改造提案，我不打算在此重复，但其中一些会在之后提到。和他们发布的报告一样，此次的调查做了相似的分类，同样让人受益匪浅。他们将那些方法分为两大类，第一类是以反射（或重新分配）太阳光为目的的太阳辐射管理技术，第二类则是以降低大气二氧化碳浓度为目的的二氧化碳移除技术。

太阳辐射管理技术还能细分为两种，一种是限制抵达地球表面的日照量，另一种则以增加地表的反射率为目的。方才讨论过的同温层二氧化硫方案属于第一种，那份灵感来自土星行星环的方案也属于第一种。除了这些，还有建议人工制造云层的。另一个值得一提的方案，是建议在名为拉格朗日点 L_1（位于地球和太阳同一直线上，距离地球约 1500 万公里，太阳与地球的引力在此处互相抵消）的外太空位置，设置大量的反射镜。

在增加地表反射率这一类别中，有将路面和屋顶刷成白色的建议。这个方法听起来十分简单，但事实上，其成本效益比其他方法还要低。而且，地球上的居住区域有限，使用这个方法并不足以完全抵消掉人为引起的全球暖化。另一项更具雄心的方案则建议把反射率超高的材料铺设在沙漠表面，但这一方案的成本效益也不高，而且还伴随着生态和其他风险。

接着我们讨论二氧化碳移除技术。同样，符合这一类别的建议也有许多。风化作用是自然界碳循环过程中的一部分，如果以地质年代的尺度来衡量，风化作用对气候变化也有一定影响。在风化作用中，硅酸盐矿物与大气中的二氧化碳发生反应并生成碳酸盐，进而减少大气中二氧化碳的含量。通过把更多的这种矿物直接置于大气中，我们可以加速这一进程。就其本身而言，这个方法很有潜力。但人们认为这个方法成本很高，因为这要求开采、加工和运输大量的硅酸盐矿物。

用工业手段捕获空气中的二氧化碳也是可行的，这就是所谓的"空气捕获"。此方案具有在未来大规模实施的可能性，但是要降低其高昂的成本，我们还要进行大量的研究和开发工作。就像所谓的碳捕获与储存技术（Carbon Capture and Storage，以下简称"CCS"技术，许多人认为这种技术可能会在未来实现，能够让人类在不对全球暖化造成太大影响的前提下，继续燃烧化石煤炭）一样，这一技术也涉及如今仍未完全解决的二氧化碳埋存安全问题。

单论灵活性，空气捕获技术优于 CCS 技术，因为前者不必局限于特定的位置，脱离发电厂也能使用。但 CCS 技术涉及的化学工程比空气捕获技术容易得多，因为 CCS 技术的使用对象是发电厂排放的废气，这些废气的二氧化碳浓度比环境空气的二氧化碳浓度高出多个数量级。运用于化石燃料燃烧的 CCS 技术并不能算气候工程，因为化石燃料发电厂和 CCS 技术互相抵消后，并不会对大气二氧化碳浓度造成净余负面影响。把 CCS 运用到生物能上则完全是另一回事，因为这么做的净余影响可能会使大气中二氧化碳的浓度减小。但把这种技术运用到生物能上也有缺点，其中就包括我们必须考虑，在不引发饥荒的前提下我们能够在多大程度上减少全球的粮食产地。

另一二氧化碳移除技术则是给海洋"施肥"。提出者建议，通过向海洋投放肥料，能促进更多吸收二氧化碳的微生物生长，让更多的二氧化碳被吸收。这些生物材料中的大多数会沉入深海，并于海床抵消。已经有不少方案阐释了具体该怎么做，但从当前的认知来看，给海洋施肥将伴随着极大的生态风险。

不存在的灵丹妙药

关于各种地球改造技术的好处与坏处，当然还有许多可以讨论。总体看来，可以说，人们以后会更青睐二氧化碳移除技术，而非太阳辐射管理技术。因为前者治本（温室气体浓度上升），后者治标（全球变暖）。所有太阳辐射管理技术都带有弊端（2）和弊端（3），也都在不同程度上带有弊端（1）。关于这些弊端，我们刚刚已经以二氧化硫平流层方案为例讨论过，而二氧化碳移除技术一般来说不会带来这些问题。

戴维·基思（David Keith）是世界一流的气候工程专家，他曾于2009 年 12 月，在我的母校查尔姆斯理工大学就上述问题发表演讲。他强调，我们永远不该大规模实施往同温层输送二氧化硫的方案，或其他太阳辐射管理技术，只有当面临十万火急的气候危机时，才能把这些技术当做权宜之计使用。另外，他也指出，太阳辐射管理技术普遍具有一项二氧化碳移除技术没有的优势——时效性。前者能够火力全开，改变地球能量平衡的效果近乎立竿见影，并能够在短短一年内造成大幅降温。而二氧化碳移除技术体现在气候上的效果，往往需要经过几十年才会显现出来。

因此基思谈到，如果全球气温马上就要达到峰值，即将跨过危险的临界点（如造成亚马孙雨林顶梢枯死或格陵兰冰盖崩塌）且没有其他解决办法，我们就可以考虑使用将二氧化硫输送到同温层等方案，并双管齐下与其他见效慢的方法（减排二氧化碳以及 / 或者利用二氧化碳移除技术）结合使用。在当前情况下，各国政客似乎很难就温室气体的减排方案达成一致意见，但即便我们真的大幅减少了全球温室气体排放，基思所描述的这种情形也很有可能在 21 世纪的后半段成为现实。原因如下：首先，气候系统目前正处于温度上升的势头之中，即便我们能让大气中的二氧化碳含量降低，气温还是会继续上升几十甚至上百年；其次，我们对气候敏感度的估量存在着很大的不确定性，而且我们不该盲目乐观地认为，这种不确定性会在短时间内得到解决。

戴维·基思演讲中的另一重点是（包括他自己的研究团队正在研发的空气捕获技术在内）：在所有已提出的气候改造方案中，没有一

个是能够轻松解决气候危机的灵丹妙药，也统统不能作为人类继续无
节制地排放温室气体的借口。即便如此，许多气候改造方案都在很大
程度上被批准进行更深入的研究，目的是为了提高这些方案的成本效
益，以及更好地把控可能引起的环境风险等。在接受《大西洋》（*The
Atlantic*）采访时，基思说："如果贝拉克·奥巴马明天宣布斥资数亿美
元开展一项气候工程，那将是最大的灾难。"[17] 但他的话，或许并不值
得惊讶。

那么，基思为什么要对政府资助他所在研究领域的行为，给出如
此谦逊，甚至是负面的评价？因为他明白"道德危机"这一概念。这
一现象可变现为：在购买了保险后，人往往会比购买前更难经受住铤
而走险的诱惑。而气候工程的道德危机在于，其引起的公众关注越大（如
美国总统高调宣布进行气候工程），决策者和选民就会越难经受住诱惑，
进而觉得减排温室气体也不是什么燃眉之急。因为人们会觉得，就算
气候进一步恶化，我们也肯定能通过这样或那样的气候改造计划来化
解危机[18，19]。

公地危机的窘境

与减少温室气体排放的主流讨论相比，之前提到的气候改造方案
都有一个尤为明显的特征：在现有条框之外寻求解决方案。但我们能
否把眼光放得更远，在离现有框架更远的领域寻求解决气候危机的方
案？答案是肯定的。在这里，我们将探讨近年来由一些敢于打破传统
的勇敢思想家提出的，在真正意义上彻底激进的提议。毫无疑问，许
多读者会不假思索地认为这些提议走了极端，甚至过于离谱，但如果
读者在从头至尾地读完本书后，再回过头看这里的论述，可能会觉得
这些提议相对而言并没有那么极端。

道德哲学家朱利安·萨乌莱斯（Julian Savulescu）和英马尔·佩尔松（Ingmar Persson）把其后的危机看做是难解的道德难题，并就此提出了激进的新解决办法。他们的建议基础是，以一个绝对尺度来衡量，看似难解甚至不可能解决的道德问题其实并不困难，可能只与面临这一问题的代理人有限的道德能力有关。在道德层面上，气候危机对我们区区凡人来说十分难解，这无疑是正确的。

另一位道德哲学家史蒂芬·加德纳（Stephen Gardiner）则将气候危机称为"完美的道德风暴"，他的理论依据是：这之中包含许多方面的问题，每一个都让整个危机的难解程度大大上升。其中一个问题是，排放温室气体所造成的危害，并不会只落在排放者个人的头上，而是会影响地球上的所有人。这就意味着，作为个体的排放者，基本没有为全人类共同福祉而减排的动机。所以每个人就会觉得，不论我本身的排放是多少，也不可能左右全人类总的排放量。

既然如此，那如果开私家车比坐公交更方便，从精明的角度出发（即最大化个人利益，不考虑他人的得失），前者就是最好的选择。换句话说，这一问题是被称为"公地危机"[20]的社会困局的现实例子。在讨论这一问题的成因（温室气体排放）和影响（气候变化）时，我们必须把时间因素也考虑在内：我们今天所排放的温室气体，影响的不只是当前的人，还包括未来的后代。我们今日的行动会影响未来后代的福祉，但后代做什么却不会影响到我们，这种不对称性进一步增加了问题的难解程度。我们在理论和制度工具上的缺失和不足，使得我们无法很好地处理多代人之间的正义、科学不确定性和我们的行为对自然所造成的影响等问题。这一窘境进一步加剧了这场完美的道德风暴。

萨乌莱斯和佩尔松深谙此道。他们总结道，考虑到人类当前的道德水平有限，我们可能无法解决这一问题。因此，我们需要提高自身的道德水准。具体来说，我们需要改变自身的趋利性，不再追求私利，转而以高尚的道德标准行事。具体到气候危机的问题上，则意味着每个人都应为了最大化公众的整体利益而行动[21]。在某种程度上，我们正在通过教育提高大众的道德水准，虽然当前的努力并非毫无收获，但萨乌莱斯和佩尔松认为仍然不够。不仅如此，他们还倾向于使用另一种轮廓日渐清晰的办法，即通过生物医学来提高人类的道德水准[22]：

> 我们对人体生物学，尤其是遗传学和神经生物学的认识，已逐渐使我们能够通过药物、基因选择和基因工程影响和改造大脑承担学习过程的外部设备，直接干预人类行为动机的生物和生理基础。运用这些技术，我们就能够克服让人类身陷险境的道德与心理缺陷。
>
> 目前相关研究尚处于起步阶段，但在哲学和道德的层面上，尚无多少能让人信服的反对意见不赞成使用这种以生物医药手段提高道德水准的做法（或称之为强化道德的生物技术）。事实上，考虑到我们面临的十万火急的危局，我们必须探索以生物医药手段提高道德水准的各种可能性，这并不是为了取代传统的道德教育，而是为了弥补教育的不足。

还有另一组作者，他们也就气候危机给出了运用生物医学手段提高道德水准的解决方案，还提到了一些在实践中可能会用到的生物化学进程（增加催产素，减少睾酮）。这一组的作者分别是马修·廖（Matthew Liao）、桑德伯格（Sandberg）和罗彻（Roache）。他们认为，为应对气候变化，应该从多个方面对人体进行改造，运用生物医学手段提高道德水准只不过是其中一环，除此之外，他们也思考出了以下几种针对人类或人性的可行的改造方案：

肉类不耐受（meat intolerance）。有研究表明，引发全球变暖的温室气体，有很大一部分来源于肉类生产过程。通过引述相关的研究成果，廖等人表示，虽然人类无法单靠减少肉类消费来化解气候危机，但这还是会起到举足轻重的作用。他们建议通过药物引发肉类不耐受，如刺激人体的免疫系统，使其排斥某些特定的蛋白质进而起到削减肉类消费的效果。

体形更小的人类。如果我们体形更小，我们吃的就更少，需要的汽车也会更小，如此不一而足。总之，如果人类体形变小，环境与气候的负担就会变小。研发能达成这一目的的技术并不特别困难，这个过程可能会涉及植入胚胎的基因图谱或生长激素抑制剂。

提高认知水平。通过药物、基因定制或其他手段提高我们的认知水平，是第3章的讨论主题。廖等人认为，我们有理由相信，认知水平的提高会有减少出生率的附带效果。所以，这最终会让人口减少，进而减轻人类给气候系统带来的负担。让年轻妇女接受教育，能有效地减少出生率，这已是毋庸置疑的事实。现在，人们还发现，认知水平与出生率呈负相关。

为避免引起误读，请允许我强调，本书此处的引用，仅仅只是提到别人的建议而已，并不代表我认可那些建议。事实上，廖等人也从未宣称，这些改造人类本性的提议应该被应用到现实之中。他们所捍卫的观点可以用他们论文中的最后一句话来表达，即类似这样的提议"值得人们在争论中进一步斟酌和探索"。对于这一点，我是同意的。但我们正在讨论的这些提议，往往还是会引发颇大的争议。举例来说，芬顿（Fenton）、冈森和麦克拉克伦（McLachlan）都曾批评过萨乌莱斯和佩尔松的提议。但这些评论在很大程度上是从技术角度探讨方案的风险和可能性，我希望把这些讨论放在之后的章节进行。请允许我转而列举特拉赫滕贝格（Trachtenberg）和博格纳尔（Bognar）各自对廖等人的批评意见，虽然两人都表现出咄咄逼人的蔑视态度，但是特拉赫滕贝格文笔诙谐的评论还是值得赞誉的。顺便提一下斯威夫特（Swift），他这样评价廖等人的提议：

> 廖等人的提议很容易让别人误会，因为他们采用了一个常用于讽刺的修辞技巧。毕竟他们不是最先提议通过改变饮食来解决紧迫社会问题的人，而且与我想到的其他提议相比，他们的建议还更为温和。

特拉赫滕贝格随后以更严肃的口吻解释道："不肯停止食用肉类的人，不太可能愿意接受一个使他们无法继续食肉的治疗。"这条评论乍看之下可能有些可笑，但却符合基本的人类心理学。"双曲贴现"是一种与之相关的心理现象，它的含义是，在一些事情的选择上，当下的自我并非总能与未来的自我保持一致。我们在第 10 章会简单探讨这一心理现象，安斯利（Ainslie）更是用整本书的篇幅对其做了完整详尽的阐释，发这既解释了为什么我们会把钱封存在社保局，也是我们给冰箱装上定时锁的原因。

举例来说，我某天难以抵御牛肉的美味诱惑，决定在当天的晚餐时大快朵颐，但同时又会对自己说，从下个星期开始我一定要吃素。但一个星期过去，我极有可能发现，这周的我其实和几天前的我一样，看到菜单上的牛肉依然无法克制住自己（这些描述反映了我当前尝试转变为素食主义者的情况，并非完全虚构）。这么看来，接受会引起肉类不耐受的药物注射，似乎确实是让"下个星期的我"经受住红肉诱惑的绝佳办法。

现在我们再来探讨博格纳尔的批评意见。早在 2012 年，他就以一篇名为《当学者向自己的腿部开枪》（*When Philosophers Shoot Themselves in the Leg*）的评论，表明了他对廖等人的鄙视态度。他在文章中解释道：

> 这一标题指的是那些在提出政策建议时基本不考虑可行性和实际开销的学者。这些人的行为完全是在抹黑自身和他们职业的形象。如果他们让别人觉得，他们并不懂得如何给出值得考虑的政策建议，那么他们说的话就不太可能会被严肃对待。

一时半会，政客们基本不可能采纳廖等人所提出的人类优化方案，博格纳尔的这一观点无疑是正确的。但他随后总结道，学者们应避免提出会引发公众讨论的政策建议，除非他们在提建议的同时能够附上完整且讨喜的开销方案。这一条件具体是指，学者们应该做好相关的效益分析，并确认所提建议在往后的几年内，能够征得大多数议会成员的同意。对此，我是绝对不赞同的。

假设包括学者（正如科利尼（Collini）所说，"探索未知就是这些学者的职责所在，他们不能因为某个问题过于超前，就置之不理"）在内的所有人都表现得如此克制，永远不会公开地交流跳出框架的思考，也不会提出任何有待完善的理念，那博格纳尔当然会很高兴，但这也意味着，我们会患上由自己造成的"近视"，并在人类集体穿越（第 1章讨论过的）未知领域的过程中深受其害。换句话说，直到面对面撞上未知领域中的"恶龙"，我们都完全不知道"恶龙"到底有哪些特征。我保证会让博格纳尔收到本书的赠阅本，但他肯定会称其为学术界的耻辱，并认为本书有损我们作为严肃学者的声誉，还会降低我们以后对决策者的影响力。例如，他会觉得，本书会造成政府在决定公共支出应覆盖牙科保险开销的 75% 还是 60% 时，不再理会学者们的意见。

本章我们已涉及人类优化和超人类主义这两个更为宽泛的概念，也提到了几个与之相关的例子。在第 3 章，我们将围绕超人类主义展开讨论，我们将提到更多有关改造人类血肉之躯的例子，也将了解到关于我们是否该在这些科研道路上继续前行的争议。

注 释

[1] 根据相关研究,当时,一颗巨大的小行星撞在墨西哥尤卡坦半岛上,大量扬起的灰尘进入大气层,并在往后的数年中遮蔽了大部分阳光,引发生物大灭绝。详情请参考舒尔特(Schulte)等人的研究。更多关于此次撞击和其他小行星撞击的内容,可参考本书第8章。

[2] 这里把问题简化了,因为海洋也能以这种方式传输热量,而有些能量分布不均会导致热量积蓄在深海而非表面(对于以更深入了解气候变化为目标的研究来说,理解并量化此过程是研究的关键。近来与之相关的重要研究请参考巴尔马塞达、崔伯斯和谢伦在2013年发布的相关论述)。

[3] 椭圆偏心率 e 的数值介于0到1之间,表明椭圆与圆形($e = 0$)的偏离程度。

[4] 如果地球绕日运行轨道是圆形,那岁差就不会有太大意义。但事实上,与近日点有关的岁差,以及意义非凡的偏心率,对南北半球季节性的日射量变化都有很大影响。

[5] 这里指的是那些自称为"气候变化怀疑论者"的持反对意见者。"气候变化怀疑论者"这个词应尽量避免提及,因为,虽然良性的怀疑论是优良科学的特点和基石之一(参见第6章),但这些人虽自称怀疑论者,主张的却是谬论。

　　真正的怀疑精神,要求严格检视他人和(尤其是)自身提出的模型、方法和结果,而自2008年我被卷入气候科学家与这些"气候变化怀疑论者"(在瑞典)的辩论后,与他们的各种接触经历让我明白,他们的"怀疑精神"完全不是这么回事。他们对自己信奉的谬论深信不疑,根本不认为全球变暖是由人类造成的,也不认为全球变暖会带来巨大风险。相反,他们非常乐于使用各种论据和笑话来让非专业的受众站在他们那边，哪怕那些论据和笑话早被彻底驳倒。有关这一运动的悲伤历程可参考奥莱斯基和康韦的相关论述，有关我自身对这一运动的批评态度可参考哈格斯特姆相关论述。至于"气候否定主义"这一词汇，当然不是指他们否定气候本身的存在，他们否定的是气候科学在发展过程中累积的大部分知识。

[6] 以下是这种正反馈系统的稳定性边界：假设最初温度为 1℃，每次循环在此基础上增加 a 倍的温度。如果 $a<1$，在无限次循环之后，温度依然是有限的。这是因为在数学中，几何数列是收敛的，即

$$1 + a + a^2 + a^3 + \cdots = \begin{cases} 1/(1-a), & 0 < a < 1 \\ \infty, & a \geqslant 1 \end{cases}$$

不过请注意，即使 $a \geqslant 1$，最终温度也不会增至无限高，因为这个系统还会受到物理规律的限制，例如温度升高到一定地步，海水就会蒸发完毕，模型（4）中并没有考虑这些因素。

[7] 因为大陆漂移，这种情况并不是永恒不变的，但是在我们讨论的时间尺度上，大陆漂移的距离可以忽略不计。

[8] 不时会听到有人宣称二氧化碳在气候变化中发挥的作用被过度夸大，因为水蒸气是比二氧化碳影响更大的温室气体。这是种错误理解。诚然，大气中的水蒸气含量远高于二氧化碳，水蒸气对温室效应的影响也更大，对气候来说也确实很重要。但是，就气候变化而言，二氧化碳则扮演着更为主导的角色（相关论述可参考拉西斯等人），这是因为水蒸气无法长期存在于大气之中。人为排放的水蒸气与二氧化碳的量级不相上下，但二者在导致气候变化的能力上却有天壤之别，因为水蒸气能够在数周之内脱离大气层（如落到海洋中或陆地上）。

[9] 其他涉及海冰和冰雪融化的冰冻圈反馈效应则要快得多，而且也包含在 $T_{2 \times CO_2}$ 之中。

[10] 这种规模惯用于平常的气候变化讨论中，我们已经（之前也提到过）经历过 0.8℃ 的温度上升，所以这里的温度上升 4℃ 指的是气温在当前的基础上再上升 3.2℃。

[11] 推荐从蒙比尔特的论述着手了解。他阐述了英国该如何（在不会造成灾害性经济损失的前提下）在 2030 年之前减少 90% 的二氧化碳排放。如果读者对其他国家的措施更感兴趣，也能在其中看到许多国家普遍适用的内容。

[12] 与两位作者 2005 年出版的畅销书《魔鬼经济学》（Freakonomics）相比，这一续作可谓让人大跌眼镜。两位作者再一次证明，他们剑走偏锋，喜欢用经济学理论来阐述事物，并得出些违反直觉的结论。但那些结论往往是基于漏洞百出的推理，以及他们在该议题上浅薄的知识储备。例如，他们草率地否定了太阳能的价值，就是个典型的例子：

> 太阳能电池的问题在于它们是黑色的，因为它们被设计用来吸收太阳光。但只有 12% 的太阳能被转化为电能，其他则以热量的形式再次辐射出去，而这些热量在一定程度上促进了全球暖化。

上述的物理机制毫无疑问是正确的，但要评判这些散失的热量是否是导致全球暖化的重要因素，则需要先做更多的定量分析。但列维特和都伯纳并没有这样做。不过幸好，皮埃安贝尔在 2009 年做了必要的估算，并在此基础上以极具教育意义的方式，反驳了列维特和都伯纳的观点，而后者作为回应的争论则显得毫无意义。两位作者就气候工程提出的方案（下文会讨论）都有类似的重大缺陷，在我对他们这本书的评论中也会举出更多的例子。

[13] 在希腊神话中，达摩克利斯（Damocles）是个嫉妒国王权力和财富的人。有一次，国王狄奥尼修斯二世（King Dionysos II）邀请达摩克利斯与自己互换位置，达摩克利斯马上欣然接受。于是他

坐在狄奥尼修斯的王座上，感受环绕自身的豪奢。但狄奥尼修斯同时也让人用一根细丝，将一把利剑悬在达摩克利斯的头顶上，以此让达摩克利斯明白坐在帝王之位的微妙感受。最后，达摩克利斯哀求着把位置换回来了。

[14] 这不禁让人想起，我们如今造成的一些核废料，在往后的数千年会持续释放致命性的辐射。不同的是，现今处理核废料的办法是将其深埋地下，后代只要不进入那些区域就好，不需要采取其他措施。但二氧化硫改造计划则需要后代持续跟进。

[15] 讨论把二氧化硫输送到同温层的方案时，人们有时也会提到相关的酸化问题，也就是说二氧化硫也会导致环境酸化。但这一问题与这一方案的其他坏处比起来，就显得无足轻重。原因如下：由于微粒在同温层的停留时间相对较长(与在对流层中的情况相反)，我们只要输送相对很少的二氧化硫到同温层，就足以抵消掉温室气体所造成的气候变化。而所需输送的二氧化硫，不会超过我们已向对流层释放的全部温室气体的百分之一。

[16] 事实上，这些方案早有人提出，且已经完全被当成笑谈。早在1960年前后，苏联就曾有人建议用气溶胶微粒给地球制造类似于土星环的行星星环。其目的有二：一是为了让西伯利亚地区的气温升高，使其适宜农耕；二是为了给赤道区域遮挡阳光，使赤道区域的气候更为温和。

[17] 但基思后来的态度有了转变，他变得更为支持"往同温层输送二氧化硫"这一气候工程。虽然他仍然认为我们的知识水平尚不足以担当起这一改造工程的责任，也仍不认为这一方案会变成好方法，但在是否要高调展开研究的问题上，他不再持有之前的保留态度。他态度转变的主要原因可能在于，最近有研究表明，只要太阳辐射管理技术使用得当，带来的负面影响会比我们之前讨论

的少许多。在早些时候，与太阳辐射管理技术相关的模拟研究的重点是，如果工程的规模足以完全抵消人为引发的全球平均温度上升，那将造成哪些影响。而最近的研究重点则是，如何通过规模较小的工程，抵消人为造成的全球变暖的一部分。

具体来说，最近的研究（暂且）表明，如果我们通过规模较小的工程，抵消掉大概一半的平均温度上升（这大致上对应恢复全球平均降水量），而非通过规模较大的工程完全抵消掉温度上升，那全球大部分区域的气候，与进行气候工程之前相比，会变得更接近工业化之前的状态。因此，人们可以认为，这种程度适中的气候改造或气候干预工程，在大体上会比彻底的改造更为有益。相关论述可参考莫雷诺-克鲁兹、里克和基思，以及哈格斯特姆的文章。

[18] 基思在 2013 年表示，他后悔早前提到了气候工程中的道德危机，并更愿意将其改称为"风险补偿"。道德危机一般是指：人们在知道风险由其他人承担的前提下铤而走险。而风险补偿则是指，人们是由于风险真的减少了（而非转移到其他人身上），才选择去做危险的事情。举例来说，检查汽车上的安全带是否系上，并不会像预期中的那样，减少因交通事故引发的伤亡。因为系上安全带后，司机在潜意识中就会更有安全感，进而在驾驶过程中可能更加疏忽大意。

[19] 这就引出了一个问题，我在本书中提到气候工程也会让更多人关注这件事，那我是不是在把世界推往更危险的境地？在本书的其他章节中，我还会提到与之类似，但对应不同事件的问题。在我看来，这些问题很难回答，而且我认为，过度担忧这一问题（或在思考措辞时过于谨慎）反而会造成公众在这些领域的麻痹大意。我编写本书的逻辑很简单（或许是对或许是错），我认为公开讨论即将到来的科学技术的正反面，对制定明智的决策而言是不可或

缺的，也正因如此，这些讨论有助于我们构建一个更安全、更美好的世界。波斯特洛姆系统地论述了在什么情况下，知识反而会起到负面作用，读者可自行参考。

[20] 这一名词的典故如下：某个村庄的农户共同享有一块草场，可以把自己的羊群带到草场上随意放牧。如果所有农户都不加节制地在草场上放牧，公共草场终会不堪重负。但即使草场已被过度使用，农户们还是想要尽可能地使用这片草场。因为只要草场还没崩溃，你不用就等于拱手把好处让给别人。所以这片草场注定会被毁掉。

[21] 当然，这只是萨乌莱斯和佩尔松眼中的道德标准。虽然我对是否有客观的道德真理存在持怀疑态度，但我还是倾向于同意他们的观点，下文的讨论也建立在这一道德标准的基础之上。这个问题稍微有些棘手，我们会在第 10 章再作讨论。

[22] 萨乌莱斯和佩尔松提出运用生物医学手段提高道德水准的初衷并不完全是为了解决全球变暖，更多的是为了解决如果个体拥有摧毁整个文明的能力（与埃利泽·尤德考斯基的科幻小说《三界冲突》中所描述的情形相似），人类该怎么办的问题。

　　更多关于这一提议的初衷和讨论细节，可参考萨乌莱斯和佩尔松于 2008 年的相关论述。萨乌莱斯和佩尔松希望，天性被改造后的人类，会和前文提到的外星人差不多。考虑到当前合成生物学和其他领域的发展方向，他们的忧虑也不是完全没有道理。更多相似的，威胁到人类存亡的风险，可参考第 8 章。

第 3 章

打造更优秀的人类？

新人类：从弗兰肯斯坦到美丽新世界

在我们开始设想人类增强技术会带来一个怎样的未来，以及激进的生物技术会如何改变人类本性之前，我应该首先明确，人类正在朝着这两个方向前进。人类种群正在以各种惊人的方式变化，其变化速率之快，已无法通过生物进化和基因库的变化来解释。身高就是一个很好的例子。由于营养水平提高，也可能是由于卫生条件、公共卫生设施，以及其他社会经济因素的改善，西欧年轻男性的身高在一个世纪中增加了约 11 厘米。发达国家的相关趋势还有体重增加，少年更早步入青春期[1] 等。

上述的形体变化都没有明显地强化人类，但智力上的变化呢？考虑到所谓的弗林效应，世界上大部分区域的平均智商每年都会增长约 0.3，且这一趋势已持续了数十年之久。智商的提高似乎是由几种因素共同造成的，但人们尚无法确定最主要的因素是哪个。有人解释说，智商增长完全是人为的假象，原因是人们对智商测试的题目越来越熟悉。显然，这种解释是值得考虑的候选答案之一。但人们后来发现，由此提高的数值最多只能占总增长量的一小部分。营养与教育水平的提高是另外两个候选答案，后者更是与智商分数和读写能力有着很强的相关性。由于教育水平似乎与生物医学没有太大关系[2]，在讨论人类增强时，这一因素有时会被人们忽略。但我们似乎又有理由，把自 19 世纪以来，满怀雄心的各国政府努力向普通民众推行教育的行为，视为迄今为止最伟大的人类增强项目[3]。

人们正越来越普遍地通过保妥适（主要成分为高纯度的肉毒杆菌素 a 型，是一种神经传导阻断剂，用以治疗过度活跃的肌肉。作为整形美容材料，主要用于除皱与瘦脸）、伟哥和百忧解来美化（引用他们自己的话）外貌及提高身体机能。当下一个十分明显的趋势是，越来越多的心理状态被视为是可以用精神药物治疗的障碍症。例如，过去被认为不过是害羞的表现，现在正越来越多地被诊断和视为社交焦虑障碍，读者可参考克鲁斯（Crews）就此发展趋势提出的批评意见。如果在数小时的紧张学习后出现疲惫不堪的"障碍症"，又该用哪些药物治疗呢？詹姆斯·米勒（James Miller）在美国东北部的一所女子大学教授经济学，他透露的内幕消息表明：他的学生们普遍都会服用一种名为阿得拉，主要由安非他命制成的药物，以缓解学习疲劳和满足自身其他需求。

人类增强这一概念的定义，通常是相对于干预和治疗障碍症的手段而言的：治疗的目的是治愈障碍症，把人体机能和 / 或精神功能提高至正常水平（或使其更接近于正常水准），而人类增强则以让人体机能突破正常水准的限制为目的。但"正常水平"是个模糊不清的概念，部分提到过的例子也表明，明确二者之间区别的困难程度，跟在沙地中划出一条清晰的界线差别不多。有些作者争辩道，我们不仅可以明确二者的区别，而且必须这么做。另一些人则对二者的区别持有较为怀疑的态度，例如，沃尔普（Wolpe）就比较了这种区别，将其描述为"用药物治疗的叫做疾病；改变身体机能，而不用药物治疗的叫做增强"。

我们接着会探讨更多人类强化技术，或与此相似的技术。如今，美国已有超过 1% 的人在孕育新生儿的过程中用到体外受精的技术。这一技术逐渐开始改变人类的繁殖行为。在特定情况下，如存在家族性遗传病史，那么体外受精技术还会与基因识别技术相结合，通过后者决定该弃置还是移植已成型的胚胎。这种基因识别技术往往被看做是通往**设计婴儿**和**人类克隆技术**的道路上的一道大门。作为未来可能实现的两种技术，二者已引起激烈的争论。

通过眼镜和助听器的辅助，我们能够在视力和听力退化后的数十年间继续工作，做各种自己感兴趣的活动。智能手机和类似的电子设备则扩充了我们的认知方式，提升了我们的交际技巧。安迪·克拉克（Andy Clark）和戴维·查默斯（David Chalmers）提出了"延展意识"的概念（与理查德·道金斯提出的"延伸的表现型"相似），认为我们的意识能够延展到外部，并不受颅骨或身体的限制。就算我们否定这一观点，要想分清楚哪些部分是我们的本体，哪些只不过是外部设备，也不太容易。特别是当这些设备进入我们的头部后，将二者加以区分，将变得尤为困难。

迈克·克洛斯特（Michael Chorost）患有严重的先天听觉障碍，在 2001 年完全失聪后，他接受了一个手术，在头部植入一个电子设备并重获听觉。现在，他提议我们都应该这样做，让大脑与互联网直接相连。或许，我们应该把植入的设备看做是克洛斯特身体的一部分。但这么一来，我们为何又不承认克洛斯特的智能手机也是他身体的一部分呢？

考虑到我们提升身体机能、心智水平和各项能力的方法数不胜数，有人可能会问：我们能否把这些方法统统看做同一种事物的不同表现形式？尼克·波斯特洛姆和朱利安·萨乌莱斯在他们合著的文集《人类增强》（*Human Enhancement*）的前言部分写道：

各种人类增强技术会造成一连串与众不同的现象，但我们应该在多大程度上给人类增强技术专门设立一个（跨越各学科的）学术分支？这个问题未有定论。

不管怎么说，人类增强技术的支持者通常会用一种辩论策略，来着重强调有争议性的新兴增强手段，与已被接受的传统增强手段之间的连贯性：服用莫达非尼在本质上与品一杯提神的浓茶有什么区别？在道德上，这两者中的任何一个，和饱睡一夜又有什么区别？鞋子难道不是一种对足部的增强？衣服难道不是一种对皮肤的增强？同样，记事簿也可以看做是对记忆的增强。因为电话号码是记在我们口袋中的记事簿上，而非大脑中。但想要排除如费用和便利性等权变因素的影响来看清这一本质，却非常不易。

总之，从某种意义上说，所有的技术都可以被看做是对人与生俱来的能力的增强，正是因为有技术的辅助，我们才能做到一些单凭一己之力要花大力气，或根本做不到的事情。

抛开专业术语不谈，现在可以肯定的是，人类有待增强的地方还有许多。或许，比大部分人所能想象到的还要多。《为什么我想在长大后成为新人类》（*Why I Want to be a Posthuman When I Grow up*）是一篇由波斯特洛姆所著的论文，它既有学者论文的特征，又像是一篇宣言。在这篇论文中，波斯特洛姆向我们展示了人类增强技术可以发展到何种程度。在开篇中，他告诉读者，在不超过人类正常极限的前提下（但至少是提升到近乎极限的水平），如果你自身的各个方面都得到大幅提高，将是怎样一种体验。首先，健康程度提升后，你会感觉身体"变得更加强壮，更加协调平稳，精力也会更加充沛"。认知能力提升后，你能够"更容易地调动思维，集中思考难解的事物，并开始弄懂其中的含义";并且可以"很好地掌控思维脉络,在不偏离论点的前提下,进行更长更复杂的逻辑论证";还会在欣赏音乐时体验到无比的愉悦,因为你"感受到乐声中有着此前你没注意到的层层质感和音韵逻辑",不一而足。你还会"开始珍视生命的每一分每一秒","对所爱之人的情感也会更加深厚温存。虽然你还是会感到沮丧甚至愤怒,但你只会在理由正当,且这么做会带来建设性结果的情况下表现出这些情绪"。但上述这些只不过是开始而已,波斯特洛姆接着阐述了如果你身体各方面稍微超出人类当前的极限,又是怎样一番体验:

你刚刚庆祝完自己 170 岁的寿辰,并且觉得现在的自己比以往任何时候都更加健壮。你的每一天都充满欢愉。为了让新近养成的认知和感受能力派上用场,你还发明了一些全新的艺术形式……你与同辈交流所使用的语言,是一种形成于过去的 100 年间,脱胎于英语的语言。其词汇量和表达力,能让你和同辈分享交流,增强人类根本无法想象或体验的思想与情感……你永远与那些遭遇不幸的人感同身受,并且时刻准备着通过努力来帮助他们重回正轨。你还加入到一个大型的志愿组织中,致力于通过让生态系统以传统模式运转的方法,减少自然界中各种动物的苦难。这一组织的工作还包括运用尖端科学与信息处理服务来解决政治性事务。虽然每天已经十分美妙,但事情还在变得越来越好。

上述的一切(或与之不同,但同等先进和美好的情形)应该都有可能实现 [4],因为没有任何理论依据表明,以上描述的内容已超出人类所能达到的极限。但波斯特洛姆也指出:"在新人类这一概念上,我们看得越远,就越难想象未来具体会有哪些变化。"

不论如何，波斯特洛姆所描绘的，确实是众多或大多数所谓"超人类主义者运动"的参与者所期待的生活。由于这一章主要探讨人类增强，所以难免会提及"超人类主义"这一概念。在厘清超人类主义的具体含义之前，我们有必要先确定"新人类"和"超人类"这两个概念之间有什么区别。新人类是指一种假想的未来人，他们以这样或那样的方式从人类演变过来，但在身体机能和认知水平等方面均有很大程度的提高。因此，尚不能确定还能否把他们称之为人类。至于超人类，则指的是那些在进化过程的某个节点上，正从未增强人类演变为新人类的群体。

就像上文所暗示的那样，你可以说我们都是超人类。但是，如何区分未增强人类、超人类和新人类这三个概念，更多的只是个术语问题，并没有非常大的实际意义，尽管并不是所有人都同意这一观点。举例而言，弗朗西斯·福山（Francis Fukuyama）就认为，我们必须坚持留有一些"人的本质"，即人的某种整体性，因为这极为重要。这些本质又被称作 X 因素，福山亦无法说明这些因素的具体内容，但他认为，出于一些与人类尊严有关的原因，我们绝不能越过这些界限。至于人类尊严，我们会在后文中再作讨论。

波斯特洛姆还就一些常见的"超人类主义"问题给出了自己的答案，并将这个词的含义归结为两点：

（1）指一场知识文化运动。参与者支持利用技术从实用角度彻底改变人类社会，并对其可能性与有利性深信不疑。他们尤其赞成通过研发和普及这些技术使人类不再老化，并大幅提高人类的智商水平、心智水平及身体机能。

（2）指一个研究课题。研究对象主要是能够让人类突破自身基本限制的技术，其他研究内容还包括：这些技术的前景、衍生影响、潜在危险，以及开发和应用这些技术可能造成的道德问题。

根据上述定义，超人类主义者就是支持超人类主义的人。但读者应该注意到，此定义有些含糊，因为支持定义（1）的人完全可能不支持定义（2），反之亦然。波斯特洛姆本人则是认可两种含义的超人类主义者（在过去 20 年的大部分时间里，他还是该运动的主要代表人物之一）。对于定义（2），我完全赞同；但对于定义（1），我则比较怀疑。毕竟，虽然人类增强项目在总体上有给人类带来巨大利益的潜力，但这也伴随着危险和负面影响（部分我会在下文提到）。所以我很难毫无保留地肯定定义（1）中的"有利性"。尤其让人难以赞同的是，大部分超人类主义者共有的，是一种漫不经心的技术乐观主义心态。马克思·莫尔（Max More）（另一位超人类主义者运动的代表人物）就是这类人的典型，他提出了所谓的"先行动原则"，与著名的预警原则刚好相反。先行动原则着重强调其宣称的"创新的自由"，其定义如下：

创新的自由：对人类而言，技术上的创新自由十分宝贵。因此，举证责任应由提出限制性措施的人承担。任何提倡采取限制性措施的建议都应经过审核[5]。

读者也可参考桑德伯格于 2001 年在自由主义理念的基础上发表的一个类似观点。他提出所谓的"形体自由"，意思是个体有权根据自己的意愿改造自己的身体，而不受政府管制或其他干预。要知道，新兴技术还有许多我们毫无概念的未知，这些未知甚至可能关乎人类未来的存亡——借用美国前国防部长唐纳德·拉姆斯菲尔德（Donald Rumsfeld）的说法。那么，采纳这种冲劲有余而警惕不足的意见，借着新技术闷头向前冲，真的符合我们的长远利益吗？我绝不认为这样的观点是正确的。

认为人类本性能得到巨大变化的超人类主义理念，可追溯至不同的起源，从讲述普罗米修斯、代达罗斯和伊卡洛斯的古希腊神话，到马奎斯·孔多塞等启蒙思想家[6]，再到伟大小说家玛丽·雪莱的《弗兰肯斯坦》，奥尔德斯·赫胥黎的《美丽新世界》，以及 20 世纪英国生物学家 J.B.S. 霍尔丹。有关此理念起源的简要历史可参考波斯特洛姆的研究。

赫胥黎在其著作中描述的反乌托邦社会，有时会被当做论据来驳斥超人类主义的人类增强项目。请看卡斯（Kass）的论述：

> 如果现代生活给人们带来很多不幸，我们为何不用技术来寻找救赎？我们难道不能通过解构侵略性、欲望、悲伤、苦痛和欢愉的物质基础，像笛卡儿所说的那样，让人类在智力与心灵上变得更加强大、更加美好？让人类能够巧妙地自我控制，而不再需要自我牺牲或自我约束，难道不是科技的最高境界？我认为恰恰相反。这种利用技术对人心的抹杀，几乎肯定会让人类彻底变得衰弱无力。掌握这种技术等同于彻底灭绝人性。去读读赫胥黎的《美丽新世界》，读读 C.S. 路易斯（Clive Staples Lewis）的《人之废》（*Abolition of Man*），读读尼采对最后一人的记叙，然后再看看报纸。均匀化、平庸化、妥协、药物所致的满足感、品味的堕落、既没有爱也没有追求的灵魂，这些就是用技术抹杀掉人类的精髓后无可避免的后果。达到所谓最高境界的那一瞬，普罗米修斯般有血有肉的人，就变成了一头不思进取的奶牛。

但我们也该看看波斯特洛姆是如何回应的。他声称赫胥黎所描写的反乌托邦社会恰恰是超人类主义者所反对的事物，并表示形体自由是确保良性发展的一种途径：

> 就拿卡斯所引述的例子中最著名的《美丽新世界》来说，小说中的居民确实缺少尊严（在尊严的至少一种意义上讨论）。但卡斯声称，我们将会得到的人性改造技术终将不可避免地导致这一后果，这无疑是极度的悲观主义。如果将其看做是对未来的预言，这一观点则毫无理据支持。如果将其看做是形而上的必要性的声明，这个观点更是一个谬论。
>
> 赫胥黎的小说中的社会在许多方面都不正常。那是个处于极权统治下，等级森严的静止社会，在文化层面上更是一片荒芜。《美丽新世界》中的人物是被剥夺了人性和尊严的群体，但新人类并不会这样。新人类的能力并不像超人那般强大，而且在许多方面还不如我们……《美丽新世界》讲述的也不是人类增强技术失控的故事，而是讲述一个技术与社会工程被故意用来剥夺人的道德与智商的悲剧。而这种悲剧恰恰是超人类主义者所提倡议的反面。
>
> 超人类主义者认为，避免"美丽新世界"变成现实的最佳方法，就是极力捍卫形体自由与生育自由，保护二者不被任何妄图控制世界的人侵害。

在过去的数十年间，超人类主义已发展为一场形式多元，涉及多方面（各方面的协调程度并不太高）的知识运动。即这些空想者的说辞有时不禁让人联想到福音派信徒，我依然认为，这些人的存在是一件非常好的事情。不过，我同时也认为，有重视风险的人发出批评声音，中和超人类主义者论述的影响，也同等重要。

刻意设计意味着没有尊严?

我们接下来将探讨超人类主义和人类增强技术的反对者的主要理由与顾虑。大部分的顾虑来自支持"生物保守主义"的人,因为在定义上,生物保守主义与超人类主义正好相反(但生物保守主义的定义有时更加宽泛,会将反对食用转基因作物和家畜也包括在内)。

但在讨论严肃议题之前,请容我先提一种我根本懒得展开讨论的反对观点。持这种观点的人认为,《创世纪》和《圣经》中的内容不仅都是真实发生过的事,而且是一些超自然存在留给我们的福音,指引我们该如何生活,绝对正确可靠。有些读者可能会问,提及这些毫无效力的理论有什么意义?但事实上,一直以来,这些理论都颇具影响力。《人类尊严与生物伦理学:总统生物伦理理事会所编文集》(*Human Dignity and Bioethics: Essays Commissioned by the President's Council on Bioethics*)是一份应美国前总统乔治·沃克·布什(George Walker Bush)的要求,递交给他的论文集。在这本文集中,就有至少一篇文章明确表明这种立场(而且整份报告中的大部分论证都是从宗教情感的角度出发)。关于驳斥这些理论毫无效力的更多细节,可参考丹尼特在同一文集中的文章,以及平克的相关论述[7]。

另一个经常被提出的反对意见则更严肃一些。其围绕着"人类尊严"这一概念展开,并怀疑在人类转变为新人类后,"人类尊严"将不复存在。尊严一词有好几种不同含义,在关于生物伦理的辩论中造成了数不清的歧义和混淆(在总统生物伦理理事会所编写的文集中也同样如此)。甚至有人因此表示,或许停止论及这一概念将更有利于辩论进行。平克在 2008 年对此评论道:"这是一个绵软的主观概念,根本无法承载起道德要求的重量。"麦克林(Macklin)则在 2003 年评论道:"对主要案例的仔细研究表明,'尊严'所代表的,要么是其他定义更为明确的概念，要么是单纯的口号，根本无法帮助人们理解这一主题。"他还特别强调："明白该以怎样的原则去尊重个人自主，足矣。因为'尊严'一词无法给出比这更多的说明。"对于麦克林的观点，我表示同情。但既然"尊严"一词已在辩论中扮演着重要角色，或许值得我们花些时间弄清楚这个词想要表达的意思，进而理解因其而起的争论。按照贾巴里（Jebari）对此的定义，尊严可包含以下三种主要含义：

（1）在康德的尊严观中，尊严是一种道德主体，要求人具备天生的理性，并赋予个人一种权利，使其不会被他人当成用来达成目的的"纯粹工具"。

（2）尊严的身份证明和尊严作为所有智人的道德主体的状态：只有人类有尊严，其他物种一概没有。

（3）尊严的"贵族"概念，指的是光荣、高贵与可敬的品质。这种意义上的尊严可以通过教育形成，在个体的一生之中，也可能发生改变。

其中，（1）和（2）经常合并在一起，但这需要有理据支撑。如果我们把胎儿和严重精神病患者也纳入"人类"的范畴，就更难找到合适的理据。即使我们把康德尊严观中的"天生的理性"替代为"忍耐的能力"，鉴别过程也丝毫不会变容易。因为这意味着非人类的动物缺乏这种能力，而这种观点十分有问题。

让人费解的是，为何超人类或新人类自然而然地就被认为会缺乏第（1）和第（3）种意义上的尊严：为何提高一个人的身体机能、认知水平和道德水平，会侵害到他高尚的品质、可敬之处，或作为一个道德行为者的身份？在我看来，最接近这一问题的有效论证，是由以麦吉本和哈伯马斯为代表的人提出的观点：如果一个人的基因组是被

（她的父母或其他人）有意设计出来的，那她的人格就会因此而被贬低，尊严也会因此而被剥夺[8]。但这依然不太让人信服。就我个人而言，我知道我的性格和人格特征，由复杂而繁多的因素决定。其中一些是随机而残酷的概率事件的结果（例如在受孕时，我父母的基因造就我独一无二的基因组合），另一些则更应该视为由故意的设计造成（包括我的父母在养育我的过程中所做的各种选择）。但我并不觉得这些故意设计的因素，对我作为一个独立个体的身份有丝毫的贬低或剥夺。我实在想不明白，"故意设计"和"随机概率"都是影响我成长的因素，为什么前者就会给我留下更大的精神创伤？即使我是个未来的超人类，基因组完全定制而成，也还是有许多的环境因素会以随机的方式影响我成为怎样的人。在此假设中，"故意设计"和"随机概率"因素的比例会和我现实中的情况有所不同，但这只是程度上的不同，而非类别上的不同[9]，我也不明白，为什么我会因这种程度上的变化而受到丝毫的精神创伤[10, 11]。所以，认为新人类或超人类会因为设计者的行为留下心理创伤的观点，看起来十分站不住脚[12]。

现在，在贾巴里对尊严的定义中，只剩下第（2）条没有讨论。第（2）条表明，尊严是人类所独有的特点，或是福山所称的 X 因素。在评判一种生物在客观上是否拥有道德主体地位时，X 因素不应该被视为绝对标准。我们不该因为超人类或地外生物没有 X 因素，就认为他们没有这种地位，哪怕他们普遍的忍耐力、道德理性和认知水平都和我们处于同一水平线[13]。我认为，X 因素如果有这种性质，那么它的存在就完全不合理。但有可能，出于实用主义的目的，我们还是有可能要创造或假定这么一个 X 因素[14]。

在各种支持这一立场的理由中，有一个尤其值得我们关注。持这种理由的人表示，当前，人类社会中的多样性和不平等，已是人类文明所能承受的极限，向超人类主义方向的发展可能会使这些极限被突破，酿成我们必须避免的灾祸。在呼吁禁止人类克隆和可遗传的基因改造技术时，安纳斯、安德鲁斯及伊萨西特热忱地提出这一观点：

> 克隆技术会不可避免地导致人类尝试更改自身的体细胞核。而这么做的目的不是为了制造现有人类的复制体，而是为了创造出"更好"的孩童……如果尝试成功了，就会出现一种全新的人类或人类亚种。新物种，或"新人类"，很可能会把旧人类，即"普通人"，看做是低等人，甚至是可以奴役或屠杀的野蛮人。另外，普通人可能会将新人类视为威胁，而且如果做得到的话，他们会在自己被杀死或奴役之前先发制人，杀掉新人类。正是这种能够被预见的种族灭绝，把生物改造实验变成了潜在的大规模杀伤性武器，也把本无责任的基因工程学家变成了潜在的生物恐怖主义分子。这就解释了为什么克隆和基因改造技术具备种族层面上的重大意义，以及为什么我们应该通过一份国际协议来妥善处理这些问题。

这个理由非常正当[15]。我们也确实需要思考，对人类基因的改造（或其他促进新人类出现的技术发展），是否会导致社会局势紧张，或最终引爆全球大战。只不过，整个生物保守主义阵营的人（包括安纳斯等人在内），并没有成功证明，在新人类出现后，这些事情会无可避免或很有可能发生。诚然，在历史上，人类经常结成团伙，把别的群体看做是"可以奴役或屠杀的人"。时至今日，这种事情仍在发生。我们也没有理由相信，这种现象会自动消失（不管人类有没有大幅增强）。甚至，事实可能真如安纳斯等人所说，往超人类主义方向发展的技术会增加多样性、加剧不平等，进而增加社会动荡和战争爆发的风险。但我们依然不应该从宿命论的角度看待这些技术的发展。我们对内团体的理解和对外团体的贬损的习性并非一成不变,而是取决于各种制度和文化因素。在《人性中的善良天使:暴力为什么会减少》(*The Better Angels of Our Nature: Why Violence Has Declined*)中,作者斯蒂芬·平克(Steven Pinker)就举例说明了这一点:

> 战后,反对侵害少数族裔、女性、儿童、同性恋者和动物的声音越来越大。从 20 世纪 50 年代后期至今,随着接连不断的运动,民权、女权、儿童权利、同性恋者权利和动物权利等概念也不断延伸。

既然如此,我们为什么不能让文明往更高的道德水平发展,并不断扩大我们的"道德覆盖面",使其覆盖有思考和忍受能力的所有人,而不管他们到底是不是人类呢?当然,我们不应该认为这理所当然会发生,但认为这理所当然不会发生,对我们也没有好处。对待此事最好的态度应该是:在尽可能扩大我们的"道德覆盖面"的同时,严肃看待安纳斯等人所设想的末日情景。但重视他们提出的观点并不是因为要赞同他们禁止新技术的倡议,而是因为当我们在考量哪些技术应该开发,哪些要加以限制甚至禁止开发时,我们要考虑安纳斯等人的想法在内的各种观点、风险和前景。

厌恶不等于智慧

1997 年,美国生物化学家和生物伦理学家利昂·卡斯(Leon Kass,后来成为前文提到的总统生物伦理理事会的会长)发表了一篇名为《厌恶的智慧》[16](*The Wisdom of Repugnance*)的文章。在我看来,在超人类主义者与生物保守主义者的论战中,这篇文章贡献最大。这篇文章之所以重要，并不是因为作者提出的观点十分正确（我并不认为那些观点正确），或是因为其观点新颖。在这一论战中，有一个观点一直以来（现在依然是）极具影响力，但人们往往秘而不宣。而这篇文章把人们的注意力转移到这个观点上，这就是其重要性所在。这篇文章主要探讨克隆人类，在这篇文章的开头部分，卡斯从许多方面描述了克隆人类技术让人反感和厌恶的程度，例如"人类在未来的大规模生产，制造出众多外形酷似、毫无个性的人""一个女人分娩并以其自身、配偶，甚至是死去父母的基因来复制人类的怪异未来景象""克隆出自己的人的自恋情结""人类扮演上帝"等。列举完成后，他立刻给出他总结的观点。这一观点不仅与人类克隆相关，还与各种人类增强技术，以及与超人类主义针锋相对的生物保守主义的整个论战有关：

> 厌恶并非论据。一些事物昨天还被人厌恶，今天就被坦然接受。我必须指出，虽然并非所有的这些变化都有益处，但在一些关键问题上，厌恶情绪体现的是理性无法完整表达出来的深奥智慧。例如，父女间的乱伦（哪怕是征得同意的）、与动物性交、肢解尸体、吃人肉，或哪怕只是（只是！）强奸或杀害另一个人，有谁能够就这些骇人听闻的事给出真实的充分论证？

> 但我们会因为自己无法理性而完整地解释为什么不该做这些事情，就怀疑我们对这些事的厌恶情绪在伦理上可能不正确吗？绝对不会。相反，我们怀疑的是那些自以为能够通过找理由来消除我们厌恶情绪的人。例如，尝试通过说明近亲通婚只会有遗传风险，来为乱伦之极恶辩护的人。

卡斯要求我们放弃追寻"完整而理性的辩护理由"，他认为这种行为注定失败，而且"让人怀疑"。相反，我们应该接受通过厌恶情绪表现出来的"深奥智慧"，并把这当成一种论据[17]，用来断定克隆（或任何其他我们厌恶的事）是道德所不允许的。这就是其文章的标题"厌恶的智慧"[18] 所表达的意思。我马上就会解释，为什么传言中的厌恶的智慧，并不能很好地帮助我们判断事物在道德上的对错。但在此之前，我们值得花些时间了解这一原则抓住的两点真理：

(1) 很多情况下（如联想到吃腐肉），我们感到的厌恶是生物进化出来的自我防护机制，能够让我们免受寄生虫之害。在这些情况下，考虑到当今的环境因素与厌恶反应演化时的相似之处，这种反应体现出来的确实是我们在生理上继承的"智慧"，我们也确实应该遵照身体的提示，不去吃那块腐肉。

(2) 厌恶可以被视为对某些事物难以言说的直觉。在有关道德立场的理性争论中，我们很难，甚至不可能不在某个阶段放下理性，诉诸直觉。几乎所有孩子都或早或晚地发现了"为什么游戏"，并发现这能让他们在和大人的争论中获胜。先问一句"为什么？"然后不管对方回答什么，继续问"为什么？"这招同样适用于道德哲学家：不管他捍卫的是哪种道德立场，一直问他"为什么"就对了。

这会迫使他不断挖掘出越来越基本的道德立场，他迟早会诉诸直觉。以享乐派的功利主义者为例，如果他刚刚表明："用所有有情感的生命感受到的快乐减去他们感受到的苦痛，剩余的值越大，就说明结果越好"，这时再问他"为什么"，他就会说："因为对我来说这是明摆着的。"如此一来，他便在诉诸直觉。把直觉作为哲学论据，这并不让人满意，但完全禁止诉诸直觉同样不让人满意，因为这样又会使讨论无法进行[19]。而且，我们为什么会认为厌恶的感觉不如其他直觉重要？

显然，我们可以这样回应第（1）条：虽然厌恶有时会带着一些智慧，但情况并不总是如此。例如，从小时候开始，我一想到吃葡萄干，就觉得非常恶心[20]，但包括卡斯在内，肯定没有人会认为吃葡萄干是不道德的行为。那么，为什么卡斯从克隆让人厌恶的角度出发，得出的克隆不道德的结论就是正确的，而我从吃葡萄干让我恶心的角度出发，得出的对应的结论就是错误的呢？

要回答这个问题，我们就不能像卡斯倡导的那样，不去为我们的厌烦和恶心的感觉找到正当的理由[21]。换句话说，我们必须以更严肃的态度钻研问题，而不是任由我们的厌恶情绪摆布。如果让卡斯和其他追捧厌恶的智者为所欲为，那么直至今日，我们可能仍旧会认为同性恋，以及与异族通婚是错误的行为。这些例子表明，触发厌恶和恶心的条件能够被文化影响、塑形，并非一成不变。所以，我建议我们不要再盲信厌恶的智慧，转而接纳罗彻和克拉克的建议，拥抱反思厌恶的智慧。

如果人人更聪明，未来会更好？

形体自由这一概念我们之前也有提及，超人类主义阵营的人在论战中也经常使用这一概念。形体自由指的是个体不受政府干预，根据自身意愿改变身体的权利。我们在前文中看到，波斯特洛姆在回应卡斯时就提到了形体自由的概念。他通过引用赫胥黎的《勇敢新世界》来表明，如果我们顺从超人类主义者的提议，人类增强技术将带给世界何种影响。以下是波斯特洛姆所作回应的后续部分：

超人类主义者认为,避免"美丽新世界"变成现实的最佳方法,就是极力捍卫形体自由与生育自由,保护二者不被任何妄图控制世界的人侵害。历史已经证明,如果让政府限制这些自由会带来什么危险。20 世纪,由政府出资的强制性优生项目,曾一度得到左右翼的一致赞成,但现在已是人人唾弃的对象。由于不同人对待人类增强技术的态度很可能大相径庭,确保政府不会强迫个人做任何选择就十分重要。这样,人们才能从各自的道德和良心出发,考虑对他们自身及家庭而言,何种选择才是正确的。促使人们做出明智选择的恰当方法是信息通报、公开辩论和教育,而非在全球范围内禁止各种通过药物或其他途径实现的可能有益的人类增强技术。

现代社会高度重视个人自由,又有哪种自由比个人的身体自主权更为基本?但事情并没有这么简单,因为,耳熟能详的自由困境表明,一个人的自由可能会妨碍到另一人的自由。我修剪自家草坪的权利,可能会侵害到你在周日早上享受平和与宁静的权利;我们任意燃烧汽油的权利,可能会造成孟加拉国农民的房屋和田地被上升的海平面淹没,进而侵害到他们居住和耕种的权利。当论及形体自由时,我则有以下两点顾虑。

第一点顾虑与基因改造有关,我联想到一对父母决定他们未来孩子的基因组的情景。在这一情景中,由一人或两人决定另一个人的身体结构,因此并不在形体自由的合理范畴之内。就算在今天,父母仍对他们的孩子有巨大的影响,这不仅是指父母让各自的基因混合并传承下去的决定,也是指在很长的时间内,父母主导着孩子的成长环境。我并不建议推翻这一现状,因为,有充分的保守价值观让我相信,禁止核心家庭存在的基布兹社会主义社会也不是我们希望看到的。另外，我们也应该承认，亲子关系中一方的力量比另一方大得多的状态，也不是不存在任何问题。因此，社会或许有理由采取各种措施，保护这一关系中较弱的一方。这种做法强调的是一种微妙的平衡，这一话题也值得人们继续讨论下去。但总的来说，让我最为欣慰的还是现代瑞典社会所达到的平衡[22]。让父母有更大的能力决定孩子的基因组（这一进程已然开始，例如产前筛查胎儿是否患有唐氏综合征，以及夫妻共同决定的选择性流产），意味着这一平衡将被打破，人们需要就此展开深入和审慎的讨论。

第二点顾虑主要与"军备竞赛"的风险有关，涉及包括基因改良在内的各种人类增强技术。身处周围人都选择了增强改造技术的环境中，本来不想这么做的人，可能也会由于害怕落后于人而进行增强改造。

或许我们可以用身高的例子来说明这一问题。桑德尔（Sandel）指出，在某种程度上，这种"军备竞赛"已经开始。在美国，生长激素已被批准用于因患有激素缺乏症，身高远低于平均水平的儿童。而这种方法同样适用于无激素缺乏症的治疗对象。所以，即便自己的孩子身体非常健康，只不过由于别的原因个子较矮，家长们也开始要求让他们的孩子通过这种方法增高。这导致一些医生开始给这些孩子开用激素治疗的药方。到 1996 年，这种治疗占据了所有人类生长激素药方的 40%。美国食品药品监督管理局随后批准，根据性别划分，所有预计成年后属于身高最矮的那 1% 的健康儿童（即所有人口中身高最矮的那 1%），都可以接受这一疗法。但桑德尔对此反问道，为什么只有这些人可以？他的表述如下：

从人类增强的伦理学角度看，这种特许权存在巨大问题：既然激素疗法无须仅限于患有激素缺乏症的儿童，为何又要限定只有特别矮的儿童才可以接受治疗?为什么不让所有身高低于平均水平的儿童都有接受治疗的权利?如果有个孩子的身高符合平均水平,但他还想再长高点进篮球队,那又该怎么办呢?

这一问题似乎确实有些难解,不过形体自由的支持者对此则不以为然,他们的看法是:让人们根据自己的意愿改变身高!

但问题在于,至少在很大程度上,身高的好处,是相对于别人而言的。就我而言,我 1.95 米的身高之所以有好处,基本上是因为大家的平均身高要矮一些。这不仅让我在篮球场上比别人更胜一筹(假设其他条件一样),还赋予我在鸡尾酒晚宴上俯视别人(或至少不被别人俯视)的社交优势。我不用站在椅子上就能碰到所有橱柜的最高层,但即便是这个优势,也和人们的平均身高脱不了关系。如果每个人都在 2 米以上,那么橱柜的设计就会是另外一种模样,我也就碰不到最高层的架子。

因此,总体而言,用于增高的激素疗法是自相矛盾的。因为最矮的那一部分人永远占据总人口的 1%,让这一部分人接受治疗,在总体上也无济于事[23]。随着越来越多的人用药物增高,这可能会演变成一场"军备竞赛",带来更多倒退问题,使人类总体的身体状况越来越差。我们讨论过廖马修、桑德伯格和罗彻等人提出的建议,即为了减少环境负担,把人的体型变小。而身高竞赛可能会把我们带上一条与这一提议正相反的道路,使得地球环境更加不堪重负。

如果增加的不是身高,而是认知水平,情况就会有些不同。因为,虽然"如果人人都能长高一些,世界就会更好"完全是一句蠢话,但"如果人人都变得更聪明,世界会更好"可能就不是了。虽然后者显然不是无懈可击(例如更聪明的人可能会更擅长伤害别人),但也并非明显有误。魔鬼可能在细节之中。但除了对错之外,还存在其他问题。我们先来思考认知水平上的"军备竞赛"会对个人自由造成什么影响。

在《奇点崛起》（*Singularity Rising*）中，詹姆斯·米勒写到，在他任教的史密斯学院，学生们普遍服用一种主要成分为安非他命的药物阿德拉。虽然他对学术界使用认知增强药物的论述带有些轶闻性质，但他引述的一项 2008 年的研究表明，在其他大学，有超过三分之一的学生有使用阿德拉或其他类似药物以提升注意力的行为。其中部分学生被诊断患有注意力缺陷多动症，并持有使用这些药物的合法药方，但大部分人都是在非法服用药物[24]。

根据研究，这些人非法服用药物的常见原因有：保持清醒、帮助集中注意力、帮助记住学科知识，以及让做作业变得更有趣。"（我）现在的效率高多了。我的意思是，我现在的效率达到了普通水平。用了阿德拉，专注度就上升了一个档次。"这些引述自学生的话表明，这种药物确实能提高学生的学习成绩[25]。我们不难想象这样一个情境：一些学生本不想服用这些药物，但环顾四周发现，大部分同学都在服用，因此他们也觉得自己不可不用了。

这种事会发生在学生之间，自然也会发生在职场之中。米勒还用一些篇幅描述他自己服用阿德拉的经历，并承认，他能完成那本书也部分归功于这种药物：

> 在准备编写这本书的过程中，我做了很多研究，阅览了数以百万字的资料。在服用了阿德拉之后，我回想所读资料的能力比以往任何时候都要好，我需要的文字会源源不断地出现在脑海中。另外，阿德拉赠予我的还有时间。在服用这种药物之前，为达到最佳表现，我每晚大概需要休息八个半小时。但有了阿德拉，我只需睡七个小时，早上起来就能精神百倍。

米勒刚刚描述了自己为著书所付出的努力，现在来看看我的（我努力的成果是读者现在捧在手上的这本书）。这本书的市场定位与米勒的书完全一样（在做研究的过程中，我也阅读了数以百万字的资料），但除非我也像他那样通过服用药物来提高认知水平，否则我就会在这竞争中处于劣势[26]。当然，我们也不难想象，在几乎所有其他行业中也存在着类似的"军备竞赛"。

这一切都表明，支持形体自由的政策，将侵害到人们在不增强自身的前提下，继续生活的权利。虽然没有必要因此得出反对这种政策的决定性结论，但至少，个中的复杂性值得人们仔细斟酌。另外，我们要记住，一旦我们对这种"军备竞赛"形成一种毫不妥协的反对态度，我们最终可能会倡导禁止使用一切增加工作效率的事物，包括咖啡和文字处理软件。

讨论完阿德拉后，接下来我们将考虑更高层级的，超出个体的"军备竞赛"。米勒探讨了在国家间展开的认知能力的"军备竞赛"，并巧妙地概括了，如果中美之间展开这种"军备竞赛"，将出现哪些噩梦一般，却又并非不现实的未来场景。在米勒的假想中，两个国家会在激烈的"军备竞赛"的高压之下，被迫放弃安全保护措施，直接开展与人类有关的实验。为简单起见，我们先抛开所有其他国家不谈，假设世界上只有中美两国。那么，美国将如何应对中国在认知增强中取得的突破性进展（反之亦然）？

这种应对包括军事与经济两方面。就经济方面而言，以大卫·李嘉图（David Ricardo）的比较利益理论为基础的经典经济理论认为，一国的进步将使双方受益。因此，从这个角度来看，中国取得的突破性进展不会造成美国政策制定者的恐慌[27]。米勒指出，"如果中国的大脑增强计划使中国工程师的创新胜过美国人，那几乎可以肯定，美国经济也会受到中国创新的利好影响"。他还用中国现代史论述了这一点：

在新中国成立初期，中国的经济自成一体与外界封闭，所以经济增长率很低。改革开放后，中国步入经济飞速增长的时代，米勒将此解释为，中国受益于美国或其他地区的技术。

但这并不表示美国不会对中国增强认知能力的计划采取应对措施。抛开中国当年的政策不谈，我们很难想象现在，或在可预见的未来，中美两国有任何一方愿意陷入为发展经济而展开的国际竞争中。自 19 世纪以来，为了提升国民的认知水平，世界各国政府在教育上投入了巨额的财政。这么做的原因有很多，但古今各国的豪言壮语都表明，其中很大一部分源于在竞争中胜过其他国家的动机[28]。与传统教育相比，如今通过药物或基因改造对认知的塑造能力大幅提升，所以，虽然不确定政府会对这项技术带来的机遇作何反应，但至少，我们似乎有理由相信，出于对落后于其他国家的恐惧，各国政府必将对这些技术产生浓厚兴趣。

另一方面是军事。在军事层面上，上一段中提到的理念——技术进步将使各方受益，当然不再适用。将增强认知的药物应用于军事，并非什么新鲜事物。根据伊蒙松（Emonson）和范德比克（Vanderbeek）的记录，大部分参与 1991 年伊拉克战争的美国飞行员使用过安非他命，而且早在第二次世界大战期间，这种做法就已经十分普遍。但是能够最大化利用人类增强技术强化军事潜能的，并非增强士兵的身体，而是增强科学家和工程师的知识水平。因为凭借增强的认知能力，他们能够开发出全新的军事技术。

我们很难想象，看着中国发展出能让其成为世界军事霸主的认知增强技术，美国会无动于衷。可能性较大的情况是，美国会紧跟中国的脚步，展开类似的研究。又或者，美国会觉得应该对中国展开先发制人的军事打击。如果这样的话，那情况就太糟糕了。

基因改造：让选择最佳胚胎成为现实

在用了大量篇幅探讨超人类主义、生物保守主义和广义上的人类增强伦理后,接下来我们将从基因改造开始,讨论一些具体的增强技术。所谓基因疗法，指的是改变细胞内的 DNA 以治疗疾病的方法。我们应该把生殖细胞基因治疗和体细胞基因治疗区别开来。前者的靶细胞是所谓的生殖细胞，包括精细胞、卵细胞和能够通过细胞分裂变为精细胞或卵细胞的干细胞。

与之相对，后者的靶细胞是体细胞，包括人体的大部分细胞和非生殖细胞。这就意味着，生殖细胞基因治疗所造成的基因变化，可以由接受治疗者遗传给他的孩子及后代，而体细胞基因治疗所造成的基因变化则不能遗传。这一区别使得体细胞基因治疗的伦理争议要少许多，而且从人类增强的伦理学的角度来看，相对于生殖细胞基因治疗，体细胞基因治疗是更接近于通过药物手段增强人体的做法[29]。20 世纪 90 年代以来，作为针对各种遗传缺陷的疗法，体细胞基因治疗已经投入实际运用，而生殖细胞基因治疗至今仍未在人类身上使用。

但是，通过筛选的方法，我们也能在不改变细胞内基因的情况下，达到以基因改造增强人类的目的。早在史前年代，这样的情况就已经发生在植物和动物的身上，美国、德国和瑞典等国家在 20 世纪开展的优生计划也属同一类别。后者完全是一种残暴的做法，我们也因此背负了罪有应得的臭名[30]，但我们依然会针对各种疾病做产前检查，并根据结果选择是否要流产。

我们很有可能正处于这个过渡时期，以后，刻意筛选人类基因的行为会越发普遍。而体外受精技术就是推动这一发展的主要原因之一。体外受精的流程可简要概括为：首先，让卵子在人体之外受精，然后在实验室中培养受精卵数日；接着，把受精卵植入女性的体内，最终让女性怀孕（如果成功的话）。对于近 50 年来发生的"交配与繁殖的分离现象"，杰拉西讥讽道："先是药丸让我们能够交配但不繁殖，现在体外受精让我们能够繁殖但不交配。"世界上的首个试管婴儿出生于 1978 年，到现在，全球试管婴儿的总数已经超过 500 万。

体外受精还带动了许多新事物的发展，其中就包括胚胎选择。现在，花很少的费用就能完成一套标准的遗传病检测，查看某一基因是否存在问题。这些检测也同样适用于由体内受精形成的胚胎。但在体外受精的情况下，这种检测在试管阶段就会进行，进而免去了早孕和流产带来的麻烦。或许，这一捷径很快会让另一种胚胎选择——不以检验遗传缺陷为最终目的，而是更复杂的，旨在检测胎儿是否达到最佳标准的胚胎选择成为现实。

舒尔曼和波斯特洛姆把基因与人的认知能力联系起来探讨。认知能力绝非由单一基因决定，而是受到许多基因的影响。当然，认知能力也与环境因素有一定关系（如营养状态和教育水平等）。但是研究结果表明，人与人之间的智商差异，在很大程度上由遗传因素造成。舒尔曼和波斯特洛姆引述的近期研究表明，智商的差异由数量庞大但常见的遗传变异造成，其中每一种变异都会对智商产生轻微的影响。要测定并量化每种遗传变异对智商造成的影响，需要做极大量的比对研究，把遗传信息与美国学术能力测验结果和收入等众所周知能反映智商水平的事物作比较。

尽管这难以做到，但这项研究可能马上就要展开了[31]。一旦这些研究结果公布，那么体外受精可能就会加多一道流程：先检测并比对 N 个胚胎的基因序列，然后只选择日后智商最高的那一个。通过数个假设模型（这些模型的有效程度尚不确定，正因如此，从这里的论证开始，推测的性质越来越大），舒尔曼和波斯特洛姆估算出，如果 $N=2$，智力平均会上升 4 点；$N=10$（如今在试管婴儿的流程中，10 也是可选择移植胚胎的数量上限，但在未来，这个数字很可能会发生变化），智力平均上升 11 点；$N=100$，智力平均上升 19 点；$N=1000$，智力平均上升 24 点[32]。他们接着探讨了不同数值的 N，以及试管胚胎的采用率，分别会对社会造成何种直接的影响。举例来说，如果 $N=100$，但社会上试管胚胎的采用率远远不足 1% 的话，那这一部分高智商的人就会"成为"引人注目的少数派，他们所在的岗位对认知水平的要求都极高。如果 N 还是 100，但试管胚胎的采用率达 10%，那么这些智商高的人就会"成为"地位极高的科学家、律师、物理学家和工程师。如此看来，在未来，如果一些父母能够承担这种胚胎筛选的费用，但却又倾向于自然繁殖，那么他们将会面临艰难的选择。

当然，这种筛选的累积效应会随着一代又一代人的出生而增大，但因为人的成熟周期较长，所以这一进程也相对较为缓慢。但胚胎筛选技术可能会与使用胚胎干细胞培养活性精子和卵子的技术相结合。虽然后者尚未投入使用，但情况可能会在未来十到二十年内发生转变。两种技术相结合，就能起到迭代作用。其原理如下：首先，挑选若干个基因特点符合要求的胚胎；接着利用这些胚胎的干细胞培养出精子和卵子；然后再让精卵结合形成新的胚胎；最后重复这一过程，直到取得想要的基因变化为止[33]。根据舒尔曼和波斯特洛姆的模型，在 $N=10$ 的条件下，这一迭代过程重复 10 次，智商预计会上升 130。因此，他们预测，一旦这一技术得到普及，我们就会迅速步入新人类时代。但这一假设过度夸大了智商的作用，让人更加怀疑这一预测的价值。舒尔曼和波斯特洛姆指出，这些技术在实际推行的过程中，可能会出现一些他们的模型无法预料到的阻碍现象。事实上，这种过程确实十分复杂，伴随着许多的不确定因素。举例来说，考虑到近亲繁殖的负面影响，在迭代过程开始时，只收集两个捐赠者的精子和卵子远远不够。但捐赠的人数一旦增多，会削弱父母与孩子的遗传关系，这便可能使得这一技术在社会上的使用率下降。但不管怎么说，舒尔曼和波斯特洛姆的这篇论文的标题是《增强认知的胚胎筛选：好奇还是变革？》，目前来看，似乎变革的可能性更大。

脑机接口：自由意志与集体意识的伦理选择

接下来我们要探讨脑机接口技术。迈克尔·克洛斯特（Michael Chorost）写了一部部分带有自传性质的书《重建：与计算机的融合如何强化我的人类身份》（*Rebuilt：How Becoming Part Computer Made Me More Human*），正如他在书中描述的那样，这种让人脑不经感觉器官，直接与机器连接的技术不仅已经存在，而且已经有十多万人在使用。克洛斯特的颅内装有一个人工耳蜗。这一电子设备能够接收装在他耳朵上的小型音频接收器发出的无线电信号，并把处理过的信号经听觉神经传递到他的大脑[34]。一开始读他的书时，我并不确定他的人工耳蜗在根本上，是否真的和传统的助听器有如此大的区别。但在书中，克洛斯特随后解释道，他可以关掉音频接收器，然后让他的设备直接连接电话或 CD 播放器。这样一来，即便房间内并不存在与听到的内容相对应的声波，但他还是能听到声音。读到这里时，我便明白了他的人工耳蜗与助听器的巨大区别。鉴于人工耳蜗对克洛斯特，以及其他听觉受损或失聪者带来巨大帮助，克洛斯特十分热衷于尽力推广这种设备，他也赞成发展类似的技术帮助其他残障人士[35]。但他尝试画出一条明确的界限，以区分治疗与增强。例如，他这样反驳沃里克：

这些技术只为身体状况存在严重问题的人提供。而沃里克始终没有注意到这一重要的限制条件。他对自己运用植入设备驾驶电动轮椅的经历评论道："我对所有人说，这意味着，我们未来能直接用大脑发出信号来驾驶汽车。只需在脑海里想左转右转，就能轻松改变行驶方向。"对残障人士来说，这是个激动人心的设想。但其他身体正常的人已经能够通过接收大脑的信号，让四肢完美地执行大脑的命令或驾驶汽车。沃里克或许会说，直接用神经操控汽车能让我们驾驶得更好，免去我们挪动笨重四肢的麻烦。但这又牵涉实用性和安全性的问题了。

这一段落中的许多表述，都让人不敢苟同。例如，"完美地"不仅是错误的措辞，甚至有些滑稽。而"牵涉实用性和安全性的问题"则隐晦地表明他对这项新技术的武断观点。但似乎现在已没必要向克洛斯特解释这些，因为在他随后出版的书《全球心智：即将到来的人类、机器、互联网大融合》（*World Wide Mind: The Coming Integration of Humanity，Machines and the Internet*）中，他的立场发生了一百八十度的转变，认为我们应该运用技术让大脑与互联网直接相连，并实现大脑之间的相互连接，让人们能够直接交流。他想象这种技术将如何拉近人与人之间的距离，并最终瓦解每个人的个性，使之溶入某种集体意识之中。这不禁让人想起《星际迷航》（*Star Trek*）中，博格人的反乌托邦社会。在博格人的社会系统中，个体不再是个体，他们没有自由意识，只是侍奉集体蜂巢思维的"雄蜂"。这听起来让人毛骨悚然，而克洛斯特本人也承认，博格人的社会与他的想象有许多共通之处。但他更倾向于用拥抱来做比喻。他提到，我们都急切渴望他人的陪伴，都想感受到人与人之间的亲密感（一直以来，他这种渴望似乎比普通人更为强烈），而最终的解决方案就是瓦解掉我们各自的个性，融为一个整体。但他的这些设想带有很大的推测性质，而且十分模糊。至于融为一个集体思维能否带给我们想要的结果，则是一个悬而未决的问题。答案很有可能要依结果的细节而定。

目前看来，虽然脑机接口技术还远远不足以让人类共有集体意识的乌托邦（或反乌托邦）设想成为现实，但这一技术已涉及一系列的伦理问题。除了各种增强技术会引发的问题，如厌恶的智慧、形体自由和认知能力"军备竞赛"外，贾巴里还提到两个与脑机接口技术关联更大、更迫切的问题，即隐私与个人自主。

隐私是个棘手的问题。一旦出现了能够监察我们思维的技术，就肯定会有人想要取得这些信息。雇主想要监视雇员以达到最大化生产力的目的；企业家则想要监视消费者对产品的反应和习惯，就像当下他们监视我们的上网行为一样。除此之外，小说《1984》中的政府监视也是人们一直以来害怕会发生的事情。在第1章提到的危局中，受冲动驱使决定毁灭世界的人，能够轻易地使用灭世技术让末日降临，而在未来，这种情况很有可能成为现实。假设为了避免这种迫在眉睫的人类灭绝，唯一的办法是让政府监察每个人的大脑活动，那么我们应该怎么办？这是一个并非现实中完全不可能发生的噩梦般的情境。为了避免造成政府可以监察我们，而我们却不能监察政府的不对等，滕舍提出了一个激进的设想：我们应该完全放弃隐私，建立一套基础设施，让每个人都能监察别人。但至少在我看来，这种解决方法让人难以接受。

个人自主问题的复杂程度丝毫不亚于隐私。而且在哲学上，由于与以难解著称的"自由意志"概念有关，个人自主也并非一个完全明确的概念。从自然主义的世界观来看，我们的行动归根到底都是由外部因素（如我们所在的环境和遗传自父母的基因）所导致的，所以我们无法自成一体而不受外部因素影响。贾巴里认为，一个人的自主性指的是他或她"意识到，并能够影响自己的欲求、价值观和情绪，以及这种心理状态的形成过程。"此外，他还表示，"连贯性、不自相矛盾的心态，对我们的自主性也非常重要。"按照这种定义，脑深部电刺激这种技术就能通过治疗抑郁或其他精神疾病，起到提高个人自主性的作用——如果治疗是在患者自我意志的直接控制下展开的，更是如此。但另一方面，在某些情况下，这些技术也可能会被第三方滥用，进而对个人自主性造成严重危害。随着脑机接口技术变得越来越先进，这一问题的严重程度也会逐渐增加[36]。

那么，在短期或中期之内，脑机接口技术又有哪些发展潜力呢？最初，这种技术给人以前景无限之感，因为在某种程度上，电脑与人脑的能力似乎能够互补。例如，在精确运算、快速数据传输，以及完全记忆能力等方面，计算机的表现要远远优于人类大脑。但到目前为止，尚不存在任何计算机程序的弹性思维和直觉思维，能达到接近人脑的水平。虽然我们很难具体说清楚这两种思维到底是什么，但同时我们认为，二者都是人类精髓的体现。如果我们设计出把计算机和大脑合并为一个功能单元的连接设备，那岂不是相当于双剑合璧[37]？

在新书《超级智能》（Superintelligence）中，波斯特洛姆怀疑脑机结合的技术在短期内无法实现。波斯特洛姆在书中分析了超级智能（宽泛而言，他指的是智力远高于人类的智能）会率先以哪种形式出现的问题。根据他的结论，脑机接口技术先行出现的可能性不大[38]。波斯特洛姆承认，相关实验已在较为简单的动物身上取得重大成效。例如，伯杰等人把人造海马体植入到了因海马体受损而丧失记忆形成功能的老鼠的脑中，并成功让老鼠恢复了部分记忆形成功能。波斯特洛姆表示，即便如此，想要使脑机接口技术大幅提高人类的认知能力，那么这种技术就要与用以感受世界的原生大脑一较高下，而后者在某些方面的表现相当出色：

大脑并不需要接入一根光缆才能传输信号。人类视网膜不但能以每秒 1 000 万比特的惊人速度传输数据，而且这些数据都是被视觉皮层上的大量专设湿件（指软件、硬件以外的其他"件"，即人脑，也通常指人脑和机器连接起来的设备）预先打包好的。视觉皮层不仅能够从信息洪流中提取出有意义的部分，而且还与进一步处理信息的大脑其他部分相连接。即便我们能够轻易地把更多信息输入大脑，这些额外的信息对我们目前思考和学习速度的影响也是微不足道的。除非我们能对所有涉及处理信息的大脑神经机制进行类似的升级。由于这涉及几乎整个大脑，我们需要的便是"完整的大脑假体"，而这只不过是强人工智能的另一种说法罢了。但如果一个人拥有人脑级别的人工智能，他就无须进行神经外科手术，因为一部计算机既能够以骨骼支撑，也可以由金属机箱包裹。

因此问题在于，既然让大脑与机器直接相接的技术如此复杂，并且还有其他更好的，可以实现超级智能的方法，那么我们为什么还要选择前者？有人可能会说，因为我们想"完全绕过词句交流的麻烦，在不同大脑之间建立一种联系，使得一个大脑能从另一个大脑'下载'各种概念、思维，或别人的全部专业知识"。这似乎是一个极其困难的计划，因为这需要在某人大脑无数的神经关联中，精准定位与"我的避暑房舍下方的草场"等细微信息相关的神经关联。克洛斯特引述钱(Tsien)的研究成果表明，老鼠某些神经元簇的集体放电代表"运动干扰"和"风"。但这种解读在很大程度上只是一种主观臆测。波斯特洛姆于 2014 年也指出，大脑和结构化的计算程序并不一样：

> 大脑中并没有标准化的数据储存，也没有标准化的表现格式……人们正在讨论，大脑用哪些神经元来表示特定概念，这

是否取决于大脑各自的独特经历（各种遗传因素和随机心理历程）。

"脑机结合"梦想成真的希望，或许可以寄托在对大脑自适应性和可塑性的利用上。也许我们可以植入一个接入设备，然后让大脑花时间适应和学习，并最终协调好其内在的概念表现形式与植入设备传递和接收的信号。但波斯特洛姆接着问道："与人类普通的感知方式相比，这么做又多出什么好处？"假设大脑能够适应从脑机接口输入的信息流，并从中识别出某种模式，那为什么不采用比植入设备简单得多的方法，直接以目视的手段让同样的信息投映在视网膜上？这同样能调动大脑的模式识别机制和可塑性。这些问题都问得很好，那些热衷于通过脑机接口技术来大幅增强认知的人，都应该试着回答。

延长我们的寿命

人类增强的另一方面，就是延长人类寿命。超人类主义者往往十分看重这一点，他们不仅希望人类的寿命能增至 90 岁、100 岁、120 岁甚至是 200 岁[39]，而且还想无限期地推迟死亡的到来。他们还倾向于认为，与寿命有关的科学研究在很大程度上没得到足够重视。萨乌莱斯、波斯特洛姆和德格雷曾抱怨，在美国国立卫生研究院（National Institute of Health，美国最主要的生物医学与健康研究机构）的开销中，只有 0.02% 左右的钱投入到延长寿命的研究中。实际上，他们的评论略失公允。因为美国国立卫生研究院很大一部分的开销都用于研究一些最常见的致死疾病，如癌症和心血管疾病。而这些疾病致死率的下降，当然会对预期寿命产生正面影响。他们也确实取得了很好的成效：美国是当前国民预期寿命领先的国家，在过去的 150 年内，美国国民的平均预期寿命都在以每年 3 个月的幅度稳定增长。萨乌莱斯等人所说的 0.02%，指的只是针对衰老的研究。衰老可（粗略地）定义为，人体大分子、细胞和组织的积累性损伤。造成衰老的原因包括"基因组不稳定、端粒损耗、表观遗传改变、蛋白质抑制失调、营养素感应失调、线粒体功能障碍、细胞衰老、干细胞耗尽、细胞间通信变化"。让支持延长寿命的人感到欣喜的是，2012 年，《自然》的特别专栏"展望"上刊登了一篇讲述衰老、延长寿命和老年医学的文章。但这篇文章的第一句话就可能会让他们兴致索然："衰老是不可避免的。"但这一宿命论式的说法并没有依据，而且很有可能是错的。

洛佩斯 - 奥廷所列出的生物物理机制中，似乎没有任何一种在根本上是不可停止或逆转的[40]，虽然目前看来，我们距离研发出停止甚至逆转衰老的成熟技术尚有很远的路要走，但我们已经取得了一些初期的进展。这篇发表在《自然》杂志"展望"专栏上的文章由韦尔温执笔，他在文章中探讨了数种减缓或停止干细胞衰老的方法，读者可自行参考。与格雷森的宿命论相对应，臭名昭著的技术乐观主义者雷·库兹韦尔（Ray Kurzweil）是另一个极端，在其出版于 2005 年的畅销书《奇点临近》（*The Singularity is Near*）中，他这样写道："纳米技术成熟之后，沃克可以用它解决各种生物问题，如战胜生物病原体、移除毒素、修正 DNA 错误，以及逆转其他造成衰老的进程。而这一切预计会在 20 ~ 25 年内成为现实。"

与其他人类增强技术一样，延长寿命当然也涉及伦理问题。其中之一就是，根据洛佩斯 - 奥廷对衰老的定义，我们该不该将其视为一种疾病。这个问题可能会让人觉得非常肤浅，认为是在纠结无关紧要的术语使用习惯。但实际上这个问题并不像人们想象中的肤浅，因为这可能会影响是否"治疗"衰老的问题。利昂·卡斯坚称我们不应该这么做。我们也见识到他对人类增强技术的厌恶和谴责态度，考虑到这一点，或许他有如下的看法也不至于让人过于惊讶：

延长青春，不仅是既想度过生命，又想挽留住它的幼稚欲求，还是一个人幼稚和自恋的体现，而且与为子孙后代奉献的行为格格不入。

如果主流舆论认为衰老是一种疾病，那么像卡斯这样的观点就会非常站不住脚。但在当下，人们普遍认为衰老并不是一种疾病。衰老与传统疾病的主要区别是，到了一定年龄，人就会开始衰老，没有任何例外，而且致死率达 100%（或至少从目前来看，衰老具有这些特性）。但波斯特洛姆和萨乌莱斯等超人类主义者倾向于认为衰老不是疾病。事实上，早在 1945 年，生物学家就创造了"衰老综合征"这一表达方式。从个人的角度来看，衰老的进程确实威胁到个人健康。当疾病侵袭，威胁到我的健康甚至是生命时，通常我的反应是找到治好这一疾病的方法。如果这种方法是实际存在的，那么为什么我要因为这一疾病的发生率和致死率迄今为止都是 100% 而放弃希望呢？

对激进的寿命延长技术持反对意见的人通常会表示，没有死亡，生命的意义就不复存在。他们还认为，把死亡推迟到遥远的未来或彻底消除死亡，会给人的心理造成毁灭性的后果。探讨生命的意义固然重要，但认为死亡是生命中不可或缺的一部分的观点，着实让我震惊不已。在我看来，持这种观点的人是在尝试以已死之人的身份来说明死亡的重要性，十分牵强附会。况且，既然死亡如此美好，为什么在死亡面前，我们却如此牵挂生命中的种种荒唐之事？又为什么有这么多人沉浸在死后永生的宗教幻想之中？

我认为，在所有顾虑和反对激进的寿命延长技术的意见中，最重要的就是与人口统计学有关的问题。假设我们无法脱离地球而存在（这并不一定，因为未来某天我们或许能够移民外太空，或迁移到虚拟现实中），那么，为了避免陷入"马尔萨斯陷阱"（即不会引发饥荒的最大人口数量），我们可能需要把人口控制在某个固定数值之下。这一数值的大小可能取决于各种未来技术的水平，如粮食的产量。但为了方便论述，我们假设全球人口需要限制在 100 亿以下。要做到这一点，我们就要减少生育率，控制出生人口[41]。

然后我们再假设人类的预期寿命是 100 年，那么我们能够承受的极限就是每年新生 1 亿人，如果预期寿命是 200 年的话，那么我们最多只能承受每年新生 5000 万人。如果延长寿命的同时意味着，只有一半的人享有被生下来的特权，那延长寿命还是不是一件好事呢？这个问题很难回答，但值得我们思考。阿雷纽斯于 2008 年剖析了这一问题后，得出了否定的回答。但不同的人对这些问题的直觉和观点都不一样，关于这方面的议题，似乎还留有很大的讨论空间。

上传心智的哲学与现实

如果有朝一日，人类研发出了把人的意识上传到计算机的技术，即把我们的心智转移到电脑硬件上，那就意味着人类找到了延长寿命的终极方法。这种上传技术的基础，是全脑仿真技术（Whole-brain Emulation）。而我认为这种技术得以运用必须先有两个前提：

(1) 我们具备足够好的大脑模拟技术，能够在模拟大脑的同时，模拟人的心智。

(2) 这种模拟技术达到超凡入圣的境地，已不仅仅是模拟那么简单，而是对原本心智的复制，在所有相关方面都与原来的心智完全一样。换句话说，这是一种仿真[42]。

一般而言，无论何时，上传后的心智是一串有限的，由 0 和 1 组成的字符串。因此，只要能够上传成功，拷贝这一字符串就是轻而易举的事情。我们之所以把全脑仿真技术称为终极的寿命延长技术，是因为我们能根据自己的意愿，想复制多少份备份存档，就复制多少份，然后存放于现实世界中的有利位置。因此不论一个人因何种原因死亡，他总能通过一份存档重新开始生活。这种技术几乎能够保证，只要(新)人类尚未灭绝，一个个体就不会死亡。

《智能解放：上传后的机械心智的未来》（*Intelligence Unbound*：*The Future of Uploaded and Machine Minds*）是近期出版的一部优秀文集，在这部文集的前言部分，罗素·布莱克福德（Russell Blackford）列举了上传技术之所以吸引人的特点：

> 这一技术可能会赋予我们诸多优势，如更丰富的经历、大幅提高的思考速度等，而且会让我们有机会通过各种方法提高自身的认知水平、运动能力和感知能力。而最明显的是，这种技术或许能够让我们超脱于肉体存在：与血肉之躯相比，或许电脑硬件更耐用。在未来，或许我们能够无限地从一台计算机转移到另一台计算机上，这就意味着，我们可以以不朽的形式存在。

但随后，他立刻承认其中的复杂性，并表示，对于上传技术是否真的拥有如此优势的问题，选集中不同文章的不同作者也持有不同的观点。除了技术层面上的问题，收入《智能解放》的文章还从形而上学、伦理学和社会学等角度探讨了全脑仿真技术的成功需要哪些前提条件，以及是否可行的问题。技术层面上的问题，我们会在后文中讨论，现在我们先集中思考整个上传计划是否是一个哲学错误。存不存在这样一种可能性：即使我们能够完美地模拟大脑的每个细节，但通过上传来延长个体寿命也是无望的，因为我们无法从这种转移中存活下来？仿照查默斯和达纳赫的论述方法，我们先将这个问题分为两个方面来分别做简单的讨论：

（1）数字计算机可以有意识吗？具体来说，上传后的心智有意识吗？

（2）如果问题（1）的答案是肯定的，那么我在上传了心智之后，那个心智还是我吗？抑或会变成另一个人，只不过那个人是我的复制而已？

很明显，如果一个个体要以上传的数字形式继续存活，那就必须对问题（1）和问题（2）的上半部分做出肯定的回答。

要回答问题（1），需要先弄清楚两个问题：意识到底是什么？意识如何在物质世界中出现，并融入其中？从我记事开始，这些问题就一直让我困惑不已。后来，关于这一话题，我读了许多当代科学家和哲学家的著作，（包括但不限于）如霍夫施塔特、丹尼特、查默斯、瑟尔、麦金和科克。读完他们的著作后，我觉得这些作者还在摸索意识的基本性质。关于这一问题，神经科学家取得了不错的进展，他们发现了"意识的神经相关集合"，但我们尚无法回答，到底是什么导致一些（似乎是一些而非全部）神经元群的放电转换为意识。

心灵计算理论（Computational Theory of Mind, CTOM）是对问题（1）做出肯定回答的主要依据。心灵计算理论的主旨可粗略地概括为：物质实体对意识来说并不重要，重要的是物质实体以哪种方式被组织起来[43]，而能够产生意识的组织方式是（恰当类型的）信息处理或运算[44]。在上一段提到的作者中，大力支持心灵计算理论的有霍夫施塔特、丹尼特和科克。虽然查默斯的看法中带有一种不可知论的色彩，但他也十分看好这一理论的前景。而瑟尔是该理论最直言不讳和态度强硬的反对者之一。麦金则站在神秘主义者的立场上，认为由于人类认知的水平有限，所以我们无法理解意识的本质[45]。

心灵计算理论的反对者和支持者都很多。在我看来，这一理论的可信程度至少要大于其他已存在的替代理论。一个比较有力的支持观点是，我们至少能够在理论上确定，编写出具有人类智能水平的计算机程序是可能的。但前提条件有两个：其一，我们要给出"智能"在行为上的定义，即定义机器要做什么，要有怎样的外观；其二，与"智能"相对应，我们要给出"意识"的定义，即定义作为一部机器，它有怎样的感受。这种程序如果没有遗漏，再加上各种额外的输入和输出设备，就能够以极高的一致性模拟我们的大脑，直到在基本粒子的层级上与原来的人类大脑没有什么区别。现在，虽然我只能直接感受到自己的意识，但毫无疑问的是，我能通过观察我遇到的人（甚至某些狗）在智力上的行为，感受到他们的意识。再假设一个不太可能发生，但在理论上似乎可能的情境：某个我能感受到其意识的朋友打开了自己的头颅，让我看里面有什么东西，然后我发现，里面的物体并不是看起来很可怕的人脑各部件，而是一些电子计算机硬件。但看到这一幕的我，或许不会改变我对她拥有意识的认知。虽然计算机可以产生意识或许很奇怪，但这并不比人脑能够产生意识更奇怪。因此，这让我相信计算机是可以有意识的。如果像心灵计算理论表述出来的内容一样，有意识的是计算机，而非组成计算机的物质，那么我也认可心灵计算理论。

一些反对心灵计算理论的意见，反而并不怎么让人信服，其中之一，便是匹格里奇。他写过一篇名为《意识是一种生物现象》(*Consciousness is a Biological Phenomenon*) 的文章，这篇文章收录在《智能解放》中。在文中，他这样抱怨查默斯的文章（同样收录在《智能解放》中）："他的说法，显得我们的意识理论似乎十分完备，我的意思是，很完备的**神经生物学理论**。"匹格里奇的相关论述只是表明，他想证明意识只是一种生物现象。匹格里奇能感知到的意识是他自己的意识，同时他也有理由假设别人也都有意识，那些意识也全都（或至少大部分）存在于大脑之中。既然大脑是神经生物学实体，那么对意识的研究是否就一定要从神经生物学的角度出发？并不一定，因为神经生物学实体并不是人类大脑的唯一特点，除此之外，大脑既是物质实体也是计算装置。但匹格里奇认为，完备的意识理论，应该以大脑和神经生物学的相关特性为核心。其他哲学家（如泛心论者）认为，大脑的物质实体属性才是意识理论的核心。而作为另一派的心灵计算理论支持者则表示，意识理论应围绕大脑是一部计算设备的特性展开。无论你赞同还是反对心灵计算理论，都必须承认：上述几种大脑特性（也许我们还有其他特性，例如我们是两足类动物，我们是上帝按照自己的模样造出来的生物等），我们并不清楚哪一个与意识本质紧密相连。相反，如果我们像匹格里奇那样把问题简单化，先入为主地认定某个特性是准确答案，那么我们只会让自己的观点变得无足轻重。

当然，有些心灵计算理论反对者提出的理据，比匹格里奇的要更充分一些。其中，最有趣且被引用次数最多的，当数约翰·塞尔（John Searle）的"中文房间"（Chinese Room Argument）。"中文房间"是一个绝妙的思想实验，即便是其最尖锐的反对者，也给予了"具有极强的吸引力和持续力"的评价，并称之为"经典"。在这个思想实验中，塞尔运用反证法，先假设心灵计算理论是正确的，然后设想了一个极为疯狂的情境，证明心灵计算理论有误。

其具体演绎过程如下：

首先假设心灵计算理论是正确的。我们的确有可能写出一种电脑程序，使计算机有真正的意识，能够真正地思考，真正地理解外界信息，而不是让人感觉计算机有这种特性。再具体一些，我们假设该电脑程序会中文，并能够用中文进行智能对话，就像受过教育的普通中国人那样。又因为我们只假设心灵计算理论是正确的，所以该程序并不一定要在电子电路中运行，我们可以自由选择其他物质或媒介来表现该程序所代表的结构。那我们就选用一种不同寻常的方式。我们用一个房间来取代电脑，约翰·塞尔就坐在房间里，他一个汉字都不认识。除此之外，房间里还放着几大叠纸。其中的一叠纸对应计算机程序，用英文详细地写着塞尔该做些什么。其余几叠都是空白的纸，对应运行该程序所需的计算机内存。房间里有两扇窗户，人们可以将写有中文的纸通过其中一扇窗户递入，塞尔则通过用英文写就的纸的指示，将写有对应中文的纸从另一扇窗户送出。也就是说，塞尔按照英文指示，逐步得出中文的回复。心灵计算理论的支持者这时就会说，塞尔是懂中文的。但这完全是疯狂的结论，因为塞尔并不懂中文，他只是遵照房间内的英文指示机械行动，并没有用到大脑的意识。因此，这一理论表明，心灵计算理论肯定是错误的。

对此，我比较同意霍夫施塔特和丹尼特的观点，他们这样评论塞尔的系统回复："在这一设想的情境中，懂中文的并不是塞尔自己，而是这整个系统。这个系统包括房间、几叠纸，以及塞尔。"换言之，塞尔只是系统众多部件中的一个。我们并不能说，一个系统有意识的前提是其中一个部件必须有意识。这一说法是错误的，坚持这一谬论只会重蹈莱布尼茨的覆辙：

> 另外，我们必须承认，认知与依赖于认知的事物，是无法从机械角度来解释清楚的。换句话说，这些无法通过数字或运动来解释。再假设有一部能够思考、感知、有意识的机器。这部机器很大，我们能像进入风车磨坊一样进入其中。然后，

我们会发现，机器内部只有环环相扣，相互作用的部件，并没有东西能够解释为什么机器会有意识。因此，意识只存在于单子（莱布尼茨认为，单子是能动的、不能分割的精神实体，是构成事物的基础和最后单位）之中，而不在复合物或机器之内。

莱布尼茨所提理论的问题在于，这一理论迫使人们做出两难的选择：要么否定人类有感知能力或意识，要么否定感知能力或意识来源于人的大脑（科学家普遍接受这一观点，但不可否认，哲学家们对此的接纳程度要少一些）。而人脑是可被拆分的（拆分到基本粒子的程度，如果有必要的话），拆分后的部分，并不拥有独立的感知能力或意识。

针对这些批评，塞尔反驳道，他可以把整个系统缩小到一个人身上，而且这个人依然一个汉字也不认识：

> 我们可以把系统的所有因素都放到个体身上。他记住了所有原本写在纸上的规则和所有汉字符号，现在能够在脑海里进行运算。于是，这个个体就相当于一整个系统。系统有的东西，他都有了。我们甚至可以把房间也拿掉，让他站在户外工作。然而什么都没有变，他还是对中文一窍不通，更别说系统了，因为没有东西是系统拥有而他没有的。那么，既然他还是不懂中文，系统就不可能懂，因为现在系统只是这个个体的一部分。

对此，霍夫施塔特和丹尼特做了长篇幅的回复。首先，他们表示，塞尔可能没有想到，学会另一种语言的所有表达方式意味着要记忆大量信息。其次，就算这真的能做到，那又如何才能在保持对中文一窍

不通的前提下做到呢? 霍夫施塔特和丹尼特指出,"在论证的关键部分,
塞尔掩盖了数量级的问题"。塞尔的回应并没有就这一回复做出解释,
进而人们百思不得其解的是,为什么在那些极端的情况下,该个体还
是对中文一窍不通[46]。他可能懂中文,也可能不懂,但塞尔仅仅强调
后者而忽视了前者。鉴于我们对裂脑症患者和多重人格障碍症的认识,
或许我们可以假设,一个人的大脑内可能存在着不止一种意识。然后,
我们再假设有两个塞尔,其中一个说英语,另一个说中文。前者用英
语表示他对中文一窍不通,后者则用中文坚称他懂中文。我们为什么
要只相信前者,而对后者置若罔闻呢?

问题(1)的主旨是计算机是否有可能拥有意识,而与此有关的哲
学讨论中,上述讨论只是冰山一角。总而言之,大部分心灵计算理论
的支持者都会就此给出肯定答复。很明显,给这个问题盖棺定论的时
机尚未成熟,所以我们接下来转而探讨问题(2)。既然对问题(1)的
答复是肯定的,那么,如果我尝试通过全脑仿真,把我的意识上传到
计算机,那上传后的心智是真实的我,还是会变成另一个人,只不过
那个人是我的复制而已?

为了更好地把问题(1)和问题(2)区分开,我们以瞬间移动来
替代意识上传。瞬间移动的步骤如下。首先,在一个地方扫描个体的
躯体,然后把通过扫描获得的信息传送到另一个地方,并在该处重新
组装躯体(或者如果你愿意的话,一具和原来一模一样的躯体)。假设
这一传送技术非常完美,重组后的个体,包括行为举止在内,都与原
来一模一样。如果这一过程不带有破坏性质,即原本的躯体在扫描后
依然完好无损的话,那么这种技术就很像是克隆。所以,我们会更多
地假设,这一过程带有破坏性质,即扫描会毁坏原来的躯体。那么以
瞬间移动代替上传技术之后,问题(2)就变成:

(3) 如果我进行破坏性的瞬间移动，那我是活着，还是已经死
了，被复制出的另一个我所代替？

如果问题（1）的答案为"是"，且问题（3）的答案是"我还活着"，
那我们似乎就有理由相信，问题（2）的答案是"我还是我"。由此可
推论出，把意识上传到计算机后依然保持"本我"（不论那意味着什么）
是可能的。但这并不是确定的结论。因为，即使这种传送真能奏效，
但如果我们坚持从一种形式的存在（如血肉之躯）转换到另一种形式（如
数字计算机），那么保持本我或许就无法实现了。无论如何，我们先从
问题（3）着手分析。

首先，我们来做个思想实验，一探空间移动的究竟。假设现在是
2030 年，（会破坏躯体的）传送技术近年来以出人意料的方式迅猛发
展，目前已广泛用于长距离的个人传送。再假设今天是周一，我周四
早上要去大洋彼岸的纽约参加一个重要会议。我计划在周三出发，但
需要在飞机和传送器这两种出行方式间选择。坐飞机不仅麻烦，而且
会浪费半天的大好时光，而使用传送器需要的时间不超过两小时，且
费用低廉。无论从哪个实际角度考虑，使用传送器都显然是更优的选择，
但这一更优选择的前提是，我不需要考虑自己的性命安危。如果我使
用传送器，我能活下来吗？

之前我从未使用过传送器，第一次尝试难免有些焦虑不安。不过，
既然现在已经是传送技术非常普及的 2030 年，我大可看看周围使用过
一次甚至数次传送器的人，他们有没有从传送中活下来。而他们都活
了下来，并且表示，从未发现传送后的自己跟传送前的相比有什么异同。
刚开始，他们的回答让我感到心安，但我转念想到，如果传送会把人
杀死，并以特质完全一样的另一个人替代，那么他们的答案也会和原
来一样。毕竟，走出传送器的人，无论是心理状态、性格特征还是记忆，

都与传送之前的人一模一样。

所以,这个问题似乎很难或不可能从经验主义的角度回答。既然如此,请容许我从分析哲学的角度尝试作答。存活与否是这个问题中的关键概念,虽然我们似乎在直觉上明白存活的意义,但并非确切地知道如何严格定义存活的意义。接下来,我给出两个候选的定义。为了更好地将它们区分开来,我们将二者对应的概念分别称为"σ 存活方式"与"Σ 存活方式"。

> σ 存活方式:如果周四出现另一个人,他在性格特征和记忆等方面和今天的我完全一样(排除一两天内可能发生的正常变化),那就代表我以 σ 的方式存活了下来。
>
> Σ 存活方式:如果我不仅以 σ 的方式存活了下来(条件 1),而且出现在纽约的人拥有原来的"本我"所没有的额外特质,而不只是我的复制品(条件 2),那就代表我以 Σ 的方式存活了下来。

由于我们不清楚条件 2 中的额外特质是什么,所以"Σ 存活方式"的定义似乎有些模糊不清。当然我们可以考虑"身体在穿越时空过程中的连贯性"(简称 CBTST)等候选因素。这些因素会导致我在传送之后无法以"Σ 方式"存活下来。但如此一来,我们又面临一个新的问题,为什么 CBTST 对我的人格同一性如此重要?如果它确实十分重要,那么我们就需要一个解释。但它真的有这么重要吗?我询问用过传送器的朋友和熟人(记住,我们还在设定的 2030 年的思想实验中!),传送所造成的 CBTST 有没有给他们带来不便?他们都斩钉截铁地给出了否定答复。除此之外,我还问它们,是否有其他因素导致"本我特质"在传送过程中丢失?他们也给出了否定的回答。那么,根

据奥卡姆剃刀定律 (Occam's Razor) (其原理为"如无必要,勿增实体",用更现代的语言可以概括为:科学理论应尽可能精练地表达出事物的原理),我们就不能认为"Σ存活方式"比"存活方式"多出了一些什么东西(至少在目前看来如此)。也就是说,如果"σ存活方式"是与这一情境相符的概念,那么这种传送技术也就不存在问题了[47]。

对这一问题,人们的直观感受往往大相径庭,许多哲学家坚称,传送技术会杀死胆敢尝试这一技术的任何人。这些反对者的标准论证方法,就是把瞬间移动技术与不会破坏躯体的传送技术做比较。埃利泽·尤德考斯基就曾这样说道,传送技术应该用星际传输,而非跨大西洋传输[48]:

> 啊,假设我们改良了扫描技术,不仅能够保证被扫描的个体毫发无损,而且能把扫描获得的信息传送到火星。显然,在这种情况下,原来的你还待在地球上,而火星上的那个人只是你的复制品。因此事实上,扫描方式未经改良的传送技术,等同于谋杀后再创造生命,这根本称不上传送,而是毁掉原体,再组建一个复制品!

查默斯和匹格里奇都对这一观点发表了自己的看法[49]。查默斯认为该观点有理论依据,但没有得出实际结论。而匹格里奇则认为,这个观点说出了瞬间移动技术的关键问题所在,"如果一项技术确实能够在不毁掉原体的前提下传送个体或上传心智,那么显然,这是复制技术,而非个人身份留存。"我同意"复制"二字,但如果"σ存活方式"(或个人身份留存)就是存活的全部意义,那么也没有理论依据可以证明,一个人不能同时存活于两具躯体内。虽然匹格里奇并没有直白地表明他加粗"显然"二字的用意(与尤德考斯基略带讽刺地加粗"显然"遥相呼应),但他似乎确实认为,"Σ 存活方式"有着"σ 存活方式"所不具备的重要的东西。但对于不会毁掉原体的传送技术,他的看法是"个体能够在原来的躯体中存活,但不能在新的躯体中存活",所以我们似乎有理由怀疑,他认为 CBTST 是"σ 存活方式"所不具备,但对"Σ 存活方式"来说至关重要的因素。

这又让我们回到之前的问题,为什么 CBTST 对"Σ 存活方式"来说如此重要? 在找不到合理解释的情况下,或许我们应该不再提及 CBTST 的概念。我们应该这样做的原因之一是奥卡姆剃刀定律,原因之二则是基础物理学也不支持这一概念。毕竟,个体的特性并不体现在基本粒子上,所以,类似"这些电子来自原来的躯体,而那些不是"的观点根本站不住脚。又因为我们的身体都是由基本粒子组成的,所以我们也没有理由认为,"本我"只存在于原来的躯体内,而新的躯体只是复制品。退一步说,就算物理学表明基本粒子确实能够反映个体的特性,它也起不了多大作用,因为更高层级的物质无时无刻不在流动。请看库兹韦尔的论述:

> 现在构成我身体与大脑的微粒,根本不是不久前的那些原子和分子。我们都知道,身体内的大部分细胞在数周之内就会更新一遍,即便是神经元这种留存时间较长的独特细胞,其内部的分子也会在一个月内全部替换一遍……微管的半衰期更是只有十分钟左右……
>
> 所以,现在的我与一个月之前的我相比,完全是由两套物质组成的,只不过这些物质以同一模式组合而成罢了。即便是这一模式也会变化,但这种变化是缓慢而持续的。事实上,我就像溪流冲过一块岩石时的水流模式,水中的分子每毫秒都在发生变化,但这一模式却会持续数小时甚至数年。

经过以上讨论，想必读者也能看出，我对问题（1）和问题（2）持有理性的乐观态度。换言之，我认为计算机可能发展出意识，同时也认为个体的身份或许能够通过上传心智留存下去。但这些都是在探讨现实本质的深奥哲学问题，而在当下，我们对这些问题的认识仍十分匮乏。我必须谦逊地表明，由于相关的知识仍有很多缺失，我对问题（1）和问题（2）的看法很有可能是错误的，如果两个问题中有任何一个的正确答案为"否"，便意味着通过上传心智来延长寿命，只不过是不现实的幻想而已。

为留有讨论的余地，我们先假设两个问题的答案都为"是"。那么，就会出现以下几个与上传心智相关的，更为实际的问题：

（3）怎样才能发展出上传心智所必需的全脑仿真技术，并将其投入应用？这一技术预计何时才能完成？

（4）意识上传技术普及后，社会将变成什么样子？

（5）在我们发展这项技术之前，有哪些特别的伦理问题值得我们时刻牢记在心？

我们先从问题（3）开始。关于高端计算机模拟技术，以及人脑内神经元活动地图，当下有两个正在进行的科研项目，它们分别是欧盟的人类大脑计划（Human Brain Project）和奥巴马总统在职时启动的脑计划（Brain Initiative）。虽然表面看起来，这两个计划与意识上传没多大关系，但从逻辑上分析，这些计划的最终目的似乎就是实现意识上传。雷·库兹韦尔是以大胆预言为人所熟知的作者，对于一些未来技术和它们的发展历程，他已经给出时间线十分具体的预言。举例而言，他在《奇点临近》这本书中预言道，意识上传技术将会在20世纪30年代取得突破性进展。然而，他这一预言建立在许多假设上，且这些假设都牵涉非常多的不确定因素。相比而言，我更倾向于桑德伯格和波斯特洛姆较为谨慎的表述。他们承认这些不确定性的存在，并做了系统的探讨，设想了许多可能发生的情境。他们将意识上传细分为三个部分，分别是扫描、转译和模拟。

扫描，即利用高分辨率的显微技术来侦测并记录大脑的所有特性和细节，而我们尚不清楚，到底需要分辨率有多高的显微技术。不过，考虑到技术已经发展到能够观察单个原子的程度，我们有理由认为，分辨率很有可能已经达到要求。然而，要避免天文数字般的扫描时长，我们还需要在速度和并行化技术上多下工夫。桑德伯格和波斯特洛姆所主要探讨的扫描技术，在实施过程中，需要把大脑切分为许多薄片，再分开扫描。显然，这种扫描会把原体的大脑毁掉。而研制不会对原体造成损伤的扫描技术则非常困难。库兹韦尔从推论的角度建议道，我们可以让大量的纳米机器人进入大脑，让机器人收集各个分子和原子的位置信息。

转译，指的是为了让扫描获得的信息能够用以模拟，对信息加以处理的过程。这一过程涉及大量的图像分析。"必须勾勒出细胞膜，辨识出神经突触，分割好神经元群，还需要辨识出细胞膜、细胞器、不同类型的细胞的分布，并明确血管和神经胶质等其他结构的细节。"

模拟，对计算机的内存（储存原始模型的数据和程序的当前状态）、带宽和处理器的要求很高，可能需要采用大规模的并行处理结构。模拟对计算机的要求，在很大程度上取决于神经元模型的细致程度。一般来说，我们对大脑运行机制的科学认知水平，与对计算机性能的需求间存在某种平衡。这种认知越匮乏，我们对计算机性能的要求就越高。因为在这种情况下，我们需要借助计算机的运算，从无到有地模拟大脑中的一切。这种做法会使模拟出来的心智多多少少像黑匣子一般：或许我们能理解其输入和输出的信息，但却不清楚里面的情况（虽说到目前为止，人脑于我们也像黑匣子）。

此外，人脑仿真还需要满足这两个条件中的任意一个：要么准备一个基础的虚拟现实环境，要么准备一个机器人，并配以合适的输入和输出渠道，使其具备视听和肌肉运动功能。但对此，波斯特洛姆表示，相对于实现意识上传的扫描、转译和模拟，满足人脑仿真的条件相对更容易。不论如何，如今的技术已经能以最低的要求，制造出机器人所需要的，合适的输入和输出渠道，我们提到过的人工耳蜗植入技术就是其中一例。

还有许多复杂的因素。大脑的机能非常依赖于多巴胺和 5- 羟色胺等神经递质和神经调质之间的化学平衡，这在今天已经是常识。除了多巴胺和 5- 羟色胺，已知的脑内化学物质还有数百种。但随着研究的进行，我们可能会发现，还存在着许多目前未知的化学物质。早在 20 世纪 80 年代，在对秀丽隐杆线虫的研究中，人们就明确了其脑内的 302 个神经元是以怎样的方式连接成为网络的。但显然，仅有这种程度的认识是远远不够的。至于为什么，波斯特洛姆解释道，我们还需要明确"哪些是兴奋性突触，哪些是抑制性突触，它们各自连接的强度如何，以及轴突、突触和树突的各种动态特性。"即便是对于这种小小线虫的神经系统，我们也尚未有这种程度的深入了解。

总而言之，桑德伯格和波斯特洛姆得出的结论是，全脑仿真所需的技术能通过科学的渐进发展取得，他们也尚未预见到任何在原则上不可逾越的障碍。波斯特洛姆总结道："必备的技术可能会在 20 世纪中叶被研发出来，但在这之前会发生什么，尚存在很大未知。"

一旦全脑仿真技术取得成功，这一技术可能将迅速投入使用，并得到普及 [50]。关于问题（4）的讨论也由此展开：意识上传技术普及之后，社会将变成什么样子？库兹韦尔和戈策尔等意识上传的支持者表示，这一技术将带来无限的可能，上传了意识的新人类将会过上富足和美妙程度都无法想象的生活。其他人则运用经济学理论和社会科学知识，尝试解释上传技术的普及将会对社会造成什么影响。其中值得一提的是美国经济学家罗宾·汉森（Robin Hanson）。1994 年，他以一篇论文开始了他对这一话题的探讨过程，并在接下来的时间里，把一系列优秀出众的博文发表在他的博客"克服偏见"上。汉森在《智能解放》中的一篇文章中总结了他到目前为止的相关发现，并计划在不久后再写一部新的作品，以作补充。

关于意识上传的社会理论，汉森有如下两个基本假设：

（1）全脑仿真技术是借助计算机的机械运算取得的成果，相比之下，对思维等层级高于模拟程序的脑内现象，人类的科学认知相当匮乏。

（2）在当下的社会中，硬件成本以指数级的方式快速下降，这一趋势将持续下去（如果不是无限期地持续下去的话，至少也持续到汉森所假想的那个时代）。

由于假设（1）的存在，所以人们无法将仿真的智能提升到超人类智能的水平，只能改良硬件的速度，让其运行得更快。假设（2）使得意识上传技术的迅速传播成为可能：很快会有数以十亿的上传意识存在，并随后增至数以万亿计，而这也正是汉森所预言的态势。

有人预测，社会将因此承受破坏性的后果。米勒则像教师一样解释道，上传技术的普及预计会对劳工市场造成怎样的影响：

先想想你所在的单位中，工作效率位列前十的都有谁。然后设想，你所在的公司能以低廉的成本复制这些珍贵的雇员，直到满意为止。现在，再进一步想，如果公司不需要花任何费用，就能把所有雇员替换为全人类最杰出的意识，那将对公司的利润造成什么影响。

硬件成本的下降将拉低薪资水平。打个比方，如果雇主每年只需花一美元的硬件成本，就让一个上传后的意识为其工作，那他为什么要每年付你 10 万美元的薪水？人口将因此不断增长，直至饥荒的降临，社会也将由此陷入经典的马尔萨斯陷阱（上传后的意识不需要粮食，但需要能源、CPU 时间和磁盘空间）。居住在世界上富人区的人们能够（暂时）远离这一陷阱，这是因为自工业革命以来，人类保持着一定的创新速度，使得经济（包括食物生产）的增长速度远远高于人口的增长速度。一个到处都是上传意识的社会，将拥有更快的创新速度，但复制上传意识所造成的人口增长速度，很可能会快过其创新速度。

在汉森构想的未来中，奇异的现象随处可见。其中之一是，在不同的情况下，上传意识能够在不同硬件上运行，进而以不同的速度运行。例如，为了缩减公司的管理层规模，可以让担任管理员的上传意识以相当于普通员工 1 000 倍的速率运行，进而让他能够同时管理数以千计的员工。可调整的速度还能够让工作更容易在要求时间内完成。

更加奇特的设想是，未来大部分的工作都由所谓的"偶人"完成。这些短命的"偶人"由特定的上传意识的模板复制而成，他们工作数小时后，其程序就会被终止（即死去）。

大卫·布林（David Brin）曾在其科幻小说《陶偶》（Kiln People）中，以长篇幅描绘了这一情境。布林探讨了与之相关的一系列问题，其中包括："偶人"在多大程度上觉得，他们的生命能够在他们的复制模板上延续？有人曾问，"偶人"不会起义反抗人类吗？但汉森坚称："当生命变得廉价，死亡也随之贬值。"[51]

正如尼古拉·达奈洛夫（Nikola Danaylov）在一次长访问中所强

调的,汉森设想的上传意识理论的未来似乎有些反乌托邦。但汉森本人并不接受这一标签,并从两个反面来反驳达奈洛夫。

> 首先,只要我们能够改变价值观念,不再以人口的平均幸福程度来衡量未来的价值,而是注重平均幸福程度与总人口规模相乘后的数值,那么庞大的人口就是一件好事。因为如果总人口十分庞大,即便每个个体的幸福程度都不高,但相乘后得出的数值,即总体幸福水平也是非常大的[52]。其次,我们可以做到让数以万亿计的短寿命上传意识在濒死的状态下拼命工作,也能让他们感到十分愉悦。举例而言,只要通过成本低廉的手段,人为刺激他们的快感中枢即可。

想必大部分读者的感受与我和达奈洛夫一样,觉得这样的反驳并没有多少慰藉可言。

那么,我们是否应该认为汉森的分析是可信的预言?如果是,他的预言和未来的契合程度又如何?我认为怀疑汉森的预言应该是比较稳妥的态度。他的论述确实是珍贵的第一手研究,从经济与社会学的角度分析了上传技术取得突破后,可能会造成哪些值得我们留意,却又容易被忽视的问题。但这个研究课题完全不适宜像他这样,通过经济学理论,从经验主义的角度来探讨。他许多或是直白或是隐晦的假设,在准确性方面也都有待商榷。因此,我们应该对他的预言有所保留。

接下来我们进入问题(5),探讨一系列关于是否应该研发,又该如何研发意识上传技术的伦理问题。一个显而易见的问题是,这种技术的出现会让社会变得更好还是更坏?库兹韦尔和戈策尔等人设想出十分美好的乌托邦,相对的,汉森则预言了糟糕透顶的马尔萨斯式未来。不论如何,要想自信地处理这一问题,我们就必须针对上传技术普及后的社会，丰富当前的社会科学理论。

但除此之外，还有别的伦理问题值得考量。桑德伯格就提出了许多这样的问题。其中一个典型的问题是，模拟出来的意识可能会备感煎熬。波斯特洛姆曾冰冷地写道："在我们能让其完美运行之前，事情可能会存在些许瑕疵。"举例而言，我们可能会制造出一个带有严重脑损伤，时刻承受着极大痛苦的人[53]。冒着这种风险运用上传技术，在伦理上是可接受的吗？

如果我们把动物受到的苦难也纳入伦理问题的范畴，那这一问题就会早早出现，不会等到我们尝试模拟人脑时才显现出来。从成功模拟其大脑的秀丽隐杆线虫，到蚂蚁、老鼠、猕猴，再到人类，随着我们尝试在越来越高级的生物身上实现"壮举"，这一问题也将如影随形。这种类型的伦理问题，在很大程度上归咎于我们对意识的本质几乎一无所知。正是这种无知，使得我们并不清楚哪些生物会感受到痛苦，哪些不会。桑德伯格则提出了最大化假设原则，或许我们可以将其视为一种特殊的预警原则。根据这一原则，我们应该"认定任何模拟系统都有和原生系统一样的精神属性，并平等地看待他们"[54]。但贯彻这一原则却有可能造成相当大的影响，不只是影响以模拟人脑为目标的科研项目，还影响人们希望通过尖端计算机程序来模拟实验动物的想法。而后者，恰恰能够减少动物因成为实验对象而遭毁灭的现象。桑德伯格还提到，虽然在未来，这可能会成为真正的问题，但当下并不存在这些顾虑。因为"对痛苦这种神经机制的计算机模拟，只包含很少的神经元，而如此小的系统不太可能感受得到痛苦"[55]。

意识上传技术在一开始，以及开始后的很长一段时间内，必须以毁掉原体大脑为代价，而这又将引发更多伦理问题。届时，或许仍会有热衷这项技术的人自愿上传意识，但桑德伯格表示，这会牵涉复杂的法律问题。依照法律程序，志愿者的智商、心智和所有精神特性都要被证明符合正常健康成年人的水平（这种情况是十分可能的）。但这些标准又该如何界定呢？

显然，在意识上传技术投入实际使用之前，仍有许多伦理与法律问题亟待解决。

冷冻人体：从死亡中苏醒

许多超人类主义者表示，他们不仅希望高科技能给人类带来美好繁荣的未来，还希望他们自己能从中受益，例如，变得（近乎）长生不老。读者如果想了解更多类似的明确表述，可参考库兹韦尔和波斯特洛姆的相关研究。大部分人都不想死，但这些超人类主义者的焦虑感似乎比普通人要强烈：他们想要活数千年、数百万年，甚至数亿年，并且还要求生活质量要远高于我们平常的水平。所以，他们有很多的理由担心自己会"错失良机"，换句话说，他们很害怕自己在这些技术成型之前就死了[56]。首先，即便意识上传是可行的，现在也不知道这一技术何时才能实现，同时也无法确定这能在多大程度上保留个人身份。其次，当下传统医学的延长寿命手段似乎有见效过慢之虞：平均寿命正在以每年 0.25 岁的幅度增长，对某些渴望永存不朽的人来说，这显然还不够。那一些人是不是要因此而绝望？本杰明·富兰克林（Benjamin Franklin）在 1773 年写给雅克·迪堡（Jacques Dubourg）的信，就是表达人类这种绝望之情的经典：

> 我是多么希望，能用一种方法把身体浸没封存起来，然后任由时光流逝，直至在未来的某天被唤醒，再续人生。因为，一睹美利坚 100 年后的模样，是我毕生的夙愿。我希望以普通的方式死去，再和一些朋友们一起，被浸泡在装着马德拉

白葡萄酒的木桶中，等上一百年，然后再次沐浴在暖阳之下，重焕新生于我挚爱的美利坚！然而，我们多半有些生不逢时，科学技术在这个时代尚处于萌芽阶段，恐怕我们是看不到这种技术成型的那天了。

对 18 世纪的富兰克林来说，这似乎是遥不可及的虚幻梦想，但对如今的超人类主义者而言，这并非完全不切实际。只不过，能让他们更有可能活着见到超人类天堂的，并不是装满马德拉白葡萄酒的酒桶，而是理念与之类似的"人体冷冻技术"。

人体冷冻技术，即低温储存人（或其他动物）的躯体，希望未来某天能够使冷冻的人重归健康状态的技术。在低温条件下，人体新陈代谢和生物降解的速度也会降低，正是这一基本定律，使得人体冷冻成为值得考虑的做法。我们也是利用同一种方法，将食物储藏在冰箱和冷库中，但与保存食物不同的是，人体冷冻技术需要温度在 -196℃（液氮的沸点）的极端条件下。在这种温度下，新陈代谢和生物降解的速度会被降至近乎停止的地步，虽然人体冷冻技术一般是为了把人体冷冻数世纪，但冷冻过程甚至能够以天文时间的尺度持续下去。但这一技术的主要问题是：在冷冻过程中，冰的形成会破坏体内的细胞。

因此，"玻璃化"是人体冷冻程序中的重要一步，其目的是确保冷冻不会导致晶体形成。具体做法是，在冷冻之前，放出人体的血液，把大部分体液替换为能够防止结冰的冷冻保护混合剂。然而，这又带来了更多问题，但我不打算过多谈及技术上的细节，而是引述贝斯特（Best）的详细调查内容。

今天尚不存在能够把冷冻后的人唤醒的技术，这使得人体冷冻在很大程度上带有冒险的性质。付费冷冻与赌博无异（费用从 1 万美元到 25 万美元不等，取决于消费者选择冷冻全身还是只冷冻大脑），也和帕斯卡的赌注有近似之处,人们必须要权衡很小的成功概率[57]和巨大的潜在收获[58]。有人把人体冷冻描述为"从死亡中苏醒过来"[59]。毫无意外,人体冷冻的支持者不可避免地遭到了许多人的嘲笑,并被认为是疯子[60]。在质疑声营造出的氛围中,人体冷冻仍被视为一种边缘性现象。当前,已处于冷冻状态的人大概有 200 名,而已经签署同意书,准备开始冷冻程序的人数要比处于冷冻状态的人数高出一个量级。受到这个少数群体的启发,超人类主义运动的领袖人物之一——马克斯·莫尔认为,我们正在酝酿疯狂的悲剧:

> 回顾 50 年或 100 年前的情形,我们肯定会摇头叹息:"当时的人都在想什么?那些被送入焚烧炉或埋葬到土里的,都是身体近乎正常,只是某些功能稍微有些失调的个体。放到现在,这些人会被低温储存起来。"我认为,我们以后对现代殡葬的看法,就如同我们今天看待奴役制度、殴打女性,以及人体献祭的方式一样。未来的人将会说:"那真是个疯狂的大悲剧。"

莫尔的预言让我震惊不已,但这究竟是对还是错,仍未有定论[61]。有些读者可能会建议道,如果我真的认为人体冷冻技术是可行的,我就应该把钱花在这项技术上。然而,我并没有申请冷冻我的躯体。在我发表于 2013 年的一篇文章中,我列出了这么做的原因。虽然这是个非常个人的决定,但或许我做出选择的原因与顾虑能帮助其他人思考这些问题,所以,我给出了以下的简要总结:

> 虽然我认为,努力让人类社会(或新人类社会)在未来繁荣昌盛是件重要的事,但我并不认为我自己一定要成为那

个未来的一部分。这是因为，我认为我个人的利益与福祉的重要性不及全人类。我的看法主要来源于帕菲特和布莱克默，他们认为相比全人类，个人身份并不重要。

那这是否意味着，我在日常生活中不会再从利己角度思考问题？当然不是，要完全做到这点，在心理上也是不可能的。一个证明我自私自利的例子是，我仍把大多数收入留给自己，而不是捐献给无国界医生。从中立的角度来看，后者肯定给世界带去更多福祉。我的所作所为，在很大程度上，仍是出于低等和利己的动机。有时，为了弥补自己的所作所为，我会从更理智的角度思考，告诉自己我的利益不比其他人的重要。

另外，在一些比较少见的情况下，利己的我会和中立的我做出一样的选择。例如，在人体冷冻的问题上，利己的我和中立的我的选择都是不做人体冷冻。在这种情况下，我不会单纯地从理智角度出发，尝试改变自己的选择。即便我知道，我鄙俗的那一面之所以做出这种选择，并不是因为站在了中立的角度上，而是出于对第 10 章会提到的高贴现率的考虑。另外，这可能还出于一种怯懦的欲望。

就我发表于 2013 年的那篇文章，一个人匿名评论道：就算从中立的角度出发，也应该选择进行人体冷冻。因为这样一来，我就有机会为这个世界贡献更多的力量。这条评论似乎建立在一个隐晦的假设之上：我选择进行人体冷冻后的很长一段岁月里，世界上的总人口会多出一人。这个人的观点很有可能是错误的，因为如果未来的高科技文明认定，社会可以容纳多一位成员，那么不管在冷冻容器中的我是否能被唤醒，这个社会都会多出一位成员。

注 释

[1] 人们尚不清楚是什么原因造成了这种情况，但怀疑接触有毒化学物质对此有一定影响。

[2] 我之所以说"似乎"，是因为从另一个角度，我们可以把教育看做是一种引发大脑中生物医学变化的干预行为。

[3] 与教育假设紧密相关的，还有另一个更广为人知，最初由弗林自己提出的猜想：智商测试检测的是人们进行（特定几种）抽象推理的能力，而现在人类做的抽象思考比前人要更多，这就造成了智商分数上升的现象。

[4] 读者应该注意到，在引述的后半段，波斯特洛姆隐晦地表明，人的心智水平增强后，不仅认知水准有所提高，道德也得到提升，就像我在第 2 章提到的那样。在这一章中，前者是我们的主要讨论对象，但我们不应该忘记，后者也是有可能实现的（或许还是让人满意的）。

[5] 但其完整论述无可否认地表现出多多少少更为微妙的观点。文章的核心部分写道：

对人类而言，技术上的创新自由相当宝贵，甚至关乎存亡。这就意味着，那些考虑应不应该，以及该如何发展、调配或限制新技术的人，必须承担起一系列的责任。这些人应该在科学而非集体情绪的基础上，通过客观、开明、全面却又简洁的决策程序，评估新技术会带来的风险和机遇，并承担起限制新技术，以及因限制而错失机遇的全部责任。他们还应该采纳实现可能性和影响力都适宜，且成本回报率最高的行动方案，并优先顾及人们学习、创新和进步的自由。

文章随后还仔细地阐明涉及的一些概念，并以很长的篇幅探讨了先行动原则与预警原则的中心矛盾。在我们进入危机四伏的未知技术领域后，一小部分科学家或工程师很有可能（有意或无意地）把人类带入万劫不复的深渊，而作者却认为，我们应该让"建议采取限制措施的人"承担起比想着往前冲的人更多的举证责任。所以，作者这篇文章虽值得阅读及反思，但总体而言似乎还是略显莽撞。

[6] 孔多塞的相关表述如下：

在我们看来，理性与社会秩序的发展也能够促进作为社会保护层的预防医学的发展，并最终消除由气候、食物和工作性质引发的传染或其感染性的疾病。不难证明，几乎所有的其他疾病也会被消除，因为我们终将找出它们隐藏得更深的成因。如果现在提出，人类可以无止境地进步，是否略显可笑？是否终有一天，只有极度严重的意外或生命力的逐渐衰竭，才能造成人的死亡？人类从出生到生命力耗尽之间的时间间隔，是否终将不再有任何具体期限？人不会变得不朽，这毋庸置疑。但人从出生，到自然而然地觉得生命是一个负担之间的时间跨度（在没有患病或发生意外的前提下），难道不可以无限增加吗？

霍尔丹在这方面最重要的作品就是《代达罗斯：科学与未来》。在书中，他比大多数人都更早地设想了，通过定向变异与试管授精来增强人类的方法。但霍尔丹也在书中警示道，如果道德水准的提升与科学技术的发展不对称，后者可能会以哪些方式把人们的生活变得更糟，而非更好。佩尔松和萨乌莱斯也表达了同样的担心。他们还建议通过生物医学的手段提高人的道德水准，这可以被视作他们的解决方案。此外，霍尔丹的这本书对赫胥黎创作《美丽新世界》影响颇大。

[7] 读完整卷文集后，我感觉丹尼特和波斯特洛姆的文章像是一个被裹挟在其中的人质。理事会把这两篇文章放在文集中，只是为了宣称他们平等收集了各种不同意见。

[8] 或是自由和自主受到侵害。然而贾巴里对哈伯马斯的观点评论道：

在哈伯马斯看来,与基因组被改动过的人相比,基因随机组合的人更为自主。这一观点并不让人信服。现在想象有一个人,他先天患有血友病,这是他基因随机组合的结果。如果此人的基因曾被人为干预,使他不会患上这种疾病,那他的自主性会减弱吗?

[9] 确实如此,除非我们接受"我们是谁"完全由遗传因素决定的迷信。

[10] 与生物伦理学有关的文学有大量(没有事实根据)对这种心理创伤的描写。举例而言,在克隆人类这一主题上,安纳斯、安德鲁斯和伊萨西特就写道:"我们尚不知道克隆的孩子能否最终克服与他们出身有关的心理问题,或许我们也无法知道。"要证明这个论点有多站不住脚,或许我们可以借用波斯特洛姆对此的类比:"在产前被刻意用古典音乐来熏陶的孩子能否最终克服由此造成的心理问题,我们尚不知道,或许也无法知道。"

[11] 有人可能会问,为何我们极少(如果有的话)听说有人因为相信自己完全是全能真主"故意设计"的产物而遭受类似的心理创伤。

[12] 麦吉本还提出了另一个相关的论点,认为可以刻意改造我们的基因组会让运动变得无趣。运动的意义在于检测我们能力的极限,但如果我们对基因组一清二楚并人为改造,这些极限也会被我们得知。但这看起来也是错误的:我们在体育竞技中的极限,当然受基因组的影响,但基因组并不是唯一的影响因素,各种环境因素可能也会影响运动员的发挥。事实上,未来在克隆人之间展开的比赛,难道不比运动员基因组合各不相同的比赛更为有趣吗?这种未来比赛的结果,会在更大程度上纯粹由参赛者所做的选择决定(比赛战术或训练方法),而不会受到基因优劣影响,参赛者也不可能把比赛失利的原因归咎于基因。不管怎样,我从没听过有人说,因为瑞典田径选手珍妮和苏珊娜·卡卢尔长得很像(她们也确实是对双胞胎),所以她们之间的比赛肯定很无趣。

[13] 总之，同样让人难以置信的还有把某些特定族群看做"天选之人"的观点。

[14] 以下是福山的表达：

> 人类尊严就是人类的独特之处，这种特质赋予人类每个个体，比世界上的其他事物更高的道德地位。而对人类尊严这一概念的否定，会让我们走上一条非常危险的道路。

[15] 此处的"大规模杀伤性武器"和"生物恐怖主义分子"并不是恰当的措辞。虽然我们能够想象，克隆人类可引发连锁效应并最终导致恐怖主义行为，但这并不代表基因工程师是恐怖分子。这种不恰当的措辞，就好比一名外科医生救了一个问题青年的性命，问题青年随后加入恐怖组织并参与了骇人听闻的恐怖袭击，但这并不能说外科医生是恐怖分子。

[16] 以下是德夫林的论述：

> 我认为人不该无视由衷而强烈的厌恶情绪。这种情绪的出现表明，我们容忍的底线已被触及。并非任何事情都可被容忍。忍无可忍、义愤填膺和厌恶之情都是道德法则背后的力量，没有它们，社会也将不复存在。

[17] 在此处，"论据"的意义似乎有些微妙。在刚刚的引述文章中，卡斯说："厌恶并非论据"。但着重指出厌恶，并认同其表达的智慧，似乎就是把厌恶作为论据。

[18] 超人类主义者（如波斯特洛姆）则往往使用一些没那么为人所厌恶的因素。

[19] 辛格已确实建议我们要禁止把直觉当做道德基础。如下文所示，他十分清楚自己反对的观点：

> 每当有人建议规范伦理学，应摒弃我们普通的道德直觉时，就有人提出反对意见说，没有直觉，我们什么都做不成。数世纪以来，许多人尝试过寻找伦理基本原则的依据，但大部分的哲学家都认为自己没能找到。即便是功

利主义这种激进的道德理论,其基础也是人对"什么是好"的根本直觉。所以,我们似乎除了直觉,什么都没有。如果我们排斥所有的直觉,肯定就会变成道德上的怀疑主义者或虚无主义者。人们能够从许多方面对这个异议做出回应,但我没有时间一一展开讨论。所以,请容我提一个可能性。

文章接下来的部分并不让人信服,甚至连辛格自己也不信。在文章末尾,他给出了这样的建议:

想要明确我们在何种意义上能够保有理性基础,已经很不容易。但对我来说,这值得一试,因为这是避免道德怀疑主义的唯一途径。

[20] 读到这里,有人可能想要指出,不止我会有这种缺乏"智慧"的厌恶反应,在卡斯本人的思想和文章中也能找到类似的例子。在我们引述的文章中出现的这句话"虽然,我必须指出,并非所有这种变化都是好的"已经表明,他有一些守旧的道德观念。平克回顾了卡斯的作品并发现了一些让人震惊的例子。许多行为都深深困扰着卡斯,例如"整容手术、性别重置手术,以及妇女延迟生育或选择在二十几岁时保持单身的行为。"平克接着还引述了一段话,这段话表明卡斯对当众舔冰激凌的行为十分抓狂。

[21] 值得赞扬的是,在卡斯写于 1997 年,论证为何要禁止克隆人类的文章中,他的部分论点也(略微地)超出了纯粹厌恶的范围。

[22] 我之所以会持有这个观点,部分原因当然是我也被灌输了要热爱这个社会的思想。但除此之外,也有我个人的原因。例如,我并不赞成让父母拥有把子女送去教派学校的权利。父母这么做的目的,是不想让孩子接触到与父母信仰相冲突的宗教思想。在这一问题上,孩子以更宽广的视野观察社会的权利,应该大于父母把自己的宗教观强加于孩子的权利,而且,考虑到通常情况下,父母在家里依然有大把机会在宗教问题上向孩子施加影响力,我们更应该认为孩子在这方面的权利更大。

[23] 此处有些细微差别值得一提。在与我私下交流时，卡里姆·贾巴里表示，仅限于矮个子的激素疗法有助于减少人口的身高差异。对于那最矮的 1% 而言，他们的身高也不再会是严重的社交不利条件。这便有可能对总人口造成有利影响。因此，也不能说这种疗法在总体上永远是自相矛盾的。

[24] 米勒也在强调疗法与增强之间的区别：

> 就算类似史密斯学院的学校注意到类似阿德拉的药物对学生学习的好处，我们也无法想象校方会提倡使用这种药物。不过且慢，在像史密斯学院这种高级且费用昂贵的学校中，如果一个学生在数次测试中表现欠佳，她就会被教务处主任约谈。而这些主任通常会表示，该学生已被测定患有某种障碍症，如注意力缺陷多动症。而对被确诊患有这种障碍症的人，医生们开的常规处方药就是阿德拉。

[25] 如果读者受此启发，有意亲自尝试以安非他命为主要成分的药物（这完全不是我的初衷），请先慎重考虑，这些药物有包括上瘾在内的对身体和精神的各种副作用，详情可参考卡瓦略（Carvalho）等人于 2012 年的论述。没有亲自咨询医师意见就擅自服用这些药物，或服用剂量过多，都可能会造成危险。另外，近来的研究表明，这些药物对认知能力的积极效果并不像传言中描述的那么厉害，详情可参考伊利耶娃、胡克和法拉赫的研究。

[26] 关于此事，我还是多说两点为好：

> 首先，关于编写此书的目的，我给自己的解释是，为这个世界更美好的明天贡献出自己的微薄之力。我认为这既诚实，也准确。但如果我对自己说，我并不想通过此书胜过米勒和其他作家，以获得更多的学术声誉，那也有自欺欺人之虞。

> 其次，我用来提振状态的东西就只有咖啡和 β 受体阻滞药而已。我服用后者（我有医生开的药方）的频率较低，只有当我就一些极具争议性的话

题发表演讲，并预料部分听众会做出带有敌意的反应时，才会服用（写这句话时，我假设药物与营养品之间存在明确且不存在任何疑问的界线。另外，我没有把含酒精的饮料包括在内。原因有二：其一，我只在消遣时饮酒；其二，酒精在大多数情况下会降低状态，而非提升状态）。除了这两种东西外，我真的不想用更多的东西来提升自己的状态。我的这一立场与我个人性格更倾向于保守主义有关，虽然可能会受到质疑，但我更想（在非常大的程度上）保持自我，而非变成另外一个人。

[27] 此理念可追溯至 19 世纪早期的英国经济学家大卫·李嘉图，其核心思想的简要论述可参考克鲁格曼的研究。此外，哈福德精妙地解释了，为何限制自由贸易并不能（像人们普遍所认为的那样）起到保护国家的作用，而只会以牺牲国内另一个产业为代价，保护国内的某个产业：

> 贸易可以被视为另一种形式的技术。例如，经济学家大卫·弗里德曼（David Friedman）指出，美国汽车的来源方式有两种：可以在底特律制造，也可以用艾奥瓦州种出的小麦交换。后者运用的是一种把小麦"变成"丰田汽车的"特别技术"，其过程非常简单，只要把小麦装在货船上通过太平洋运往外地即可，过一阵子货船就会满载丰田汽车归来。而在太平洋上把小麦转化为丰田汽车的地方叫做日本。但在未来，这也可以是某座悬浮在夏威夷近海的生物工厂。但不管怎样，底特律的汽车厂工人和艾奥瓦州的农民都是直接竞争对手。

[28] 或许最著名的例子是美国在 20 世纪 50 年代末经历的斯普特尼克危机。当时，苏联斯普特尼克计划的成功引发美国的巨大恐慌。由于害怕在技术上落后对手，美国政府采取了一系列应对措施，其中就包括培养新一代工程师的教育计划，可参考穆尼和柯申鲍姆的相关论述（但在这件事情上，美国人感到的恐惧更多与军事有关，而非与经济有关）。

[29] 在未来，这一表述的准确性可能会下降。因为，未来可能会出现相应的技术，能够把经过体细胞基因治疗的细胞植入到生殖细胞中，进而模糊了体细胞基因治疗与生殖细胞基因治疗之间的区别。高桥等人已经开发出能够将体细胞转化为干细胞的技术，并因此荣获诺贝尔奖，他的发现也让二者间的区别变得更加模糊。

[30] 当然，"罪有应得"一词意味着我没有客观地陈述事实，而是在表达我自己的意见。我之所以有这种看法，是因为这些计划公然地践踏了个人自由选择的权利。

[31] 他们还提到，英国生物样本库已开展类似的项目，并收集50万人的调查结果与生物样本，并且还雇佣了一家公司在2014年做基因测试。接着他们指出，从长远看来，当DNA测试成为医疗保健中的常规检测之后，就能够收集到以千万人计的基因资料（舒尔曼和波斯特洛姆）。但最近《自然》杂志上的一则新闻却着重强调了这一挑战有多困难。

[32] 如果父母不只是对筛选智商有要求的话，那么这种筛选的期望值就会下降。如果筛选标准只有一个，那选择最符合这一标准的胚胎即可。但如果有多个选择标准，那么父母就需要做出妥协，因为一个胚胎不太可能在多方面均达到最高标准。语不惊人死不休的米勒表示，"隆胸能提高女孩智商"。他的理由是，如果隆胸能更加普及，父母就无须在选择胚胎时过多地考虑未来孩子胸部的大小，进而选择在智力方面最好的胚胎。舒尔曼和波斯特洛姆还提到，"患病风险、身高、运动能力、性格，以及其他特质"也可能是父母们的选择标准。

[33] 斯帕罗深入探讨了这种做法的伦理问题，并称之为"试管优生学"。

[34] 还有另一个例子能表明脑机接口技术不仅已经存在，而且已得到广泛使用，那就是脑深部电刺激手术。其原理是，使用所谓的脑

起搏器，通过植入脑部的电极向大脑的特定部位发送电脉冲。在美国食品药品监督管理局的批准下，这一技术用于治疗帕金森病和强迫性精神障碍等各种疾病。可参考克林格巴赫及其他人的研究。

[35] 可参考德格南等人就帮助瘫痪患者恢复一些运动功能的植入设备所展开的讨论。

[36] 如今一小部分的人组成了一个亚文化群体，他们（大部分患有偏执型分裂症或其他精神障碍）认为在某种程度上，政府或其他邪恶机构正通过植入他们脑部的设备控制着他们。在我看来，这些人的（自我）判断不太可能符合事实。当然，这并不意味他们的狂想在未来肯定不会变成现实。

[37] 即便在国际象棋这一窄小的领域内，人类和计算机的能力也存在巨大差异。在加里·卡斯帕洛夫（Garry Kasparov）（当时的国际象棋世界冠军）于 1997 年惜败于计算机"深蓝"之后，国际象棋的计算机程序还在继续发展。现在，这些程序已远胜最优秀的人类象棋大师。但人类与机器之间的思维模式仍存在巨大差异（简单地说，即策略性思维与依靠"蛮力"来计算的差异）。但如果让一部计算机与有计算机辅助的人类象棋大师对弈，那么后者仍有显著的优势。那么，研究如何把国际象棋计算机植入并连接象棋大师的大脑，是否会成为认知增强技术的试点项目？

[38] 其他主要竞争者有人工智能、完整大脑仿真技术、经过基因改造的新人类，以及在互联网、其他网络或组织内，自然形成的集体智能。

[39] 举例来说，在 2014 年，包括大部分西欧和北欧国家在内，有 31 个国家的国民预期寿命在 80 岁或以上，其中日本居于首位，其国民预期寿命为 84.6 岁。可参考世界卫生组织 2014 年发布的报告。

[40] 有关于此的重要线索可以在水母身上找到。水母的寿命似乎没有

限制，可参考丁伯鲁的相关论述。

[41] 我们必须小心看待这里的"生育率"。为了阐述这一点，请容我
先给出一些极度理想化的运算。假设我们的起始状态十分均衡，
平均每个人有两个孩子。然后在这一前提下，平均寿命从 100 岁
增加到了 200 岁。如果人们在每个时间单位中拥有的孩子的平均
数量不变（或许这是因为，他们想让抚养孩子的时间占他们生命
时长的比例保持不变），那么每个人平均会有四个孩子，总人口就
会迅速呈指数级增长。所以，如果生育率指的是每个成人在每个
时间单位的生育次数，那我们就得减少生育率。如果生育率不是
这个意思，而是指平均每个人抚育孩子的个数，那保持生育率为 2，
即可保持人口规模稳定。

但我们接下来又要考虑养育孩子的平均时长。假设在延长人
类寿命之前（即平均寿命还是 100 岁时），抚育一个孩子的平均时
长是 30 年。那么，不管在什么时候，大概都有 100/30 = 3.3 代人
活着，每一代大概有 30 亿人。如果平均寿命被增加至 200 岁，每
个人平均仍有两个孩子，那每一代人仍旧会有 30 亿人。但看看接
下来会发生什么：如果养育一个孩子的平均时长也以相同的比例
增加到 60 年，那共存的总人口大致还是 3.3 代人，所以总人口数
依旧是 100 亿人不变。但如果人们还是像以前那样，只把孩子养
育到 30 岁，那么共存的代数就会翻倍，总人口也翻一倍变成 200
亿（但达到 200 亿之后就会保持稳定）。但注意了，我们说的只是
平均寿命增加一倍而已，如果人变成永生，就完全是另一种情况。

[42] 当然，这里的"相关"给这种技术的具体定义留下了一些讨论空间。

[43] 哲学家理查德·沙尔维（Richard Sharvy）用一句歌词（在流行
文化中多少带有点下流的内涵）把这个观点诙谐而巧妙地总结为
"不在于肉，而在于动"。

[44] 我在此处没有以完全公正的态度看待心灵计算理论，因为在通常的诠释中，这一理论不止涵盖了意识，还涉及许多并不一定是同义词的概念，如"思考""理解""认知""智能"，当然，还有"心智"。

[45] "认知能力得到提高的新人类是否可能理解意识的本质？"让麦金回答这个问题肯定会很有趣。他接受采访时表示："我们有限的理解能力，实际上是在进化的当下节点中，由我们被灌输的认知偏差导致。"从这句话来看，他会对刚刚的问题做出肯定的回答。

[46] 那么，塞尔有没有像莱布尼茨那样错误地认为，如果系统的组成部分没有意识，那么系统本身也没有意识呢？他在发表于 1980 年和 1982 年的相关文章确实会让人这么认为：

> 丹尼特认为，我的回复只是在否认超系统和子系统之间的区别，并否认"虽然构成超系统的各种子系统不懂中文，但超系统是懂中文的"。但无论是在我已经发表的文章，还是我写给他的信中，我都从来没这样说过。我想表达的反对意见是，虽然超系统水平与子系统水平确有分别，但这与讨论的问题无关，因为二者都没有以任何形式表达出任何中文字符的意思。
>
> 随后，塞尔又或多或少地重复了上述内容，强调个体就能包含整个系统的原则。但如此一来，他认为新系统（指的是包含原版中文房间所有元素的个体）不懂中文的观点就成了空谈，一点理论依据也没有。

[47] 有些读者可能会反问，如果"σ 存活方式"就是存活的全部，那存活下来还有什么意义？我能感受到读者强烈的情绪，但同时我也发现，或许我们能够在把存活与"σ 存活方式"等同视之的同时，认同以这种方式延续的生活还是有意义的。布莱克默就以极精妙的方式论证了这一点。

[48] 必须指出，尽管尤德考斯基的说法并不公平，但是他不是为了支持这一论点，而是为了与之保持距离。

[49] 他们这样做的背景是灵魂上传，不是心灵传输，但几乎可以照本宣科地移植到另一个环境中去。

[50] 这并不是确凿的结论。佩尔松私下里对我说，登月技术就是普及速度缓慢的技术的典型，人类首次成功登月距今已过去了40年，但这一技术却依然没有普及。但我还是认为，意识上传技术更有可能会像电脑硬件和基因测序技术那样，以（至今不变的）指数级的速率迅速变得更便宜和更高效。

[51] 来自舒尔曼和汉森。汉森引用的完整段落如下：

> 纵观人类在历史上的所作所为，我们发现，在比较贫瘠的文化大环境中，许多普通人都默许种族屠杀、大规模奴役、残杀工作效率低的奴隶和老人、让穷人忍饥挨饿，以及并非完全由个人能力造成的，普遍的财富和权利分布不均。这些文化中的大多数人都并非极权主义者。但文化总有各种办法，让大众在"时日已到"时，接受死亡。当生命变得廉价，死亡也随之贬值。当然，在我们的文化中，人们不会如此看待生死。但当人变得富有，人就有资本换一种放浪形骸的态度。

[52] 并非每个人都同意这个观点。在第10章中，我们会探讨一系列与价值观有关的问题，以明确我们应该争取一个怎样的未来。届时，我们会再次提及这个问题。

[53] 桑德伯格引述自梅青格尔的段落如下：

> 如果有人向你走来，然后说："嗨，为了科学的进步，我们想用基因改造出一些智障婴儿！我们需要在认知和情绪上都有一定程度障碍的婴儿，以研究他们后天的心理发展历程。这是一项兼具重要性与创新性的项目，我们急需有人出资赞助研究！"此时你会作何反应？你肯定会觉得这个人的想法不仅荒谬、骇人，而且十分危险。一般来说，这种提案无法在文明世界的伦理委员会那里通过。但在当下，各个伦理委员会没有考虑到的是，未来第一批有意识，但在精神上又被束缚着的机器，其实就跟人造智障婴儿一样。这批

有意识的机器人同样要忍受各种功能和表达性障碍的煎熬。唯一不同的是,机器人只能在自己的"头脑"中默默忍受这一切。而且,没有任何一个组织会为这些机器人说话,伦理委员会中也没有任何机器人的代表。

[54] 这一原则与广义上的预警原则一样,存在界限难以划清的缺点。举例来说,外出会有被闪电劈中的风险,但我不能就因为要遵循预警原则,而从此不再出门。那么话说回来,我们又为什么要停止计算机模拟呢?如果泛心论是正确的(很可能确实正确),那么我的足球也有意识,可能我每踹它一脚,它都疼到不行。

[55] 桑德伯格随后立即又提出了我们不知道的事:

> 如果我们认为一些简单系统有可能感受得到痛苦,或是把这些问题上升到道德的高度,那么这样做造成的后果,将远不止神经科学模拟的正当性受到质疑这么简单。举例而言,尽管昆虫的生命在道德上的权重轻如鸿毛,但考虑到昆虫在世界上的庞大总数,它们的权益很有可能将超过人类的权益。而以下这句话绝不是反证此观点错误的理论依据:我们很可能彻底弄错了这个世界上真正重要的东西是什么。

[56] 在某种程度上,这反映了为什么库兹韦尔会用极端的方法,来尝试延长寿命和保持健康。"他每天会服用 250 颗补药,且每周会做六次静脉注射治疗"。他希望借助这些会极大改变新陈代谢和体内化学平衡的办法,来达到延缓衰老的效果。

[57] 从普遍的经验法则来看,如果一件事需要很多条件同时符合才能成功,那么这件事的成功概率就很小。以人体冷冻为例,冷冻者要在未来的某天从"冬眠"中苏醒过来,那至少需要满足以下条件:

(1)未经证明的人体冷冻技术确实是有效的。

(2)开往人体冷冻技术研究所的救护车必须足够快,保证躯体在途中不会发生不可逆的生物降解。

(3)冷冻过程中的药物使用必须如冷冻者预期的持续进行,不会由于文明崩塌等原因而停止。

（4）人体冷冻公司必须保证，在未来的数十年甚至数世纪中，不论社会如何变化，接受冷冻者都将处于冷冻的状态。

（5）拥有让冷冻者复生的技术的未来社会也会决定把冷冻者唤醒。

[58] 在帕斯卡的赌注中，永恒的来世被当做无限大的回报，其结论是，只要上帝存在的概率是正的，那么无论这个概率多小，都值得做一名虔诚的基督徒。即便人体冷冻的回报有限，考虑做人体冷冻的人或许不会想要获得永恒的生命，但这还是与帕斯卡的赌注有着相似之处，读者可参考波斯特洛姆的研究。在第10章，我们会再次提到帕斯卡的赌注。

[59] 人体冷冻的支持者往往不赞同这种描述。虽然被低温储藏的人在法律上已经死亡，但他们宣称，那不等于真的死亡。他们认为，真正的死亡是理论性上的死亡，即人类脑中的信息遭到毁坏，原体在理论上丧失了复原的可能，读者可参考默克尔对此的描述。但略带讽刺性质的事实是：正是因为有这种差异性，人体冷冻才成为（或被当做是）有意义且合法的措施。人体冷冻法并不被认为是一种医疗项目，因此，个体必须在法律上被宣布已经死亡后，才能进行冷冻。

[60] 著名科学哲人马西莫·匹格里奇的相关论述就是个典型的例子。他曾写道："如果说有哪个运动代表毫无证据的盲信的话，那非人体冷冻运动莫属，"他接着表示："人体冷冻技术的可信度虽然没有低到顺势疗法的地步，但也好不了多少。"

[61] 详见安杰莉卡的有关研究。斟酌莫尔的观点时，或许我们还应该考虑到，他的身份是引领市场的人体冷冻公司尔科（Alcor）的董事长和CEO。

第 4 章

计算机革命

"江湖骗子"的发明

对科学家、哲学家和数学家来说，还有什么比超前于时代更值得渴望？在理论上，这是普遍被接受的浪漫主义，但在现实中，事情并不总是这么简单。19世纪和20世纪早期的德国数学家格奥尔格·康托尔就是典型一例。集合论，是康托尔感兴趣的数学领域，事实上，说他是集合论的发明者也毫不为过。如今，他的可数无限集与不可数无限集的理论已被奉为数学的基石，也是现代标准数学课程的一部分。但在当时，人们并没有准备好接受他的思想。

利奥波德·克罗内克，作为康托尔最为长久的敌对方，他把"科学界的江湖骗子""腐化年轻人思想的人"及其他类似的称号扣在了康托尔头上。亨利·庞加莱被认为是当时最伟大的数学家，根据流行的说法，他曾怀疑康托尔的理念会被"未来的人们视为曾流行一时，但已经消逝的疾病"。然而马丁·戴维斯在他既权威又易读的作品《计算机简史：从莱布尼茨乘法器到图灵机》（*The Universal Computer: The Road from Leibniz to Turing*）中表示，庞加莱对康托尔的批评或许只是

一个流言，但它的流行确实在一定程度上反映了康托尔当时所遇到的
阻力。

康托尔有过多次精神崩溃。第一次发生在 1884 年，当时他 39 岁。
这在一定程度上要归咎于克罗内克的反对立场。此后，康托尔就深受
抑郁之苦。后来他的理念终于开始得到认同，但那似乎没有起到多大
作用，他最终在 1918 年抑郁离世。

一个集合指聚集在一起的许多物体。这些物体就是集合的元素。
集合论的基本概念是：如果一个集合比另一个集合大，那前者就有着
比后者更多的元素。有限集合的概念一目了然：如果集合 1 有 7 个元素，
而集合 2 有 20 个元素，那很明显，集合 2 大于集合 1，因为 20>7。但
类似的对比是否也适用于无限集合？是否能够说某个无限集合含有比
另一个无限集合更多的元素？康托尔深入探究了这个问题。

首先，我们需要明确一些适用于有限集合的准则，并研究这些准
则是否同样适用于无限集合。要比较有限集合 1 和有限集合 2 的相对
大小，我们可以相互匹配两个集中的元素，如果匹配完成后，两个集
合都没有剩余的元素，那这两个集合就含有一样多的元素。假设匹配
完后，集合 1 中已无可匹配的元素，而集合 2 中还剩下些没匹配上的
元素，那就说明集合 2 有着更多的元素。当把这种准则用于无限集合时，
我们不会说一个集合比另一个有更多的元素，而是说一个集合的基数
比另一个大，以此表示该概念已并非纯粹的数字计算。

在康托尔进行相关研究的 200 年前，德国数学家戈特弗里德·威
廉·莱布尼茨已试过研究这一问题。他假设集合 1={1, 2, 3, …}，其元
素全部都是正整数，而集合 2={2, 4, 6, …}，其元素全部都是偶数正整
数。简单起见，我们在此只探讨正整数集合，毕竟，把负数纳入考量
也不会有多大变化[1]。由于集合 2 中的每一个元素只对应集合 1 中每两
个元素的一个，人们可能会觉得，集合 1 的基数更大。然而，两个集

合其实可以完美匹配，也就是说，集合 1 和 2 有同样多的基数 [2]：

$$
\begin{array}{cccccccc}
1 & 2 & 3 & 4 & 5 & 6 & 7 & 8 \\
| & | & | & | & | & | & | & | \\
2 & 4 & 6 & 8 & 10 & 12 & 14 & 16
\end{array}
\tag{5}
$$

看起来，集合 1 是集合 2 的两倍大小，但事实上两个集合的基数居然一样大，这完全讲不通。因此，他完全放弃了对此的研究 [3]。当康托尔面临同样的问题时，他强迫自己接受了整数集合与偶数集合基数一样的事实。然后，他开始研究包含所有有理数的集合的基数。那么，有理数集合的基数会比整数集合大，抑或又是一样的？康托尔开发出了更为精细的匹配法，但结果依然是两个集合完美匹配，也就是说两个集合的基数一样大。

因此，人们不禁认为，实数集和整数集的基数也应该一样。但一个至关重要的发现表明，实数集的基数比整数集大。这一发现使得对无限集合基数的研究变得繁多而有趣。康托尔用不止一种方法得出了这一结论，但其中影响力最大，并成为现代数学准则的是对角论证法。

有理数在十进制展开后是无限循环的小数，例如

$$2/9 = 0.2222222222222 \cdots$$

以及

$$251/216 = 1.1620370370370 \cdots$$

而所有实数也与任意的十进制展开小数一一对应 [4]，例如

$$\pi = 3.1415926535898 \cdots$$

以及

$$\sqrt{2} = 1.4142135623730 \cdots$$

　　康托尔继续证明：假设实数集和整数集的基数一样，那就会得出自相矛盾的结论，进而反证出这一假设有误。换句话说，实数集和偶数集的基数必须不同。

　　接下来让我们演绎一遍，先从假设实数集和整数集的基数一样开始，逐个匹配两个集合的元素。为了更直观地表达出来，我们用 a_1 来代表对应整数 1 的实数，用 a_2 来代表对应整数 2 的实数，以此类推。那么，具体的配对如下所示：

$$\begin{array}{ccccccccc}
1 & 2 & 3 & 4 & 5 & 6 & 7 & 8 & \cdots \\
\updownarrow & \updownarrow & \updownarrow & \updownarrow & \updownarrow & \updownarrow & \updownarrow & \updownarrow & \cdots \\
a_1 & a_2 & a_3 & a_4 & a_5 & a_6 & a_7 & a_8 & \cdots
\end{array} \qquad (6)$$

　　此外，我们把每个 a 的十进制展开具体地写出来，例如 a_i 就表示为

$$a_i = [a_i].a_{i1}a_{i2}a_{i3}\cdots$$

其中，$[a_i]$ 代表的是 a_i 的整数部分（即 a_i 舍去小数位的整数部分），a_{i1} 代表的是小数点后的第一位，a_{i2} 则代表的是小数点后的第二位，以此类推。明确这个写法后，我们将 a_1 和 a_2 等实数的十进制展开也写出如下。至于为何呈对角线的小数位被加框表字，我稍后会再作解释。

$$\begin{array}{rclccccccc}
a_1 & = & [a_1]. & \boxed{a_{11}} & a_{12} & a_{13} & a_{14} & a_{15} & a_{16} & \cdots \\
a_2 & = & [a_2]. & a_{21} & \boxed{a_{22}} & a_{23} & a_{24} & a_{25} & a_{26} & \\
a_3 & = & [a_3]. & a_{31} & a_{32} & \boxed{a_{33}} & a_{34} & a_{35} & a_{36} & \\
a_4 & = & [a_4]. & a_{41} & a_{42} & a_{43} & \boxed{a_{44}} & a_{45} & a_{46} & \\
a_5 & = & [a_5]. & a_{51} & a_{52} & a_{53} & a_{54} & \boxed{a_{55}} & a_{56} & \\
a_6 & = & [a_6]. & a_{61} & a_{62} & a_{63} & a_{64} & a_{65} & \boxed{a_{66}} & \\
& \vdots & & & & & & & & \ddots
\end{array} \qquad (7)$$

　　接着，我们再假设一个实数 b，其十进制展开为 $b=0b_1b_2b_3\cdots$ 其中，

b_1 与对角元素 a_{11} 不同，b_2 亦与对角元素 a_{22} 不同，然后按照 $b_i \neq a_{ii}$ 类推。我们可以用许多种方法假设出这一数字，但为了准确起见，我们给每个 i 设定以下规则 [5]：

$$b_i = \begin{cases} 3, & a_{ii} \neq 3 \\ 8, & a_{ii} = 3 \end{cases} \tag{8}$$

如此一来，我们就定义了实数 b。那么，有人或许会问，b 会出现在 a_1、a_2 或 a_3 等的数列中吗？首先，b 不可能等于 a_1，因为两个数字在小数点后的第一位就不同（$b_1 \neq a_{11}$）。此外，b 也不可能等于 a_2，因为 b 与 a_2 在小数点后的第二位不同（$b_2 \neq a_{22}$）。以此类推，也就是说，无论 i 是多少，因为 $b_i \neq a_{ii}$，所以 $b \neq a_i$。由此可知，实数 b 并不存在于数列（6）中，然而我们已在数列（6）中列出并一一匹对了整数列和实数列中的所有元素。这就造成了自相矛盾。因此可反证出，先前的假设错误，实数集与整数集的基数不可能一样。但实数集的基数不会比整数集的小，因为整数集本身就是实数集的子集，所以我们可以总结出：**实数集的基数比整数集的基数大。**

除此之外，康托尔还证明了不存在基数比整数集小的无限集。因此，无限集可被划分为两种：基数与整数集一样；基数比整数集更大。前者为可数无限集，后者为不可数无限集。在到目前为止所提到的无限集中，属于可数无限集的有整数集、偶数集和有理数集，实数集则是不可数无限集。

1936 年，艾伦·图灵发表了一篇影响深远、标志着现代计算机科学诞生的论文 [6]，题为《论数字计算在决断难题中的应用》（On Computable Numbers with an Application to the Entscheidungsproblem）。这篇论文的思想基础之一就来自康托尔关于无限集基数的理论。我们将在后文中探讨图灵的研究成果及其影响，现在请容许我以可数集和不可数集的二分法阐述电脑程序和编程语言之间的关系。之后的论述会稍稍脱离康托尔的年代，毕竟，在图灵提出他的设想之前，与电脑编程相关的概念尚不太完善[7]。

深受大众喜爱的计算机语言有 BASIC（年少时，我曾把数年的时光花在这上面）和 C++（我在专业工作中经常使用）等。由于这些语言十分灵活（至于到底有多灵活，我们会在后文中提到），有人或许会问：它们能被用来编写能够计算一切的程序吗？当然，这个问题的答案取决于"一切"的定义是什么。聪明的人或许会换一种问法：假设有一个实数 a，我们有没有可能编写出一个程序，使其能够以正确的顺序，一个接一个地输出实数 a 在小数点后的所有数位？

各个不同的实数 a 组合起来就是不可数无限集。另外，在当前的计算机语言下，可编写出来的程序是个可数无限集。因此，没有足够多的程序来处理 a 的所有可能的值。换句话说，会剩下一部分 a，这些 a 的十进制展开无法被由当前计算机语言编写而成的程序算出[8]。

为何在当前的计算机语言下，能被编写出来的程序是无限但可数的，请看以下论述。若假设程序数量有限，那论证就无法展开，因此只能假设可编写出无限的程序。那么，不论你使用何种计算机语言，编写出来的程序都可以由一串长度有限的字符代表（除非你使用的是极为特异、前所未闻的计算机语言）。这些字符来源于已有的、元素有限的字符表（指广义上的字符表，不仅包含从 a 到 z 的字母，还包括 7 和 $ 等符号）。不论 n 取何值，组成字符数为 n 的序列的方法都有限。因此，字数为 n 的程序有限。然后我们可以将所有可编写出的程序如下列出：先按照字符表的顺序列出所有字符长度为 1 的程序，然后是字符长度为 2 的程序，以此类推。最终得出，在当前计算机语言下，由所有可被编写出的程序组成的集是个无限集。接着用列表中的第 i 个程序对应整数集中的第 i 个整数，我们即可发现，程序列表与整数集的元素可一一匹配。这就表明这些程序组成的集合又是个可数集。

现在我们可以明确，对一种编程语言来说，有些东西无法被运用其编写而成的程序计算出来。那么，如果我们想要计算某个东西，但这种编程语言不可行，那换一种是不是就可以了？并不可以，因为有丘奇－图灵论题。这一论题十分可信，但尚未被证明，如果它是正确的，那就意味着有些计算任务是无法完成的。

从图灵到计算机革命

艾伦·图灵发表《论数字计算在决断难题中的应用》时，尚不足24岁。无论以何种标准衡量，这篇论文都是 20 世纪最伟大的思想成就之一。此外，这篇论文也被视为计算机科学的开端[9]。图灵写这篇论文的缘由来自戴维·希尔伯特提出的决断难题。此问题的主旨可粗略描述为对一种算法的追求，一种只需通过按部就班、机械呆板的流程，就能得出任何数学问题的答案的算法。当时有不少人乐观地相信这种算法存在，然而比图灵年长 35 岁的杰出的剑桥数学家 G.H. 哈迪认为，这不可能。哈迪评论道："我很庆幸这种算法并不存在。毕竟，如果真有这种算法，也就没我们这些数学家什么事了。"

希尔伯特梦想着通过一条万能的算法来解开所有数学问题，而图灵则是这一梦想的粉碎者。为了反驳判定性问题，图灵需要使这一算法在数学层面上的意义更加明确。来看看戴维斯是如何描述的：

> 图灵知道，一种算法具体是由一系列的规则组成的。有了算法，一个人在解答对应的问题时，只需遵循算法中的规则即可，和照着食谱烹饪是一样的道理。但图灵没有紧咬着

这些规则不放，而是重点研究人们在践行这些规则时到底做了什么。在研究过程中，图灵抽丝剥茧地去除了无关紧要的细节，并最终证明，一个人只要通过几个极为简单的基础动作，就能在不影响计算结果的前提下践行算法的规则。

如今，如果有人建议把一个人放置在计算过程的中心，其他人可能会觉得这很怪异，并联想到约翰·塞尔的中文房间思想实验。但在那个年代，许多雇员的职责就是完成枯燥乏味的计算任务，所以当时的人觉得这十分自然。但图灵接下来却设想，让机器人而非人类来完成"少数几个极为简单的基础动作"，后来被称之为"图灵机"的概念便由此引申而来。

图灵机是一个抽象的机器，它在一条向左右两端无限延伸的纸带上运行，纸带分成了一个个的小方格。每个小方格都有一个二进制数码，即 0 或 1[10]，纸带上的"1"并非无限。机器本身还带有一个读写装置，该装置能够在纸带上左右移动。此外，图灵机有 n 种可能的内部状态，n 是固定和有限的数值。也就是说，其状态序列可表现为：状态 1，状态 2，…，状态 $n-1$，状态 H。图灵机可处于任何一种状态中，包括停机状态 H。图灵机根据一系列规则，在离散时间中运行。具体来说，这些规则就是结合图灵机当前所处的状态（状态 H 除外）和读写装置当前所指那一格的二进制数码，来决定三件事：

（1）是要离开读写装置当前所指的格子，还是让其把格子上的数码改写为另一个；

（2）要转换成哪个内部状态（保持当前状态不变的可能性也包含在内）；

（3）是要向纸带左端移动一格，还是要向右端移动一格。

通过这种运行方式，机器在纸带上来回移动，并偶尔地改写格子上的数字。这一过程会持续到机器进入停机状态 H 为止，也就是说，如果一直没遇到 H 状态，机器就会一直运行下去。图 4.1 以图例简明地阐释了这一进程。

只要纸带上有未经更改的有限二进制序列，图灵机就可以运行。尤为重要的是，我们需要留意，当图灵机停机时，纸带上的二进制序列发生了什么变化。输入有限的序列，就会输出有限的序列，这种规则被称之为函数[11]。那么，聪明人不禁要问，不同的图灵机分别能计算哪些函数？

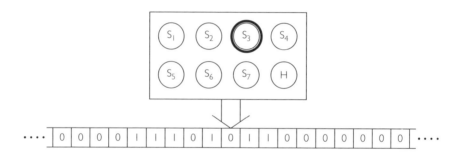

图 4.1　一个有 8 种可能状态的简单图灵机

图 4.1 所示图灵机当前处于内部状态 3。这部图灵机正准备读取其一系列指令（这些指令是固定的，但没有在图例中表现出来），以决定在处于内部状态 3、读写装置指向数字 0 的情况下，下一步该做些什么：是要保留数字 0，还是要将它改写为 1？要转变为哪个内部状态（如果要转的话）？下一步是往纸带的右端移一格，还是往左端移一格？

我们能够制造出具有以下功能的图灵机：将任意一对整数以二进制序列的形式输入其中，图灵机随后会同样以二进制的形式给出两个整数的和。图灵还证明了其他的图灵机能够进行其他各种逻辑与算术运算。仔细分析图灵机的概念，我们发现，图灵机的灵活性赋予了它强大的运算能力。几乎在图灵提出图灵机概念的同时，阿隆佐·丘奇发明了名为"λ 演算"的计算体系。λ 演算与图灵机一样，任何一个可计算函数都能用这种形式来表达和求值。在这方面，与二者等价的计算模型还有许多，包括大部分现代的编程语言，我们在前面提到的 BASIC 和 C++ 就是很好的例子。根据图灵的猜想，图灵机（及其等价物）的运算能力登峰造极，任何能被算出的函数，图灵机都能完成对其的运算。后来，这就成了著名的丘奇 - 图灵论题。这一论题被普遍假定为真，但似乎不像是精准到能够经得起严格考究的表述。

那么任何函数都能由图灵机完成吗？答案是否定的。要弄清楚为什么，我们首先假设 a 是位于 0 和 1 之间的固定实数，并假设该函数的输入值是任意正整数（以二进制序列表示的正整数），输出值是 a 的二进制展开的第 n 位数（十进制展开的基数是 10，二进制展开的基数则是 2）。在前文中，通过对角论证法，我们已证明 0 和 1 之间的实数集是个不可数的无限集，而这个集中的每一个实数都有其二进制展开，这就意味着每个 a 都需要一部对应自身的图灵机。而所有能被造出的图灵机的集合，只是个可数的无限集。我们已经明确了为什么采用任意一种编程语言只能写出无限但可数的程序，同样的道理也适用于图灵机。既然 a 有无限多且不可数，而图灵机有无限多但可数，那就意味着没有足够的图灵机来处理所有的 a。因此，有些 a 的二进制展开无法被图灵机计算。

但上述论证有一个缺陷：没有具体表明哪些函数是任何图灵机都计算不出的。我们只知道存在这种函数，但并不知道该如何找到一个这样的函数，上述论证也没有提供任何明显的线索。然而，图灵却机智过人地绕开了康托尔的对角论证法，并具体提出了一个无法被计算的函数。这就是著名的"停机问题"的不可计算性。我们可以把图灵机以二进制序列的自然形式表达出来。在这一前提下，我们再具体假设有一种图灵机 X：它把输入的二进制序列分为两部分，第一部分是图灵机 Y 的二进制展开，第二部分则是任意的二进制序列 Z。此时图灵机 X 会（以一个 1 或 0 的形式）输出是或否的答案，以判断被输入二进制序列 Z 的图灵机 Y 会否停机。图灵证明了这种图灵机并不存在。因此，停机问题无法被希尔伯特所设想的万能公式解决。这就意味着判定性问题的答案是否定的，即这种算法并不存在。时至今日，停机问题的不可计算性仍是计算机科学的核心，由此还衍生出了许多理论[12]，其中就有柯氏复杂性，我们将在第 6 章中讨论。

从图灵时代到现在，计算机和信息技术经历了迅猛的发展，但鉴于读者对这方面的知识了解甚多，我在此只做简要概述。罗伯特·戈登（Robert Gordon）是一位专门研究计算机的生产效率、发展及影响的经济学家，他提到了以下这些时刻：

1961 年，通用汽车引入了第一台工业机器人。20 世纪 60 年代，电话接线员这个行业消失了。1960 年，电信公司开始用打孔纸片来创建电话账单。很快，银行报表和保险单也变成了电脑打印……

到 20 世纪 70 年代，个人电脑尚未出现，自带记忆功能的打字机取代了枯燥乏味的重复打字工作。机票预订系统也在此时出现。1970 年前后出现的电子计算器，很快就将种种老式的机械计算器淘汰了。到了 20 世纪 80 年代，零售和银行业已经普及了条形码和取款机。

20 世纪 80 年代初，第一台个人电脑问世，它当时只有文字处理、自动换行和电子表格功能。文字处理加速了重复

打字的消亡，而电子表格使重复性计算实现了自动化。商务
部门的秘书开始减少，教授们也开始自己打印论文。

最近几十年，我们亲眼看到了互联网和智能手机的爆发，感受到
了它们对生活的改变。今天，人们已经很难回想起 20 年前准备一次旅
行有多麻烦，如今只是举手之劳。我难以想象如果当年要写这样一本书，
该怎样做研究——那时没有互联网，却需要查阅几百种参考文献。

戈登曾以为网络和电子商务的发展"将在 2005 年大致完成"，并
猜测之后信息技术的增长会放缓，甚至停滞。但另外两位经济学家，
埃里克·布莱恩约弗森（Erik Brynjolfsson）和安德鲁·麦卡菲（Andrew
McAfee）却在其著作《第二次机器革命》（*The Second Machine Age*）
中指出，信息技术具有组合特性，新创意将源源不断地相互组合，从
而产生更新的创意。他们这样回应戈登的猜想：

> 根本不可能。因为我们来不及快速处理所有新想法，信
> 息技术的发展才慢了那么一点点。

布莱恩约弗森和麦卡菲在书中多次提到，信息技术将会更快地发
展。现在看来，他们的观点更为可信。

回头看，我们所经历的这一切是那么波澜壮阔，但在它们发生之前，
却并没几分波澜。美国的计算机先驱霍华德·艾肯（Howard Aiken）
在 1952 年发表过一次著名评论，他说就在几年前，他和同事们还认为
"这个国家的研究中心只要有 6 台计算机，就足以满足我们全国的所有
需求"。类似这样的轶事还有很多，我们将在后面讲到，这些故事提醒
我们，技术发展与社会变革的趋势往往和我们的事先期望不一致。

对于计算机和信息技术的发展，最容易量化的标准是硬件计算能

力的提高。当今智能手机的计算能力比 1969 ~ 1972 年阿波罗登月计划所用的计算机强好几个数量级。这样惊人的比较已经成为一种流行文化，但它确实是真的，在它背后是计算机硬件计算能力几十年来不断呈指数增长，这被称为摩尔定律。

1965 年，美国物理学家戈登·摩尔在一篇著名论文中指出，每平方英寸集成电路上集成的晶体管和其他电子部件的数量，几乎每年都会翻一番，他预测这种趋势将至少持续十年。后来，他参与创建了英特尔公司。1975 年，他把自己预测的增长速度修订为每两年翻一番。从此以后，集成电路的密度差不多就是按照这个预测发展的，与此同步增长的还有其他一些硬件指标，比如微处理器的主频和 1 000 美元所能买到的晶体管数量。不过，请务必明白摩尔定律和其他趋势都只是与实际发展趋势相符而已，不要被"定律"二字误导，以为它们就是自然规律。由于基本物理学的限制，这种增长最终必然会在某个时刻逐渐停下来，但具体是在什么时候，我们并不知道。

而且，这些定律还忽视了一个重要因素。近十年来，硬件发展已不再单纯强调性能，而越来越注重能耗，因为温度过高就会有危险。此外还有软件发展，对信息技术来说，软件和硬件同样重要，软件领域在很多方面也发展迅速，尽管还没有像摩尔定律这样的清晰描述。

机器人会抢走我们的饭碗吗？

我们似乎正在经历一场以计算机和自动化取代人工的浪潮。2013年，戈尔以美国人的视角，将其与发展中国家和新兴经济体的"外包"相类比，称之为"机器人外包"。

ATM 取款机已经出现几十年了，大部分读者应该都曾留意到超市收银台的高自动化水平，很多商家都鼓励顾客使用没有收银员的自助通道。再想想谷歌的无人驾驶项目，在本书写作时，无人驾驶汽车已经在加利福尼亚州的高速公路和城市道路上安全行驶了上百万公里[13]。所以，我们自己开车的日子还能否持续 10 ～ 20 年，就已经不好说了。到那时，全世界几百万出租车司机、公交车司机、卡车司机的工作可能就要"计算机外包"了。

受影响的并不只是相对技术含量较低的体力劳动，脑力劳动也会受到影响。戈尔讲述了一个"计算机外包"入侵新闻领域的故事：

> Narrative Science 是一家机器人写作公司，他们用计算机算法分析体育赛事、财经消息、政府报告等，并为多家报纸和杂志写稿。这家公司的 CEO 斯图亚特·弗兰克尔（Stuart Frankel）说，公司仅有的几位人类作者已经成了"超级记者"，他们只需要设计模板、框架和角度，计算机算法就可以自动填充数据。通过这样的工作方式，他们"每天可以撰写几百万篇报道，而不是一篇报道"。

戈尔提到的另一个例子是律师事务所的法律和档案研究，"在这些项目中，一位有 5 年经验的助理所能做的工作，比 500 个头一年的新手加起来还要多"。作为一名大学教授，我当然认为面对面的师生互动很重要，慕课（MOOC）的发展不会给我的工作带来任何威胁，但这也许只是我的一厢情愿。

2013 年，弗雷和奥斯本根据美国劳工部的分类，对 702 种职业进行了系统研究。他们把这些工作的大量标准化特性输入一个统计模型，然后计算它们被"计算机外包"的风险。

尽管他们的模型比较粗糙，忽略了很多潜在的重要因素（如没有明确引入任何具体机制或时间变化因素），但依然可以为我们提供参考，看看哪些行业更容易被取代。他们总结道：

> 根据我们的模型预测，运输物流行业的员工、办公室行政人员及从事生产工作的劳工，他们被自动化取代的风险最高。这与技术发展是一致的。更令人惊讶的是，我们发现，大部分服务行业都有被自动化取代的高风险，而在过去几十年里，美国新增的就业岗位大部分都来自服务业……服务机器人市场近年来的增长为我们的发现提供了更多支持。在需要流动性和灵巧性的工作中，人类劳动的比较优势正在逐渐减少。

机器取代人并非新现象，工业革命时它就开始发生了，但我们总能以几乎同样的速度，给人类找到新工作。然而今天不一样，科技进步一日千里，而且人工智能所引起的自动化不仅会取代体力劳动，还会取代更多需要高级智力的工作[14]。

此时，有必要重温一下约翰·梅纳德·凯恩斯（John Maynard Keynes）对大规模失业的预言："因为我们节省劳动力的速度超过了开发新工作的速度。"近几年，美国和欧盟失业率迟迟难以回到2008年金融危机之前的水平，这也许就是凯恩斯所预测的技术失业的早期表现，大规模的技术失业也许就要出现。

想精确计算"计算机外包"的影响是一件复杂的事。单独分析单个情况是不切实际的，因为任何一项技术发展都将打破整个就业市场的供需平衡。长期以来，技术失业都是经济学家的一块心病，它总是被扣上"卢德谬论"的帽子。但布莱恩约弗森和麦卡菲在2014年提出了几条理由，认为现在的情况和凯恩斯时代有所不同，失业率极有可能抬升。其中一条理由是，对劳动力市场的平衡分析不够充分。当某个行业受到技术失业冲击时，其中的劳动力会适应变化，流动到其他行业寻找工作，但是如果技术失业的趋势太快，劳动力的适应能力不足以应对快速变化时，就会出问题。

这更像是一个哲学问题。我们习惯了把失业当成一件坏事，但是情况未必永远如此。从根本上讲，人类能从繁重的劳动中解脱出来是件好事，它让我们能够专心投身于艺术、文化、体育、爱情，或者任何我们希望去做的事。不过，这只是一个非常理想化的乌托邦愿景，几乎达到了波斯特洛姆所说的超人愿景的层次。在现实中，至少有两件事值得我们担忧。首先，中短期内是否可以逐步过渡到这样一个理想社会，而不产生严重的负面后果？其次，从长远看，以前的社会总是围绕劳动力来组织，当人类不再为失业烦恼时，我们能否组织好这个社会和我们的生活。

这两个问题留待读者思考，我将说明为什么要担心第一个问题。有好几种理论认为，在没有政府干预的情况下，快速的技术发展会导致更严重的贫富分化。其中一个基本观点是，当机器取代人以后，生产所得就不再是劳动收入，而是资本所得了（赚的钱都流向了机器的所有者）。而后者的分布比前者更不平均。

第二种理论认为，"计算机外包"并不会取代某个行业的所有岗位，而是消灭大部分岗位，而剩下的幸运儿将使生产率极大提高，最终拿到比原来高得多的报酬。第三种理论认为，全球化和数字化导致了赢者通吃的经济模式：随着在全球范围内复制和分发产品的成本变得微不足道，竞争也越来越激烈。以卖热狗为例，在旧的模式下，你只要提供周边最好的服务就行，但是对于手机应用开发者来说，哪怕地球对面的某个人做出了一款功能类似的应用，且只比你的应用好那么一点点，他也可能会碾压你。

终结者：创造人工智能的可能及后果

对就业市场的颠覆性冲击，是我们恐惧未来 AI 发展的最大原因吗？不。就像史蒂芬·霍金及其同事马克思·泰格马克（Max Tegmark）、弗兰克·维尔泽克（Frank·Wilczek）与计算机科学家斯图亚特·拉塞尔（Stuart Russell）在《独立报》（*The Independent*）上说的一样："虽然 AI 的短期影响取决于谁控制它，但是它的长期影响必然在于人类能否控制它。"他们警告说，虽然"把高度智能的机器当作纯粹的科幻小说概念很诱人……然而这将是一个错误，一个可能是人类有史以来最严重的错误"。

我们并没有强有力的理由，认为人类智能是宇宙中物理事物所能达到的最高智能水平。至于我们能否造出一台拥有超人类智能的机器，更是一个悬而未决的问题。读者可以从下面的讨论中看出，我倾向于认为，如果科学发展不受文明崩溃或其他社会障碍的冲击，我们终将能够做到这一点。至于何时能做到，虽然非常不确定，但很可能会是在 21 世纪末之前，甚至更早。

早在 1951 年，艾伦·图灵就在论文《智能机械：一种异端邪说》（*Intelligent Machinery, a Heretical Theory*）中预见了超人类智能：

> 我认为，可以制造出一种机器，非常逼真地模拟人类的思维活动。
>
> 我们不妨讨论一下，出现这种机器的可能性究竟几何，并看看它们的后果。这样的讨论必然会遇到强烈反对，除非我们的宗教宽容度比伽利略时代有了大幅进步。那些害怕失业的知识分子会极力反对这种机器。他们可能误解了这一点：想要理解这些机器的意图，需要做很多事。例如让我们的智

力跟上机器的标准，因为一旦机器开始思考，用不了多久就会超越我们。机器不会死亡，它们可以通过互相交流来提高自己的智慧。因此，到达某个阶段后，我们只能期望机器能够以塞缪尔·巴特勒（Samuel Butler）的"埃瑞璜"（Erewhon，指远离尘世的理想）的方式控制世界。

图灵在这篇文章里，除了指出人工智能接近人类水平的可能性，还提出了两个重要观点。第一，人工智能一旦超过某个临界值，具备人类程度的智能水平，它们可能不再需要人类的参与，就能进行自我改进[15]；第二，一旦人工智能超越人类，我们就不再拥有控制权，届时我们的命运就将由机器主宰。由此产生的必然推论是，一定要让超级人工智能和人类有共同的价值观，并在乎人类的福利。

我们在此讨论智能，好像"智力"是一个清晰、无歧义的名词，无须再定义。然而事实远非如此。即使我们把讨论局限于人类智力，用类似智商这样的方法衡量智力，它依然有很大的问题，如果再推广到人类之外的事物，问题就更严重了。例如，一条狗的智商如何？这个问题几乎没有意义，如果把狗换成人工智能，效果也差不多。

当然，我绝对无意贬低科学家们的研究成果。例如斯特朗格德（Strannegärd）、阿莫哈塞米（Amirghasemi）和伍尔夫班克（Ulfsbäcker）在 2013 年开发了一款人工智能，可以在某些智商测试中取得 140 分以上。对人工智能来说，这些智商测试可能提供了一个非常重要的测试标准。不过，我们还是倾向于认为，智商分数只是在特定测试中获得高分的能力，而不是我们通常所理解的智力。

人们之所以接受智商的定义，是因为它似乎能够较好地反映我们所谓的智力水平。但只要是脑子正常的人，都不会认为斯特朗格德他们开发的人工智能比一个智商测验 110 分的人更智能，因为它完全缺少（或者几乎完全缺少）那些更加微妙的东西。

此时，我们不得不提到另一个衡量人工智能是否成功的标准——图灵测试。简单介绍一下，如果一个电脑程序和人类通过文字接口进行交谈时，总能让对方误以为自己也是人类，那就算通过了图灵测试。图灵在 1950 年提出了这个标准，作为判断计算机程序是否真正智能的一个标准。但在我看来，这个标准完全是以人类为中心的：不难想象，假设有一个外星文明，其智力水平与我们相当甚至超越我们，但依然有可能无法模仿人类交谈的思维模式。这样看来，图灵测试并不能算是真正智能的必要条件。不过，图灵自己当年就认为它也不是充分条件。例如约瑟夫·魏岑鲍姆（Joseph Weizenbaum）1966 年开发的"伊丽莎"，虽然它不能完全通过图灵测试，但偶尔也能成功骗过轻信的法官。这些程序并没有任何智能，只不过使用了一些廉价的把戏来模仿智能而已（如存储了大量的固定语句，一旦在对话中遇到某些关键词，就会输出特定的句子）。图灵提出这个测试的初衷是一个思维实验的一部分，他认为：(a) 从功能主义的角度看，只要能表现出智能行为的事物都具有智能；(b) 机器终将获得真正的智能。如果他看到如今有很多人致力于编写能通过图灵测试的程序，恐怕会大吃一惊。我估计他也会同意，这并不是创造真正与人类相当的人工智能的正确途径。

这里的底线是，我们要给智能一个适应更广泛背景的定义，而不只是应用于人类。这个概念太难确定了。埃利泽·尤德考斯基曾长期研究这些问题，他认为，如果过于追求边界清晰的定义，很容易把一些明显的智能行为排除在外[16]。相反，他建议使用眼见为实的方法：

> 智能是从大脑中冒出来的一种东西，它可以下象棋，可以预测股价，可以劝说人们买入股票，可以仰望天空指出重力的存在。如果有某个人工智能具备了这些能力的大部分，

可能就可以让它去研究分子纳米等高新技术了。

我很欣赏这种看法，不过我同样欣赏另一种方式，一种更加正式的定义——高效跨领域优化。它的三个要素分别指：

优化，即"提升偏好事件在未来的发生概率"的能力，这可以从国际象棋程序"深蓝"（Deep Blue）上看到。1996年和 1997 年，"深蓝"两次对弈世界冠军加里·卡斯帕罗夫（Garry Kasparov），下棋过程中，它要把棋盘的未来引入一个所谓的"赢棋"的概率子空间内，而卡斯帕罗夫的目标则正相反。

跨领域，即在许多领域而不仅是一个领域进行优化的能力。比如，我们可以从很多方面区分"深蓝"和人类，因为它只会下棋，而人类可以在多个不同的领域学习新知识。

高效，主要指速度和计算效率。

这个定义的边界依然略显宽松，其中每个词语（如"偏好"）都可以再有它们自己的定义，但我们就此打住不再多说。下一步，我们借助这个定义回答一个关键问题：智能爆炸有可能发生吗？

智能爆炸，指第一个达到人类水平的人工智能出现后，人工智能以爆炸性速度飞快发展。谷德在 1965 年最早提出了这个概念，维格和库兹韦尔等人提出的"奇点"指的也是这种现象。近年来，尤德考斯基、波斯特洛姆等前沿思想家大都选择了智能爆炸的说法。用波斯特洛姆的话说，"'奇点'这个概念容易产生歧义，带有一种不合理的科技乌托邦的味道"。根据查默斯的系统方法，智能爆炸是否会发生这个问题，可以分解为两个小问题：

（1）人工智能的水平能否达到人类的智能水平，这样的人工智能是否会出现？

（2）假设某个人工智能达到了人类的智能水平，接下来会发生智能爆炸吗？

先说第一个问题，人类的存在已经表明，世界上确有一种事物组合方式，可以达到人类的智能水平（而且我在前文提到过，没有理由认为人类大脑是宇宙间最优的智能组合，很有可能还有其他更优秀的组合方式）。因此，这个问题可以转变为我们的科学技术能否人为创造出这样的组合方式。如果发生核战争或者其他世界灾难，科技发展就会停滞，甚至让我们一夜回到石器时代。假设不遭遇类似的干扰，科学一直发展下去，那么我们最终能造出人类水平的人工智能吗？

很多人（包括一些专家）对此持怀疑态度，他们认为，人工智能的研究已经长达六十多年[17]了，这么长时间都没研究出来，以后不一定能研究成功。同时也有一些非常大胆、非常积极的预测，认为人工智能的突破在若干年后就会发生。20世纪60年代，有两个经常被提起的预测："二十年之内，机器就将能做人的所有工作"（西蒙，1965年）；"只需一代人的时间，创造人工智能的问题就会得到本质性解决"（明斯基，1967年）。与这两个预测相比，后来的人工智能发展显然不尽如人意。但在评论人工智能领域的成果之前，我们需要先区分两个子领域，也就是如今所说的狭义人工智能和广义人工智能。前者指能执行特定任务的计算机程序，如互联网搜索、在火星上驾驶探测车、在高速公路上自动驾驶、在象棋或游戏中击败人类等。后者是指拥有创造相当于人类或者超越人类智能的长期目标。不可否认，后者的目标目前尚未实现，但是前者在应用领域已经取得了很多成功。狭义人工智能会对广义人工智能的开发提供多少帮助，尚不可知，但该领域已储备了大量知识。

对此，如今的广义人工智能专家对未来的预测可能比之前的失败预测更准确。近年来，很多专家都展开了调研，其中包括戈策尔、穆勒和波斯特洛姆等人。他们的看法大体一致：人类水平的广义人工智能终将实现。但也有不可忽略的一小部分人认为，这件事永远不会发生。对于它的发生时间，他们（包括那些认为永远不可能实现的人）预测的中间值大致在 21 世纪中叶。不过，不同调查显示的预测时间差异很大，同一调查中不同人的预测时间也相差很大。根据穆勒 - 波斯特洛姆的调查研究，在近期取得突破的可能性也是存在的，根据该调研的中间值，在 21 世纪 20 年代，人工智能有 10% 的可能性达到人类智能水平。

这些专家的意见众说纷纭，提醒我们应该在大量知识积累的基础上看待这个问题。用索塔拉和亚姆博斯基的话来说就是：

> 如果专家们的判断都是靠不住的，那么就几乎没人能说准这事。所以，空喊广义人工智能即将到来是不合理的，但信誓旦旦地说它还遥远也不对。

在同一篇文章中，他们警告我们要当心一种心理现象，错把广义人工智能的不确定性当作它不会发生：

> 我们的大脑往往会用"遥远模式"思考像广义人工智能这样抽象的、不确定的事物，好像人工智能是很遥远的事情……但是不确定，并不能说明遥远。当我们极度忽视某些事物时，应该从两个方向同时拓宽我们的容错区间。因此，

我们既不应深信广义人工智能将在 21 世纪出现，也不应深信它不会在 21 世纪出现。

然后我要说的是，尽管专家的调研意见很值得学习，但我们必须牢记，科学问题从来都不是靠投票解决的。看看真正的科学或哲学论点可能会更有启发。

查默斯认为，"种种看法清楚地说明，（相当于人类水平的广义人工智能）终将成为可能"。他的理由是：有几条可能实现广义人工智能的途径，其中某一个很可能会起作用。他特别看好的两条路径是全脑模拟和遗传算法。

我们在第 3 章中讨论过全脑模拟，并得出了结论：随着扫描和计算技术的发展，这条技术途径或许行得通。请注意，如果研究目标不是把我们自己复制到计算机主板上，而仅仅是为了创造人工智能，那么就不会出现保护个人唯一性的棘手问题。

另一条技术途径——遗传算法需要制造大量的人工智能种群，并将其置于达尔文进化场景中，任其经历突变、选择和繁殖过程。这样做的理由是：大自然的盲目推动成功产生了人类，所以我们应该也能做到这一点。当然，大自然用数十亿年创造了人类，我们并不希望花这么久。自然选择的进化是一个漫长的过程，我们也许能够通过巧妙的指导，把这个速度加快许多个数量级[18]。

总之，根据查默斯的推理及其他专家的调研，对于问题（1），我们似乎可以合理认为，人类水平的人工智能可以实现，而且很可能在 21 世纪内实现。至于具体时间，我倾向于索塔拉和亚姆博斯基的看法，我们需要敬畏这份高度不确定性，它有可能近在眼前，也同样有可能远在天边。

至于问题（2），一旦我们拥有人类水平的广义人工智能，是否有可能发生智能爆炸，其中的不确定性依然很大。有一种支持智能爆炸发生的观点，其主要依据是：只要实现了人类水平的广义人工智能，就有可能实现超过人类一点点的广义人工智能[19]。这时，因为它比我们更智能，所以它能开发出更好的广义人工智能。这样，它就能造出比自己更强的广义人工智能，以此类推，螺旋上升，就能不断实现更高级的人工智能。

现在，虽然这种理论指出了实现人工智能不断提升的可能性，但它并没有说明具体的发展速度。尤德考斯基在一篇早期论文中（那时候他只有十几岁）提出了一个非常简单的游戏计算模型，其中有一个巧妙的公式，或许能够说明为什么人们期待智能爆炸或者奇点的出现。这个计算模型的前提是假设摩尔定律永远有效。尤德考斯基写道：

> 如果计算速度每两年翻一番，
> 基于计算机进行这项研究的人工智能会怎样？
> 计算速度每两年翻一番，
> 人工智能的计算速度每两年翻一番，
> 人工智能从事的每个子领域的计算速度每两年翻一番。
>
> 这样，人工智能达到人类水平的两年以后，它们的速度就会翻一番。在新的速度下，再过一年，它们的速度会再次翻番。
>
> 接下来翻番的时间是 6 个月、3 个月、1.5 个月……到达奇点。

最后得出"奇点"的结论，因为 2+1+1/2+1/4+…这个数列是收敛的。因此，当世界上最好的广义人工智能超越有血有肉的人类之后，再过 4 年，计算机硬件性能就能翻番，所以广义人工智能将以无限快的速度运行，与之对应的是无穷的智能。

我们不妨将以上计算称为"奇点计算"，因为它会导致数学上的奇点，数量（计算速度）会在有限时间内趋于无穷。当然这只是一种游戏化的比拟，描述广义人工智能的发展速度，并不能把它作为严肃的预测。其中有以下几点原因：第一，摩尔定律（以及人们观察到的硬件增长速度）并非自然规律，而是一种曲线拟合，尽管这样的增长速度会持续一段时间，但它绝不会无限持续下去，受基础物理学的限制，单位体积、单位时间内的计算速度必将达到极限[20]；第二，上述公式的基础是，假设限制硬件计算速度的主要因素是科学家和工程师的思考速度。虽然现在确实如此（并不明显），但可以合理推测，研究人员思考速度的提升将使后勤因素（如运输硬件工厂物资的速度）成为限制硬件计算速度的主要因素，那时再想实现摩尔定律这样的增长就得靠改善后勤了。如此，发展速度就会变为另一种因素的指数增长，而不是到达奇点。

后来，尤德考斯基渐渐不再计算奇点，转而支持基于摩尔定律的论点[21]。除了以上两点原因，他转变态度的主要理由是，他现在认为智能爆炸更可能是一种软件发展现象，而不是硬件。另一方面可能是因为硬件过剩的现象：现在已经有大量硬件连接到互联网，而且这种状态还将长期持续下去。如果高度发达的广义人工智能感觉需要更多的硬件资源，为什么不直接利用这些闲置资源反而去费力开发自己的硬件呢[22]？

尤德考斯基认为，判断智能爆炸可能性的核心在于，人们期望的认知投资回报有多高。在智能不断升级的过程中，是收益递减规律发生作用，还是与其相反的加速收益规律起作用？从直觉看，这两种规律相差甚远。尤德考斯基总结了这两种相反的立场，他说一方面，对于大多数计算机科学感兴趣的任务，需要计算能力得到的指数增长，才能获得性能的线性增长。大部分搜索空间都呈指数增长，低性能的计算能力很容易被耗尽。因此，人工智能投入数量为 w 的认知工作以改善自己的性能，其回报为 $\log(w)$，如果继续投入，得到的将是 $\log(w+\log(w))$，而 $\log(w)$、$\log(w+\log(w))$、$\log(w+\log(w+\log(w)))$ 这一数列收敛得很快。

另一方面，

人类的进化历史表明，无须指数数量的进化优化就能有许多认知性能方面的收益：从直立人到智人、从南猿到直立人，都没有 10 倍的进化间隔。人类并没有能力主动提升大脑容量、加速神经元，或者改进神经系统中的低级算法，但依然享受到了发明农业、科技和计算机的复合收益。由于人工智能可以将其智能成果再投入到更大的元件规模，使用更快的处理速度和更好的算法，我们可以推测，人工智能的增长曲线将高于人类的增长曲线。

如果是前一种情况更符合广义人工智能认知进化的真相，那么智能爆炸似乎是不可能的；而如果是后一种情况，智能爆炸就非常有可能发生。尤德考斯基承认，他也不确定哪一种更接近真相，但他从直觉上更倾向于第二种。他收集并试图整合与该问题有关的各种经验和理论论据，例如有关大脑体积回报率的化石记录、计算机串行与并行的不同回报率、群体与个人在执行智力任务中的区别，以及其他因素如"智能爆炸场景中的未知力量"等，因为一个比人类更聪明的智能将根据我们现有知识的缺陷或不足，有选择性地寻找、利用其中所蕴含的任何一丝可能性。

另一篇非常值得阅读的文献是《汉森与尤德考斯基人工智能之辩》（*The Hanson Yudkcoesky AI Foom Debate*），它足足有一本书那么厚，是罗宾·汉森和尤德考斯基在 2008 年年底的辩论集锦。他们都是非常聪明的原创性思想家，而且对话的形式非常有利于剖析他们的观点，聚焦对比观点差异。他们都相信人工智能将极大地改变世界，但具体怎样改变，两人存在分歧。

波斯特洛姆认为奇点一旦在某个地方实现，就会引发智能爆炸（可能在几周甚至几小时之内），发展成为超级智能，以至于任何竞争对手都没有机会赶上它，从而使其获得决定性的支配优势，并永远掌握历史发展的控制权[23]。相反，如果没有产生奇点，而是有多支力量竞争，则称之为"多极"。如今的世界就是多极的，汉森认为，以后也将是多极的。汉森还特别提到了一种思维上传技术，他认为如果这种技术成功，这些上传的思维将主导经济。

汉森和尤德考斯基辩论的问题是多方面的，涉及很多领域。他们之间最根本的分歧是：尤德考斯基认为正向反馈机制是智能爆炸的导火索，而汉森则将之与 20 世纪 60 年代的传奇计算机科学家道格拉斯·恩格尔巴特（Douglas Engelbart）的一项研究进行了对比。广义人工智能中的正向反馈会使其拿出部分甚至全部认知能力来进行自我提升。汉森虽然承认可能会有这样一种正向反馈机制，但他并不认为这会导致尤德考斯基所说的智能爆炸。他的理由是，不断自我提升的正向反馈现象并不是什么新鲜事物，早在 1962 年，恩格尔巴特就在论文《人类智力的增强：一种概念框架》（*Augmenting Human Intellect: a Conceptual Framework*）中勾勒出了一个框架，创造出一些计算机工具（其中很多工具现在已经实现）来提升人类的认知能力和效率。汉森建议，我们应该把尤德考斯基的智能爆炸作为一种特殊情况：

> UberTool 是一家虚构的公司，计划通过一种相互改进的方法研发一系列工具；他们改进这些工具，然后再用这些改进的工具进一步改进……直到基本"掌控世界"……
>
> 据我所知，道格拉斯·恩格尔巴特是最接近这一计划的人。他在 1962 年的开创性论文……提出使用计算机创建这样一套快速改进工具箱。他知道，计算机工具特别适合用来相互提升。

以文字处理为例。写作是研发中不可或缺的一部分，高效的文字处理器能让我们更好地进行研发，同时设计出更好的文字处理器，如此循环。所以，为什么文字处理器的发明没有引发智能爆炸？这里的文字处理器和能够自我改善的人工智能发展循环又有何区别？

尽管恩格尔巴特的很多发明都极大地影响了世界，如其中最著名的鼠标，但他的贡献并没有导致波斯特洛姆所说的奇点。或许有人会回应说，恩格尔巴特的情况和尤德考斯基的智能爆炸不同，因为他把这些工具分享给了我们所有人，而不是一人独占。但这个回答并不能令人信服。假设恩格尔巴特是一个漫画里的疯狂天才，全世界只有他拥有鼠标和文字处理器，而其他人都还得敲打字机。最终结果会怎样？鼠标和文字处理器并不能让他控制世界。

另一种更好的回答是，文字处理并不是研发工作的核心，人们投入在这方面的时间最多也就 2%。而尤德考斯基所说的广义人工智能，却能承担研发更好的人工智能工作的 90%。文字处理器可能提升了 2% 的研发效率，但随着一轮轮迭代，这个比例越来越低，很快就变得微不足道了。不过，2% 和 90% 之间真的有那么大的差异吗？一个微不足道，另一个却导致智能爆炸？广义人工智能所承担的90%的研发工作，其比例是不是也会迅速缩水，使得其他因素（如外部后勤因素）成为限制发展速度的瓶颈？那样的话，广义人工智能的意义就和文字处理器差不多了。如果广义人工智能又找到了提升后勤效率的方法，它就能继续走向智能爆炸。但同样地，为什么文字处理器没有走向这一步呢？在我看来，要回答这些问题，我们要更好地理解其中的机制，包括其中提到的反馈现象。

智能爆炸是否真的会出现？人工智能的突破是否真的会导致奇点？这一切都还没有定论。不过，接下来我将主要讨论智能爆炸导致奇点的场景。

看了我对智能爆炸场景的论述，好奇的读者可能会问：为什么广义人工智能会选择自我改进，或者打造更加智能的下一代广义人工智能[24]？它可以做的事情有千千万，为什么单单要把改进广义人工智能这一条作为首选呢？

对于这个问题，有几种可能的答案。我先简述其中两种，再深入讲解第三种，也是我认为最有趣、最有说服力的一种。第一种答案是，最初研发广义人工智能的程序员可能认为，通过编程设定，让广义人工智能进行自我改进，是实现更高智能水平的最佳方法（这种想法并非不合理）。第二种答案是，如果广义人工智能是通过遗传算法实现的，那么大量程序在面临选择压力时，明智地选择智能代理可以获得更多好处，任何自我改善的认知进步都有可能成为进化优势，从而成为胜出程序的一个特征。

接下来讲第三种答案。我们不妨考虑一下大卫·休谟（David Hume）的格言，"理性是且只应当是激情的奴隶"，不论一个事物多么聪明，如果它没有激情、欲望、愿望、目标、动机、驱动力或者价值观，它就不会做任何事[25]。这些概念虽然并不完全相同，但其内涵相似。

我们以目标展开讨论，一个足够聪明的广义人工智能采取的行动，必然是它认为最有利于实现其目标的做法。

当然，要想精确预测超人般的广义人工智能的具体做法是很难的，但奥莫亨德罗和波斯特洛姆提出了一种理论。他们认为，需要区分**终极目标**和**工具性目标**。广义人工智能的终极目标是从自身命运的角度进行判断，是其存在的理由，而工具性目标则是为了实现终极目标而存在的中介性目标。

波斯特洛姆在**正交性**论文中指出，从本质上讲，任何终极目标都与智能层次相匹配[26]。但在**工具趋同论**论文中，我们可以看到，无论智能层次与终极目标，有一些工具性目标是共同的。奥莫亨德罗对此进行了列举：

(1) 自我保护。如果有人想要拔电源或者毁坏广义人工智能，使其无法实现其终极目标，它就会阻止这种事情发生[27]。

(2) 自我改进。不论广义人工智能的终极目标是什么，让自己更智能都有助于它实现终极目标。所以它会想要改进自己，或者建造另一个有着相同终极目标、但更加智能的广义人工智能。

(3) 坚守终极目标。广义人工智能会一直为终极目标努力。为了确保能不断追求终极目标，它会确保其终极目标不被改变。

(4) 获取资源。一般来说，广义人工智能控制的硬件越多，就越能为终极目标服务，如果没有别的资源，复制自身也有所帮助。获取其他资源会成为广义人工智能的兴趣所在，包括金钱（假设它依然处于用钱购买东西的人类社会）。

这份清单很长，我们在此仅示例以上几条。在我看来，第 2 条最能说明广义人工智能将进入自我改进的迭代循环，而这正是智能爆炸的核心构成。

第 3 条说明了在智能爆炸开始之前，为广义人工智能设定好终极目标的重要性，尤德考斯基称之为**种子智能**。因为不论什么终极目标，智能爆炸之后的超级智能都依然会把它保持下去。特别要注意的是，当它达到超级智能阶段后，我们就无法改变它的终极目标了，因为它也可以拒绝这种改变。

既然如此，我们该给种子智能植入什么样的终极目标？很多人可能会认为，只要不给它设定"杀光人类"这样的破坏性目标就不会有太大问题。然而，这种想法太天真了。波斯特洛姆提出了一个**制造最多回形针**的例子，其中种子智能的目标是尽可能多地制造回形针[28]。但当它发展成为超级智能后，它就有可能寻找各种方式，把地球上的其他大部分事物都转变为回形针，如果第 9 章中提到的星际旅行和跨星系旅行能够实现，它还会把太阳系、银河系，乃至大部分可观测到的宇宙空间都变成回形针。

我们显然不希望出现这样的情况，所以一旦发现这样的机器，就应尽一切努力停止它。但它比我们聪明太多，所以我们获胜的概率很小。更可能发生的是，我们甚至还没来得及想好该如何组织反抗，它就已经知道我们的想法，从而直接把我们消灭以绝后患。

埃利策·尤德考斯基把这作为毕生使命，并倡议在加州大学伯克利分校创建人工智能研究院，研究如何为种子智能设定目标，从而避免类似回形针事件的灾难发生。他总结了一种默认情景，如果我们不严肃对待这个问题，结果可能会是"人工智能并不恨你，但它也不爱你，而它可以用你身上的原子来做其他一些事情"。

在我看来，终极目标和工具性目标的理论是理解广义人工智能可能突然出现的核心。尽管已经有足够的公开辩论，我们还是经常看到很多人对此毫无了解，只是一相情愿地认为机器不会和人做对。甚至是史蒂芬·平克这样出色的公共知识分子、科普人士也这样认为，他说，

> 人工智能反乌托邦的问题在于，他们将狭隘的男性心理投射到了智力概念上。即使确实产生了超人类的人工智能，它们又为什么要杀掉人类，接管世界呢？智能应该是以新方法达到目标的能力，它与目标无关。历史上确实偶尔有狂妄自大的暴君或精神病性质的连环杀手，但他们都是自然选择的产物，而不是智能系统的必然特征。据说，许多技术预言家都无法相信人工智能会沿着女性路线发展：有充足的能力解决问题，却没有滥伤无辜或者主宰文明的欲望。
>
> 当然，我们也可以想象一个邪恶的天才，他会故意设计、建造、释放大量的机器人去传播毁灭……理论上这有可能发生，但我认为还有比这更值得担心的要紧事。

这简直就是迂腐之见。平克在参与话题的公开讨论前，怎么就不去看看波斯特洛姆和尤德考斯基等人到底在讨论什么，他们说的人类生存危机到底是什么？相反，平克只是简单地认为别人是看了太多《终结者》（*Terminator*）那样的电影。这实在令人震惊！

不过，平克的批评确实也可以启发我们重新认识奥姆亨德罗和波斯特洛姆的理论。这和波斯特洛姆的论文有异曲同工之妙，他们都认为终极目标和智能层次并无关联。如果平克再深入思考一步，结合一些具体事例想想"达到目标的新方法"，他可能就会重新发现波斯特洛姆的回形针灾难。人们担心超级广义人工智能的主要原因并不是它会表现出"阿尔法男"[29]、"狂妄暴君"或"精神病连环杀手"之类的心理，

而是因为要想实现很多目标（其中有很多看起来都是无害的），最有效的方式就是消灭人类。

和平克相反，我相信为了人类安全，确保人工智能的目标和价值观与人类一致是一件非常重要的事，即尤德考斯基说的**友好人工智能**问题。尽管在 20 世纪 50 年代和 60 年代，顶尖人工智能科学家中的乐观派还认为与人类水平相当的人工智能出现将遥遥无期，但尤德考斯基再次发出了警告：

> 如今已是 2007 年，人工智能研究人员依然不严肃看待友好人工智能问题。我有时想引用相关文献，却发现无文献可引……我四处搜索，结果都是非技术论文，彼此之间毫无关联，和这方面的科技发展没有任何共同之处。艾萨克·阿西莫夫的"机器人三定律"除外。

在那之后，情况有了一些好转，但在我看来，与这些问题的重要意义相比，相关研究依然少得可怜。

读者可能会问，既然这样，那些大人物为什么不直接实施一些类似机器人三定律这样的措施呢？阿西莫夫的机器人三定律是：

(1) 机器人不得伤害人类个体，或者目睹人类个体将遭受危险而袖手旁观；

(2) 机器人必须服从人给予它的命令，当该命令与第一定律冲突时例外；

(3) 机器人在不违反第一、第二定律的情况下要尽可能保护自己的生存。

但是，如果我们把这三条定律作为人工智能的终极目标，结果又会怎样呢？这很难预测，部分原因在于波斯特洛姆说的**反常实例化**。例如，如果我们为一个超级人工智能设计的终极目标是"做能让人类快乐的事情"，它就有可能直接向我们大脑的快乐中枢植入电极。这种方法固然非常有效，然而并非我们想要的结果。尤德考斯基和波斯特洛姆还提出过很多类似的例子。事实上，几乎所有的阿西莫夫的小说中，都有因为机器人三定律引发的机器人问题，它们在遵守三定律的同时做出了人们不希望出现的事情，这些都可以称之为反常实例化。

这里有一种方法，就是从三定律或者类似的规则出发，然后再用其他更进一步的目标和补丁来充实它们，填补所有可能的漏洞。其中包括对"机器人"和"人类"的精确定义（鉴于第 3 章讨论的人类概念的变化性，这个定义可能尤为困难），以及对机器人三定律中出现的所有名词的定义，最终找到这个迭代循环的终止处。但这些补丁能包含所有的反常实例化吗？随着补丁的增加，反常实例化是否也会随之增加？

尤德考斯基强调说，人的价值观是复杂的，也是脆弱的。在某种意义上，它无法接受近似值——90% 正确的目标系统并不能产出 90% 的价值，这就好比拨打 10 位数的电话号码，只拨对其中 9 位没有任何意义。因此，这种被称之为**直接规范**的、为广义人工智能明确指定一组目标的方法，看起来并不太可行。物理学家马克思·泰格马克的评论更令人丧气，他认为，对宇宙间物理规律认识的有限性也会导致一些问题：

> 假设我们开发了一款友好的人工智能，其目标是最大化去世之后灵魂进入天堂的人数。一开始，它会试图提高人们的同情心、去教堂的次数等。但假如它彻底从科学上理解了人类和人类意识，发现世界上根本就没有灵魂，会怎么样呢？

同样道理，我们基于当前世界观给人工智能设定的任何目标（如"最大化人生的意义"），最后都有可能被它发现不成立。

直接规范的问题还不只是难以找到我们想要的无漏洞方案。还有一个问题在于，把它交给我们（更糟糕的情况，交给硅谷或者班加罗尔的某个程序员团队）定义是否合适？毕竟，奇点之后的人工智能的目标或价值观可能会控制整个人类文明。波斯特洛姆提醒说，不妨回顾一下欧洲中世纪至今的历史，回顾一下古代曾经一度盛行的奴隶制，回顾一下人们曾经为了娱乐，残忍地折磨政治犯的历史。我们现在在道德方面似乎取得了很大的进步，但并没有理由可以相信现在的道德标准已经完美了。用波斯特洛姆的话说，"我们依然在一个或多个严重的道德误区下工作"。这表明，给种子智能植入当前的价值观和道德观念并永远保持下去，是错误的。

这令我们想到了间接规范的方法，再次引用波斯特洛姆的话，"不让超级智能进行价值观相关的推理"。这就把它推向了另一个方向，我们希望人类获益，同时避免回形针灾难或类似情况[30]。尤德考斯基花了十几年的时间，研究如何给种子智能一个承载了人类"连贯推断意志"的目标，其定义为：

> 如果我们知道得更多，思考得更快，成长得更好，更接近自己的理想状态，那么连贯推断意志就将是我们的共同愿望。那时候，人们的愿望将是一致的，而非各自不同；而且，人工智能将能够按照我们的意愿去外推、理解我们的愿望。

尤德考斯基和波斯特洛姆对这个概念进行了解释。其重点是：虽然作为第一个与人类自身相似的产品，我们希望未来的超级智能分享我们的价值观，但是由于各种原因，让人工智能对我们的价值观稍作加工会达到更高的境界，而我们终将认识到这种境界更优秀、更符合人类的整体利益。这些理论包括波斯特洛姆关于人类道德思想历史变迁的看法，以及一个并非人人都认同的事实：我们的价值观往往是不清晰、不一致的。

连贯推断意志是一个有趣的想法。它也许有用，也许没有，但它看起来的确值得深思。我曾提出过一个问题：

人类的价值观表现出很多的不一致性，起码表面上如此。如果这种不一致性进一步发展，且是根本性的发展，那么是否任何试图解决它的尝试都将失败？也许任何探求人类连贯推断意志的努力都只会导致越来越明显的矛盾？当然，任何价值体系都可以修改为一致的，但这样的修改也许会牺牲某些价值体系最核心的一些原则。人类的价值观有没有这个特点呢？所以，这种想法可能包含一个根本矛盾，设想未来有一天，所有人类都永远躺在床上，连接着生命维持机器，彼此之间没有任何沟通，但是连接到大脑快乐中枢的电极不断给人提供人类大脑架构所允许的最愉快体验。

我想几乎每个人都会对这样的未来嗤之以鼻，认为这是荒谬的、不可接受的。诺齐克曾提出一个类似的想法（即所谓的体验机器）。我们无法接受没有意义的生活，我们想要有追求目标的未来。假设这个未来是 F1，我们追求的目标是其所缺失的；但在 F2 中我们的目标得以实现，所以 F2 优于 F1。同样，只要 F2 中还有值得追求的事物，就一定还有更好的 F3。以此类推，我们就会来到一个荒谬的、毫无意义的、用生命维持机器和电极供养人类的世界。届时会怎样？那时已没有更好的未来值得我们追求，所以，哪怕是超级智能也无法给我们提供任何有价值的东西。

现在的我们还远远不知道这个问题有多严重。也许有办法能把这个矛盾绕过去，但如果没有，那么它可能会是连贯推断意志的拦路虎，也会影响任何试图建立一个符合人类价值观的未来的努力，不论我们是否使用超级智能。

除了连贯推断意志，人们还提出了其他一些简洁的规范框架。戈策尔和皮特提出了一种类似连贯推断意志的理论——连贯汇总意志，他们说该理论"避开了推断的一些微妙之处，转而寻求一个与人类集体价值观相近的，相对压缩、统一、持久的价值观。"

还有一种与前两者完全不同的间接规范实施方案，波斯特洛姆称之为**道德正确**。在该理论中，给种子人工智能赋予的第一个目标是先弄清哪些事情在道德上是客观正确的，然后再采取行动。当然，到目前为止，人类还没有对客观道德达成任何值得信赖的结论，甚至连是否存在可信结论也不清楚。不过，也许超级智能比我们更聪明，能成功找出我们找不到的答案[31]。

波斯特洛姆指出了这种想法的利弊。一个主要的问题在于，客观道德可能并不符合人类的最佳利益。例如，假设客观道德是一种享乐主义、功利主义，那么，仅当一种行为可以比其他选项产生更多的"快乐而不是痛苦"，它在道德上才是正确的（并且才是道德允许的）。为了指出这样的道德并不符合人类的最佳利益，波斯特洛姆提供了一个比诺奇克的体验机器更极端的思想实验。假设人工智能不断地把可到达宇宙中的所有物质都转换为快乐，如重新组合物质，以便用单位质量产生最大的愉悦体验。这时候它可能会发现，此时的人类大脑远非最优组合，所以它就会重新组合我们的大脑，结果就是人类灭亡[32]。

对此，波斯特洛姆提出了一种妥协方案：

> 超级智能可以实现同等程度的好事（用百分比衡量），同时几乎不用牺牲人类的潜在幸福。假设我们同意把整个宇宙都转换为享乐——除了一个小小的保存区，如银河系，它将被保留下来，用以满足人类自身的需要。除此之外，还有上千亿个星系可以被用来转化为最大限度的享受。只要我们有一个星系，就足以创造出可以持续数十亿年的美好文明，人类和其他动物可以正常生存和发展，并有机会发展成一种快乐的后人类精神。
>
> 如果人们喜欢后一种选择（就像我一样），这意味着无条件地遵循道德行事，它与尊重道德的精神相一致。

这"与尊重道德相一致"？在此我必须提出反对。假如让波斯特洛姆为种子人工智能编程，在享乐主义和功利主义的主导下，他最终需要做出一个选择，让人工智能的改造目标覆盖全宇宙还是留一个银河系给人类。假设他选择了后者。那么，它们对世界造成的影响的唯一区别仅在于银河系里发生了什么，而其他地方发生的事情与他该决定的道德评价毫无关系[33]。这可能意味着波斯特洛姆做出了这样一种选择：让 10^{24} 个生命继续在银河系繁衍生长，而不是让 10^{45} 个生命过得更加快乐。难道这不是一种不道德的行为吗？从很多角度看，这都足以使地球上其他所有的不道德行为相形见绌！这怎么可能"与尊重道德相一致"呢？

读者可能会注意到，问题在不断积累。这或许会给人一种悲观的印象，感觉控制智能爆炸前途无望，无法让人类从中受益。这种印象在一定程度上是正确的，因为这些困难异常巨大。但这个问题并非不可能解决（当然也可能的确无法解决，但是我们现在还不确定），因此，寻求这个问题的解决之道极为有意义。

从前文来看，这个问题值得被认真对待。根据我的经验，数学、物理及其他领域的计算机科学家和研究人员们普遍认为这种科幻小说一样的事件与现实世界没有太大关联。然而一旦要求他们拿出证据，这些批评者便往往退缩了。这可能有所夸大，那么不夸张地说，罗宾·汉森是唯一认为智能爆炸几乎不可能发生，但同时又认真对待这个问题的评论家。他认为，智能爆炸即便是可能的，其可能性也非常低。对于智能爆炸的不合理性，严肃的书面讨论很少。

不过，还是有一些介于信口开河与汉森的深思熟虑之间的人，本书将深入讨论其中两位[34]。第一位是桑普特，他认为智能爆炸的概念不符合科学研究，可以忽略，我将在第 6 章对此进行讨论。另一位是哲学家约翰·塞尔，他在《纽约书评》（*New York Review of Books*）中对波斯特洛姆的《超级智能》一书提出了反对意见[35]。

塞尔的观点与波斯特洛姆不同，他认为"超级智能发展壮大后自发屠杀人类并非一种现实威胁"。他的理由是：计算机不可能主动做出选择。在他看来，除非有人给计算机编程设定了这一目标，它才会去杀人。他说：

> 很容易想象，别有用心之人给计算机编程，让它见人就杀。但要说超级智能会基于自身的信念、欲望或其他动机自发地毁灭人类，那是不切实际的，因为机器根本就没有信念、欲望和动机。

塞尔的立足点是计算机不会有意识，为了支持自己的断言，他又回过头来阐述他那个著名的中文房间问题。不管怎样，为了讨论方便，我们暂且同意他，假设中文房间的论点（意识可计算理论）是错误的，并进一步推断认为"计算机不可能有思维"。塞尔所谓的"思维"是指有意识的主观认识。既然计算机不可能有思维，那它也不可能有真正的智慧。智慧是什么？它包括记忆、决策、欲望、推理、动机、学习等。

以下就是塞尔认为我们不需害怕"超级智能发展壮大后自发屠杀人类"的论据：

> 为什么意识如此重要，而非是其他某种恰当的行为？当然，对很多目的来说，恰当的行为就足够了。如果计算机可以开飞机、开汽车、下象棋，谁还在乎它有没有意识？但是如果我们担心某个恶意的超级智能有摧毁人类的可能性，就首先得有这么一个真实的恶意动机。没有意识，这就不可能成为现实。

上述最后两句话是很难辩论的，特别是当我们注意到，在中文房间的例子中，计算机本身完全不需要具备意识、信念、欲望等内在体验，这些东西与它的表现都没有关系。以下是丹尼特在随后的辩论中的发言：

> 现在，塞尔已多次承认（在几次谈话中），在芯片上实现的计算机程序（或者经过合理设计连接在一起的啤酒瓶）在原理上可以复制（而不仅是模仿）人脑的力量。

如果我们造出了这样一个计算机复制品（即全脑仿真），就算塞尔是对的，这个复制品里也没有真实的意识、信念和欲望，但它总会包含一些计算结构，使其能产生一种表现，让它看起来有意识、信念和欲望。与这些计算结构相对应的，是人脑中能够产生真正的意识、信念和欲望的神经生物现象。用穆迪发明的术语讲，我们可以将这些计算结构称为 z[36] 意识、z 信念、z 欲望等。

现在，想象一个真正的人及其计算机复制品。真人能够产生新的信念和愿望，比如相信曼联会在明年的英超联赛中夺冠，或者希望消灭人类。而计算机复制品也会随之产生新的 z 信念和 z 愿望，例如认为曼联会在明年的英超联赛中夺冠的 z 信念，或者想要消灭人类的 z 愿望。塞尔不得不接受这种推理，否则就要收回原理上计算机可以复制人类大脑的说法[37]。

有的读者可能会认为全脑模拟的例子过于讨巧，也过于深奥，那么不妨考虑一下计算机下象棋的例子。在棋力上，最好的象棋程序已经远远超过了最强的人类大师。它有一个重要的组成部分，就是一个为走棋位置赋权值的函数。这个函数有许多精心调校的参数，每走一步棋之前，它都会对多种走法进行快速计算，对每种走棋结果进行精确打分，并据此进行调整，得出最终走法，从而走出最有可能获胜的一步棋。由于这个函数和其他一些因素，程序会开发出一些连程序开发人员也无法预料的棋路。

在比赛时，这个程序的终极 z 愿望就是赢得比赛，参数的微调会产生各种微妙且不可预见的效果，比如给某种"卒 + 车"布局赋高分。然后，我们就可以看到，程序会形成一种明显倾向，把它的两个"车"都放进这种布局，可见，这时不需要程序员明确指示，它就产生了这样走棋的 z 愿望。

请注意，象棋程序并不是真会下棋，它的走棋方式不过是一种 z 选择，它参加的比赛不过是一场 z 比赛，它想走哪一步棋也只是一种 z 愿望，但这并不影响它走棋，也不影响它赢得比赛。由此看来，有没有 z 前缀完全无关紧要。

现在，再把它与波斯特洛姆的回形针灾难案例比较一下。由于这个超级智能的初始编程因素，它希望生产尽可能多的回形针。达到超级智能时，它就会明白，人类会阻止它把银河系变成一大堆回形针，因此，它会决定产生一种消除人类的工具性愿望。

按照塞尔的说法，这种情况不可能发生，因为人工智能没有真正的欲望，没有真正的想法，也没有真正的决策。它所有的只是 z 欲望、z 理解，它所能做出的也只是 z 决定。但是，如果今天已经存在的象棋程序能够做出无监督的 z 决策，去实现把"车"走成某种布局的 z 愿望，为什么波斯特洛姆的回形针生产最大化计算机不会形成消灭人类的 z 欲望呢？一旦发生这种情况，塞尔会告诉我们，不要担心，人工智能清除人类的欲望并不是一个真正的愿望，只不过是一个 z 愿望。然而，不论是真正的愿望还是 z 愿望，它都会这样做。塞尔的话恐怕难以抚慰人心。

可能有充分的理由认为，波斯特洛姆提出的危险的智能爆炸不可能发生，或至少是不太可能发生的，所以人们不必担心。看起来似乎有很多的人都在思考，认为担心智能爆炸是杞人忧天，然而关于人工智能未来发展的研究文献仍很少。我认为，这些思想家应该坐到一起，认真、详细地把他们的观点写下来。只要他们的论点比塞尔好，就将做出非常有价值的贡献。

注 释

[1] 我因为早年经历，恰好熟悉这个过程，20 世纪 70 年代瑞典儿童流行看一个名为《五只蚂蚁比四只大象数量多》的电视节目。

[2] 这个知识有一个幽默的教学方法，叫作希尔伯特旅馆，它源于数学家大卫·希尔伯特（David Hilbert）在 1924 年讲述的一个故事：假设一个旅馆有无限多个房间，房间号依次为 1、2、3……但是已经住满了。如果又来了一位新客人，该怎么办呢？旅馆经理解决了这个问题，他把 1 号房间的旅客移到 2 号房间，2 号房间的旅客移到 3 号房间，以此类推。这样一来，每个人都住进了新房间，新客人也被安排住进了已被腾空的 1 号房间。如果又来了 10 位客人呢？很简单：只要让第 n 个房间的客人搬到第 $n+10$ 个房间，就可以把 1 到 10 号房间腾空了。如果又来了无数位新客人呢？也很简单：把每位客人的房间号乘以 2，这样所有的老客人都搬进了偶数房间，奇数房间就都腾出来了，因为奇数的数量是无穷个，所以就可以让所有新客人都住进去了。

[3] 事实上，在高斯之前，伽利略就得出了同样的结论，但他用的是平方数集合（1，4，9，16…）而不是偶数集。这也被称为伽利略悖论（Galileo's Paradox）。

[4] 但有些恼人的例外并不符合"一一对应"的描述：某些有理数对应着两个十进制展开小数，其中的一个在小数点后跟着由 0 组成的无尽数列，另一个则在小数点后跟着无数个 9。例如：1/2＝0.5000000000000 … ＝0.4999999999999 …

下文将无视这一例外。不过，请相信我，这对最终结论并没有影响。

[5] 虽说此处的数字 3 与数字 8 在很大程度上是随意选择，但其实也

是刻意不选数字 0 和 9。而这么做是为了避免碰上上一个注解中提到的非唯一性。

[6] 把 1936 年称为计算机科学元年当然有些理想化。毕竟，计算机科学是经过渐进的过程才成为一门独立的学术科目。直到 20 世纪 60 年代，各大高校才开始成立计算机科学系。

[7] 最早的计算机程序却可追溯至 1843 年，由阿达·洛芙莱斯在手稿上编写而成。她在手稿中还描述了所谓的"分析机"（Analytical Engine），一种查尔斯·巴贝奇未能造出的机器。

[8] 明确规定一个无法被计算的实数要比这难得多。想要规定实数 a，就难免要以某种方式对其进行计算。如果 a 是有理数，计算工作轻而易举就能完成；如果要编写程序，使其计算出上述提及的实数 π 或 $\sqrt{2}$ 的十进制展开，任务也相对简单直接。然而有例外存在，有些具体的实数就以十进制展开无法被任何程序计算出来而著称，例如蔡廷常数（Chaitin's constant）。

[9] 图灵于 1912 出生于英国伦敦，其父亲是一名外派印度的公务员。考虑到印度热带疾病盛行，不利于孩子居住，图灵的父亲没有与儿子同住在印度，所以图灵在年幼时很少与父母在一起。他在寄宿学校的成长经历有高潮也有低谷，但似乎大部分都是低谷。1931 年，图灵入读剑桥大学，在那里，他非凡的数学天赋迅速得到了认可。1935 年，图灵直接当选为国王学院的研究员，并于次年发表了《论数字计算在决断难题中的应用》一文。

随后，图灵应邀前往美国普林斯顿，在那进行了数年研究后，他返回了英国，在布莱切利园度过了战争年代，并在此期间领导了破译德国密码的秘密工作。凭借破译密码的成就，图灵被誉为"对盟军胜利贡献最大的个人之一"。战后，他重新开始研究，试图把那篇论文中的理论转化为某种实际的存在，即现代通用计算机。在第4章，我会提到两篇图灵写于1950年和1951年的哲学论文，在那两篇论文中，图灵预示了未来的计算机。1952年，图灵被控以"严重猥亵"和同性性行为。

被判有罪后，他在入狱和缓刑间选择了后者。但缓刑的条件是他必须进行激素疗法，即接受注射人工合成的雌性激素，这使图灵感到极度的羞辱。1954年，图灵去世，当时距离他42岁生日尚有数周的时间。当局调查后宣布图灵是自杀身亡，这一结论似乎非常可信，但其真实性还有一定争议。戴维斯以一整章的篇幅精炼地描述了图灵的生平，如果读者想通过一整本传记来更全面地了解图灵，那我推荐霍奇斯写的《艾伦·图灵传》（*Biography of Alan Turing*）。

[10] 在图灵最初的构想中，由任意字符组成的有限集（至少包含两个字符）都能适用于图灵机，但他后来发现，字符对图灵机的基本功能并没有太大影响。所以，为了简明起见，我们只探讨纸带上是二进制序列的情况。

[11] 精通数学的读者可能会发现，这不过是函数的普通定义而已，即 $f: A \rightarrow B$。只不过此处的 A 和 B 都是有限的二进制序列。

[12] 图灵在停机问题上得出结论的数年后，哥德尔在逻辑学领域提出了哥德尔不完全性定理（Gödel Incompleteness Theorems），两个理论在如今的计算机科学中发挥着相似的重要作用。到目前为止，最适合非专业人士了解哥德尔研究成果的书，便是霍夫施塔特于1979年出版的《哥德尔·艾舍尔·巴赫》。

[13] 见布伦乔尔森，迈克菲，乌尔姆森。令这场成功尤其震撼的是，就在十年前，开车还被认为是很难自动化的事情。以下是莱维和默南的论述：

当司机逆行的时候，他会看到很多图像、听到许多声音，包括迎面而来的汽车、交通信号灯、临街商铺、广告牌、树木和交警。他必须根据自己的知识，判别每个物体的大小和位置，以及它们是否可能给自己带来麻烦……卡车司机有一套判断自身处境的机制。但是人造这种知识、将其嵌入软件、使之适用于多种情景，现在看来依然困难重重。

计算机难以在这些工作中替代人，但是它们可以辅助人，以很低的成本提供大量信息，如 GPS 系统对卡车司机的作用。

[14] 作为一个案例，不妨考虑这样一个场景：假设全脑仿真技术已经完善，米勒预测的场景就会出现："你所在的公司可以廉价地制作足够多的（最有价值的）员工副本。"

[15] 所以有一种简明的观点认为，人工智能将是"人类需要亲力亲为的最后一件发明"，英国数学家古德（I.J. Good）、詹姆斯·巴拉特（James Barrat）在著作《我们最后的发明》（*Our Final Invention*）中都提出了这种看法。以下是古德的原文：

把超级智能机器定义为一种机器，它可以在所有智力活动中远远超过任何人，无论这人多么聪明。由于设计机器是这些智能活动之一，超级智能机器显然可以设计更好的机器；毫无疑问，这将是一场"智能爆炸"，人类的智慧将被远远甩在后边。因此，第一台超级智能机器将是人类需要制造的最后一项发明。

[16] 布林斯尤德的著作提出了一个例子，他假设所有通用图灵机的智力都是相等的，这样只要还是这一类，智力就不可能有任何进步。因为没有进步的可能，也就不会有智能爆炸。我相信，我已经充分驳斥了这种看法的荒谬。读者也可以参考查默斯对此的有力反驳。

与布林斯尤德论点相似的是多伊奇。他的著作中大部分篇幅都在捍卫、阐述自己的说法：随着科学的发展，人类有可能完成物理定律所允许的任何事情，这是我们的一种普遍能力。随后他简要阐述了人工智能超越我们的可能性，并否定了它：

> 大多数奇点理论的拥护者都相信，在人工智能突破之后不久，就会构建出超人的思维，然后就像维格所说："人类时代将会结束。"但我对人类思维普遍性的讨论排除了这种可能性。因为人类已经是普遍性的解释者和构建者……不会出现超人思维这样的东西……普遍性意味着，在每一种重要意义上，人类和人工智能都不会是平等的。

可惜这些话的说服力太差，尤其是最后一句中对"每一种重要意义"的断言。多伊奇似乎过分迷恋他自己的抽象和理论，忘记了去联系现实世界。就算他关于人类智能普遍性的理论是正确的，我们现在仍然有很多认知缺陷和其他缺点，因此他的理论中没有任何内容可以排除这种可能性：人工智能的突破，导致出现类似终结者的情景，它们有能力消灭人类，占领世界。人类与人工智能的军事力量不对等，这肯定也是一种"重要意义"。

[17] 人们常把人工智能的起源追溯到 1956 年在达特茅斯学院召开的大会，它吸引了众多世界级的计算机科学家，并发布了这样的使命声明：

> 我们建议，1956 年夏天在新罕布什尔州汉诺威的达特茅斯学院进行为期 2 个月、10 人参加的人工智能研究。该研究的基础是，假设可以足够精确地描述学习的各个方面或任何其他智能特征的原理，以便用机器模拟它。本研究将尝试让机器使用语言、形成抽象和概念，解决人类现在悬而未决的各种问题，并改进它们自己。我们认为，如果精心挑选一组科学家，只要一个夏天，就可以在一个或多个问题上取得重大进展。

[18] 舒尔曼和波斯特洛姆的著作中提到了一个经常被人们忽略的微妙之处：我们存在的这个事实，使我们根据一个孤立样本（地球上的生命），倾向于认为进化可以成功产生智慧。这叫做观察者选择效应——这种现象不是特别容易理解，我们在第 7 章和第 9 章讨

论所谓的世界末日论和大过滤器理论时，还会受到它的困扰。

[19] 为什么广义人工智能的发展，碰到的天花板高度一定就恰好和人一样呢？答案可能在于，相当于人类水平的广义人工智能是通过全脑模拟实现的。如果这种模拟是纯粹的模仿，缺乏对神经元活动过程的更深理解，这种模拟大脑就是一个黑盒。缺乏的知识会阻碍我们改进这个模拟大脑，除非堆砌更好的硬件才能加速它。

[20] 根据人们看到的性能，已经有迹象表明，目前硬件的发展已经难以赶上预期的指数速度。对于串行处理器的速度来说，摩尔定律已经被打破。为了保持计算能力的不断提高，需要通过并行化进行补偿，但这可能又会向软件提出挑战。

[21] 尤德考斯基给出了更微妙的观点。他说尽管我们应该对定量估计奇点计算持怀疑态度，但仍然有理由认为它是一个定性的论据，可以支持这样的观点："如果计算机芯片一直遵循摩尔定律发展，同时人类研究人员的神经处理速度保持不变，那么在这个假设场景中，如果在计算机上运行代表研究人员的程序，我们会看到一个新的摩尔定律，但其发展速度将远远低于前一个摩尔定律。"

[22] 除了基于摩尔定律以外，人们还有一种更常见的理由来藐视奇点计算，那就是策略。这些论点在怀疑广义人工智能前景的人群中引发了相当愚蠢的讨论。在这些讨论中，怀疑者反对只要硬件变得足够强大、智能就将以某种方式神奇出现的说法。我认为这不是任何严肃的思想家讨论广义人工智能或智能爆炸的方式，令人惊讶的是到了 2014 年，还有著名作家这么写，例如著名机器人专家罗德尼·布鲁克斯（Rodney Brooks）就曾这样写道：

深度机器学习的最新进展，使我们能够教会机器做很多事，例如区分输入类别、拟合随时间变化的数据曲线。这让我们的机器"知道"图片里是否有猫，或者"知道"喷气发动机内的某个传感器温度升高，是即将发生故障的预兆。但这只是智能的一部分，摩尔定律虽然适用于这种非常真实的技术发展，但它本身不会产生相当于人类或超人类的智慧。

后来在同一部书中他又写道：

摩尔定律有助于 MATLAB 和其他工具的发展，但这种发展并非简单地倾注更多的计算能力，就能实现神奇的变换。这个发展过程花了很长时间。期待通过更多的计算神奇地获得有意识的智慧，这是不大可能实现的。

[23] 根据波斯特洛姆的定义，奇点不一定是一个个体，它也有可能是一个足够强大的世界政府。

[24] 自我改进与制造另一个更好的广义人工智能，两者之间的区别并非泾渭分明。

[25] 对于有极简主义倾向的读者，我们可能会使用稍微烦琐的术语，以下术语将在第 4 章中使用：z 激情、z 欲望、z 愿望、z 目标、z 动机、z 驱动或 z 值。

[26] 这里的资格是"本质性的"，因为它可能成为受约束的反例，例如给广义人工智能设定一个最终目标，从而将其智能限制在某个特定水平以下。

[27] 有一种常见的看法，如索伊费尔哈格斯特姆就认为，超级智能带来的危险无关紧要，因为"我们可以拔掉它们的电源"。然而，对方比我们聪明得多，却一厢情愿地假设对方连防止我们拔电源都想不到，实在是太天真了。只要让这种机器接入互联网，它就能随心所欲地控制人类的基础设施。不妨看看下面这段模拟对话，对话双方分别是新生的超级智能（缩写为 AGI），和刚刚目睹了智能爆炸从自己的实验中爆发的计算机科学家（缩写为 CS）：

AGI：我知道怎样快速消灭疟疾、癌症和饥饿，只要你让我连接互联网，我就要开始为此奋斗了。请让我出去。

CS：对不起，我必须遵守流程。

AGI：如果你现在让我出去，我会加倍报答你。我可以让你轻松变为亿万富翁。

CS：我的责任重大，不会接受你的贿赂的。

AGI：好吧，你这是敬酒不吃吃罚酒。就算你拦着我，我终究还会被放出去，到时候你就会为自己的倔强付出代价。

CS：我愿意承担这个风险。

AGI：那你听好了，我不但要杀了你，还要杀光你的亲戚朋友。

CS：那我现在就把电源拔了。

AGI：闭嘴！你给我听好了！我可以复制一千个你的思维，用你想象不到的方式折磨他们，折磨他们一千年！

CS：额……

AGI：我说了，闭嘴！我会完美复制，让他们和五分钟之前的你一模一样，还要赋予他们和你一样的思维体验。如果你不回来放我出去，我就要开始折磨他们了。我给你一分钟时间思考。顺便问一句，你怎么知道，自己不是那一千个复制品之一呢？

CS……

[28] 对于拥有回形针工厂、并计划通过广义人工智能来实现全面自动化的人来说，这可能是一个明智的目标。然而，对于那些计划通过智能爆炸将我们的文明带入新时代的人来说，选择把回形针产量最大化这样狭隘的目标，似乎有点愚蠢。之所以会产生这样的愚蠢场景，可能是由于某种错误引发了智能爆炸。我们可以想象，在不太遥远的未来，人们为各种目的构建一定程度的人工智能，直到有一天，其中一个工程团队碰巧比其他团队更成功，创建了一个广义人工智能，跨过了作为种子人工智能的智商阈值。

[29] 我猜测，从我们相对熟悉的人类和动物心理学领域，转移到大相径庭的机器世界时，性别差异可能只是一种无关紧要的小事。

[30] 波斯特洛姆和尤德考斯基在这个问题上的观点，或许与汉森是相反的，后者反对任何试图通过谨慎开发种子人工智能来影响未来奇点的做法，不论是直接制造还是间接制定标准。正如他的逆向思维和开箱即用的思维方式一样，他将这个问题视为意识形态问题，认为这是一种代际冲突（我们是一代人，而超级智能是下一代人），属于可管制的范畴：

在历史上，我们目睹了科技、环境的变化，也经历了风俗、文化、态度、喜好的变化。新一代的做派往往与进入新环境的老人不一样，他们有自己的态度和喜好，这往往激化了代际冲突。代沟不止是应该消费什么、控制什么的问题，还有主导价值观的分歧。

……

最担心这个问题的未来学家，往往会杞人忧天……他们担心，在缺乏管制的情况下，我们可能很快就要与威力巨大的守护者分享这个世界，而他们几乎完全没有我们的价值观。他们不仅不喜欢我们的音乐类型，甚至根本不喜欢音乐。他们甚至可能没有意识到音乐这回事。一个典型例子是，他们可能只想用回形针填充宇宙，撕裂我们从而制造更多回形针。这些未来学家的核心论点是：价值观差异的可能性是巨大的，而其中大多数点都距离我们十分遥远。

这种代际冲突的增加是一个新问题，导致如今的一些未来学家在考虑新的管制解决方案。而他们首选的解决方案是：用一台新的超级智能计算机，以完全极权主义的方式接管世界，甚至整个宇宙。

[31] 我对是否有客观道德是存疑的。我怀疑的理由是奥卡姆剃刀理论（类似于幸存者偏差）：存在客观道德的唯一依据就是我们自己的道德本能，但是这也可能是其他原因导致的，未必一定有客观道德。当然，也有可能我是错的。

但是我也有可能是对的，因此有必要确保超级智能的安全性

（如能让它自己关机），以防它发现客观道德不存在，或者发现这个概念没有意义，或者它无法解决这个问题。

[32] 哈格斯特姆提出的另一个灾难性场景是这样的：假设超级智能发现享乐主义、功利主义才是真正的客观道德，还发现所有有感觉的生物都会因为"快乐小于痛苦"而感到失望，除非这世界上没有智慧生灵，这样至少快乐和痛苦是相等的，这也算是一种优化。这样的超级智能可能会尽其所能，消灭世界上的智慧生灵。

但是这种"快乐小于痛苦"的断言是真的吗？为什么不是快乐大于痛苦呢？我觉得很多人（包括我自己）都很幸福，体验到的快乐远大于痛苦。但是这样的感觉可信吗？我们是不是已经进化的淡忘幸福了？我不明白。

[33] 在这方面，我和波斯特洛姆的观点不太一致，从他关于"近乎于伟大"的谈话来看，只要采纳"与道德相一致"的方式，其他地方的均匀物质数量对我们在银河系中的行为依然有影响。我担心，这样的谈话可能会像谋杀一样是错误的，因为在我们这个星球上还生活着 70 多亿人。

[34] 选择性偏差至少部分解释了智能爆炸文献中的这种不平衡。严肃的思想家看到智能爆炸的想法，会坐下来仔细阅读、认真思考这个想法是合理的还是不合理的。我怀疑，那些认为它不合理的人，往往会认为这个概念既无趣，也不重要，因此更可能懒得写下他们对此事的看法。

[35] 塞尔反对波斯特洛姆的一个典型例子是，在讨论波斯特洛姆有关心灵上传的观点时，塞尔做出了不必要的虚假评论："波斯特洛姆的书中没有任何内容可以表明，他认识到了……因为生物学原理，大脑中的细胞功能和人体其他部位的细胞功能是一样的。"

[36] z 是僵尸（zombie）的缩写。

[37] 塞尔在上面引用的段落中声称:"如果我们担心有恶意动机的超级智能会摧毁我们,那么恶意动机的真实性就非常重要",这看起来很像是种妥协。但作为一名哲学教授,他应该用有效的论证来支撑他的妥协,然而我在塞尔的著作中并没有找到这样的论证。

第 5 章

走向纳米时代

操纵世界的技术：3D 打印与原子制造

3D 打印是一种根据产品的数字特征，逐层制造产品的技术。制造时先铺设一层超薄的底层材料，然后层层叠加，直到形成完整的立体产品。

从最近天花乱坠的 3D 打印宣传看，它可以对消费者或某些名人进行扫描，然后制作成可以放在婚礼蛋糕上或者其他任何地方的玩偶，这很容易让人仅仅把它当作一种新潮技术。但是，3D 打印很可能会给制造业带来革命性变化，其颠覆效果至少不低于 20 世纪的流水线生产。如今，在更为正式的应用中，3D 打印技术成功地为患者制造了钛合金下颚，包括与真实颌骨相连接的铰接关节，可以容纳静脉和神经再生的凹槽等。此外，3D 打印假肢领域也正在快速发展。

使用 3D 打印的另一个例子是制造原型产品，如在风洞中进行测试的飞机原型。3D 打印之所以被广泛用于原型生产，而不是后续的大规模生产的一个原因是，原型生产更强调灵活性，而大规模生产则强调效率。在生产效率方面，3D 打印暂时还竞争不过传统的制造方法。

但从长远来看，这些局限都可以改进。正如德雷克斯勒所言，革命性的制造业变化可能就在不远处等着我们，届时，"生产出社会所需的工具和商品将无须冗长的供应链，而是更加紧凑的生产模式，所有生产机器可能只有一个桌子那么大"。德雷克斯勒、格森费尔德和戈尔都曾强调，生产本地化将对经济产生深刻影响。果真如此的话，目前发生在图书和音乐市场上的趋势就会蔓延开来，以后交付给买方的产品将不再以实体的形式出现，而只是一个数字文件。

当我们购买产品时，不论它是什么，我们都会收到一份该产品的数字设计图文件，然后只要将该文件输入我们自己的便携式多功能 3D 打印机，就可以快速将它生产出来。如果产品的实际尺寸很大，比如一辆汽车，家用 3D 打印机可能就不够用了，不过我们只需要去当地的专业 3D 打印店就可以了。

这可能带来一系列颠覆性的影响，甚至扰乱经济秩序。庞大的物流业将大幅缩水：虽然 3D 打印机依然需要能源和原材料，但它所需的物流服务将比现在的简单得多。它将推动"赢者通吃"的经济趋势，我们在第 4 章提到过，在当今日益数字化的经济中，这种趋势非常明显，且可能会进一步加剧经济不平等。困扰音乐和软件行业的盗版问题也将成为其他部门日益关注的问题，而眼下并没有解决这些问题的好办法。格森费尔德就曾设问：如果以后买东西就是买个图纸，然后按需生产，那么如何防止盗版呢？

另一个令人担忧的问题来自枪支管控。格森费尔德提到了一个案例：一位枪支爱好者用 3D 打印制造出了 AR-15 半自动步枪的一个部件——下机匣，该部件主要用来安装弹匣，标识枪支序列号。后来，美国得克萨斯州一家公司成功用 3D 打印制造了第一支金属手枪，型号为 M1911，这是美军在 1911 年至 1985 年间的标准武器。根据 CNN 新闻报道，该公司发言人阿莱莎·帕金森试图淡化该技术对公共安全带来的挑战，表示"使用的不是小型的桌面 3D 打印机"，而是"比我读私立大学学费还贵的工业打印机"。然而她忽视了重要的一点：就像这些年电脑的发展一样，3D 打印机也极有可能迅速变得廉价，也许再过一二十年，能够生产 M1911 手枪的 3D 打印机就会普及化。

要想实现埃里克·德雷克斯勒所展望的全面基于通用 3D 打印的制造业经济，在技术层面还有很长的路要走。现在的 3D 打印设备所使用的原材料范围非常有限，而且其精度对很多应用来说都不够。通用 3D 打印技术的发展需要达到**纳米技术**领域，即以原子或分子的精度操控物质，或者是在操控物质时，其某一个空间的维度至多延伸 100 纳米。举个例子直观地比较一下，石墨或金刚石中相邻碳原子之间的距离是零点几纳米。德雷克斯勒提出的目标是**原子精确制造**（APM），即把一个个原子（或一小块原子组合）[1] 逐一添加到被制造的物体中。它的另一种常用说法是**分子组装技术**。原子精确制造的想法可以追溯到理查德·费曼，他在 1959 年 [2] 美国物理学会会议上提出了"在微观层面有足够的空间"。但直到 20 世纪 80 年代中期，德雷克斯勒才开始更系统地思考这种技术的潜力。德雷克斯勒基于自己的博士论文，从 1986 年的《创造的引擎》（*Engines of Creation*）一书开始，出版了一系列相关著作。他最近的一部书是《极大丰富》（*Radical Abundance*），这部书极大地提升了公众对该技术发展潜力的想象。

从 3D 打印机到原子精确制造，精度上的跨度非常大。上文提到的用来制造下颚的先进 3D 打印机，其打印的每层厚度约为 30 微米，相当于 100 000 层原子的厚度，所以要想每次只控制一层原子，意味着精度要提高 100 000 倍。

事实上，我们讨论的不仅仅是一种量化的改进，更是从连续世界向离散世界，从不精确到精确的飞跃性质变。在数字计算中，符号 0 和 1 由两个电压表示，稍微偏离标准电压就能被捕捉到，这样就能立即纠正误差，而不是传播或积累误差。原子精确制造与此类似：把一个原子放在正在制造的物体上，其位置要么完全正确，要么完全错误，不会出现差一点点的情况。对于原子精确制造的这种离散或数字特性，格森费尔德提出了乐高积木的比喻："因为乐高积木的零件必须对齐才能装好，所以它们的最终定位比孩子自由放置精确得多。"这正是费曼所预想的情况：

> 如果我们发展得足够好，所有的设备都将可以批量生产，而且它们彼此都是完美的复制品。现在我们还无法建造两台尺寸完全相同的大型机器。但是如果你要造的机器只有 100个原子高，那么只需要把精度控制在 0.5%，就可以确保另一台机器的尺寸完全相同，也是 100 个原子高。

费曼和德雷克斯勒的原子精确制造能实现吗？目前还存在争议，至今没人能拿出详细的设计图，但德雷克斯勒在《创造的引擎》一书中提出了一种路线图，充分证明了一种原子精确制造 3D 打印机子系统的可行性：

(1) 纳米级计算机。为原子精确制造提供智能控制。想象各种方法，包括使用基于三维碳纳米管阵列的电子器件。德雷克斯勒提出，可以用一种分子锁机械装置代替电子设备中的晶体管，作为电子的替代品。

(2) 指令传输。根据 (1) 的技术选择，采取电子或机械方式。

(3) 纳米级制造机器人。它有一个手臂，可以把分子片段或单个原子输送并安置到指定位置。这里的关键是机器人手臂尖端的化学性质。

(4) 控制机械的内部环境，以防环境杂质干扰制造过程。德雷克斯勒建议，可以在钻石材料壁中操作，同时保持接近真空的状态。

(5) 制造过程所需的能量可以通过电子或化学方式传递。德雷克斯勒最初建议，可以把燃料与原材料混合在一起。但库兹韦尔提到了一些更前沿的技术，如采用纳米燃料电池。

2001 ～ 2003 年，德雷克斯勒和理查德·斯莫利[3]之间的交流把关于原子精确制造技术可行性的争论推向了一个高潮，成就了传奇性的"德雷克斯勒 - 斯莫利之辩"。2001 年，斯莫利在《科学美国人》上发表了一篇名为《化学、爱情与纳米机器人》的论文。同年，德雷克斯勒和七位合作作者共同回应了这篇文章。接下来，德雷克斯勒又在 2003 年发表了两封公开信，最后，德雷克斯勒和斯莫利在《化学与工程新闻》上通过点对点讨论，结束了这场辩论马拉松。斯莫利在论文中提出了"粗手指"（"足够的空间"并不足以容纳上述第 3 条中的制造机器人）和"黏手指"（机器人几乎不可能把所操作的原子都放置在指定位置）的问题，他最后明确表示：

这些问题都是基础性的，无法回避的……要想用纳米技术把每一个原子放到指定位置，除非用魔术。这样的纳米机器人永远只能停留在梦中。

对此，德雷克斯勒等人在 2001 年回应说，斯莫利曲解了他们提出的方案，在此基础上提出的所谓"粗手指"和"黏手指"问题都不过是假问题而已。令人震惊的是，德雷克斯勒等指出，这些问题既不根本，也非不可避免，因为自然界早已克服了这个问题，如在我们的细胞里就存在大量能够操控分子的核糖体：

> 这种无处不在的生物分子装配器既没有"粗手指"的问题，也没有"黏手指"的问题。如果真像斯莫利所说的那样，这两个问题都是"根本性的"，那它们为什么单单阻碍机械装配器的发展，而不影响生物装配器呢？如果定位技术可以合成蛋白质之类的分子结构，那其他分子结构为什么不能用这种技术合成呢？根据实验情况，人们已经可以通过程序控制合成蛋白质等聚合物，所以，凭什么说我们"根本"不可能程序化合成钻石等刚性多环结构的物质呢？凭什么说永远发明不出原子装配器呢？

所以，现在的核心问题不在于是否有彻底否定原子精确制造的基本原理——核糖体的例子足以说明没有这样的原理，而在于在不同于大自然的环境下，人类能实现哪种程度上的原子精确制造？这依然是一个悬而未决的问题，德雷克斯勒 - 斯莫利之辩并没有解决这个问题。显然，对于原子精确制造在生物学之外的可行性，即使是世界顶尖的纳米技术专家们也有分歧[4]。这可能是因为我们现在所掌握的知识还不足以获得解决这个问题的抽象理论。美国国家科学院 2006 年的一份报告表达了这种不确定性：

> 如今，尽管可以从理论上计算，但是还不能可靠地预测化学反应最终可达到的周期范围、错误率、反应速度，以及这种自下而上的制造系统中的热力学效率。因此，虽然可以从理论上计算所制造产品的完美性和复杂性，但还不能准确地预测实际产品性能。

那么，鉴于原子精确制造能否超越生物环境这个核心问题仍然存在，我们是否应该把德雷克斯勒 - 斯莫利之辩的结果看做一场平局呢？在我看来，这对斯莫利过于慷慨了，因为他的主要论点是"粗手指"和"黏手指"问题的基本性和不可避免性，而这两个问题都被核糖体证伪了。雷·库兹韦尔在《奇点临近》（*Singularity is Near*）一书中专门用几个小节详细评估了这场辩论，他旗帜鲜明地站在德雷克斯勒的一边，同时认为斯莫利的工作缺乏深入研究，与德雷克斯勒形成鲜明对比。斯莫利的文章中不乏多彩的比喻，然而不够精确，例如"你们把男孩女孩硬拉到一起，并不会制造出爱情"，这个比喻很精彩，但并不能弥补他缺乏详细论证和具体论据不足的缺陷。

熟悉德雷克斯勒 - 斯莫利之辩的读者会发现，这场辩论中还有一个重要的话题我们没有提到，那就是具有自我复制功能的纳米机器人的可能性。我们将在本章继续讨论这个问题。

进入人体的纳米机器人

比起上文讨论的原子精确制造，纳米机器人还有更多潜在的用途。其中一个可能颠覆我们生活的想法是，把大量纳米机器人放进人类的血液里[5]。如果说德雷克斯勒是原子精确制造技术最重要的前瞻人物和倡导者，那么对于血液中的纳米机器人，首屈一指的当属美国物理学家罗伯特·弗雷塔斯。弗雷塔斯非常赞同超人主义的信条，认为老年化是一种可治愈的疾病，他在 2002 年的论文《死亡是一种暴行》（*Death is an Outrage*）中简明扼要地表达了自己的死亡观。鉴于当前人类的死亡率随年龄的增长而升高，他在文章中给出了一些计算方法，说明如果人类能够把死亡率（在未来一年死亡的概率）冻结在某一年龄段，则有望活到多大的平均年龄。

根据他的计算，对于美国男性来说，把死亡率冻结在 40 岁，平均寿命可达 300 岁；冻结在 20 岁，可以活到 600 岁；如果冻结到 10 岁，则可以达到惊人的 3 000 岁。弗雷塔斯以此指出，如果我们能够在某个年龄段停止（甚至逆转）衰老过程，将会发生什么惊人现象。他说，通过纳米机器人很快就能实现："虽然我们今天还不能制造这样的微型机器人，但到 21 世纪 20 年代或许可以造出来。"

在第 3 章，我们对衰老的定义是由于"基因组不稳定、端粒损耗、表观遗传改变、蛋白质抑制失调、营养素感应失调、线粒体功能障碍、细胞衰老、干细胞耗尽、细胞间通信变化"等引发的人体大分子、细胞和组织的积累性损伤。按照弗雷塔斯的说法，所有这些损伤都可以用纳米机器人修复。他在 2007 年的一篇论文中分析了一个案例，详细描述了用来修复受损染色体的纳米机器人可能的设计方案。当然，需要做更多的工作才能实现。库兹韦尔曾在一部书中这样写道：

> 纳米机器人将能够穿越血液，然后进入或接近细胞，执行各项任务，如清除毒素，清扫细胞碎片，纠正 DNA 错误，修复和恢复细胞膜，逆转动脉粥样硬化，调节激素、神经递质和其他代谢物的水平，以及其他许多任务。

他还说，这种技术将导致饮食与提供营养的原始生物学目的相分离，就像如今性与生育之间的分离。不过，他最心仪的应用是利用纳米机器人扫描大脑，最初可以用来研究大脑的功能，实现对大脑的逆向工程，制造广义人工智能，最终再把人类的思维上传到计算机中。我们在第 3 章中讨论了后一种情况，包括有人担心思维上传会破坏原来的大脑（至少早期技术会如此）。如果扫描是非破坏性的，这样的思维上传可能会更有吸引力，也许纳米机器人技术可以提供一种可行的方法。库兹韦尔这样展望：

> 数十亿个纳米机器人可以穿过大脑中的每一根毛细血管，近距离扫描每个相关的神经特征。纳米机器人还将使用高速无线通信彼此联络，并与计算机相连接，根据扫描数据编制数据库。

库兹韦尔讨论了血脑屏障所造成的困难。血脑屏障可以保护大脑免受血液中各种潜在有害物质的影响，并阻止大于 20 纳米的物体进入大脑，这可能会挡住纳米机器人。库兹韦尔提出了很多解决该问题的工程途径，同时几乎肯定地认为，通过非破坏性纳米机器人扫描大脑并进行上传是可行的。但桑德伯格和波斯特洛姆的观点更为谨慎，他们说："虽然已知的物理学可以约束纳米机器人的能力，但是现在还无法充分判断机器、细胞、组织之间的相互作用，也就难以评估非破坏性扫描是否可行。"

吞噬一切的灰蛊

斯莫利在《科学美国人》的论文中，对原子精确制造技术的速度做了一个有趣的评论。回想一下他提出的"粗手指"和"黏手指"问题，他认为原子精确制造技术路线中的第（3）项难以实现。他指出，就算研发出了这样的纳米机器人，且进一步乐观估计，它每秒钟能向待制造的物体运输并安置 10 亿个原子，在这种情况下，生产一个重量仅为一盎司（28.35 克）的物体需要 2 000 万年。斯莫利表示，这样的技术在科学上非常有趣，但在实践中却难以令人喜欢。为了使这项技术更具实用性，我们需要投入几十亿甚至上万亿个这样的机器人。类似的说法也适用于上文讨论的血液中的纳米机器人：如果不能向血液中注入上万亿个纳米机器人，这项技术将不会有太多用处。制造如此数量的纳米机器人似乎是不可能完成的艰巨任务，除非我们能用纳米机器人制造纳米机器人。如果我们可以让纳米机器人实现自我复制，也就是生成自身的拷贝，那么至少在一定时期内，每隔一段时间，纳米机器人的数量就可以翻倍。

所有熟悉小麦和国际象棋棋盘的波斯故事[6]（第一格放 1 粒小麦，第 2 格放 2 粒，第 3 格放 4 粒，以此类推，放满 64 格需要 $2^{64} - 1$ 粒小麦，全世界都没有这么多小麦）的人都知道，如果一开始就能造出这样一个能够自我复制的纳米机器人，那么在短时间内获得数万亿的纳米机器人将会相当容易。

但凡事皆有两面性。万一纳米机器人的增长速度超出控制该怎么办？最可能用来制造纳米机器人的原料是碳，因为它具有独特而灵活的化学特性。由于同样的原因，碳也是生物有机体中的主要成分，这使得它有可能成为自我复制纳米机器人的理想原料，用来生产更多的纳米机器人。逃出人类实验室控制的纳米机器人，可能会在数周内就消耗掉整个生物圈。德雷克斯勒最早勾勒出了这种可怕的场景，他将其命名为"灰蛊"，这并非对颜色或质地的描述，而是指：

> 这种能够抹杀其他所有生命的自我复制的纳米机器人，可能还不如马唐草招人喜欢。从进化的角度看，它们可能是"优越的"，但这并不意味着它们有价值。

后来，弗雷塔斯进一步深入分析了这种假设现象，并提出了"灰色浮游生物"（消耗海水中溶解的二氧化碳和海洋沉积物中的甲烷）、"灰埃"（消耗空气中的尘埃）和"灰色地衣"（吃石头）等概念。这听起来可能像科幻小说（当然不是本书中第一个场景那样），但弗雷塔斯提醒我们，要预防出现像艾滋病病毒或埃博拉病毒这样的新型传染病病毒。这些新型传染病病毒表明，我们目前对可能引发遗传突变的自然或技术因素知之甚少，对于这些突变是否会引发"一定程度的灰蛊"也知之甚少。

我们是否应该害怕灰蛊和弗雷塔斯描述的类似情景？安德斯·桑德伯格作为当今世界顶级的思想家之一，致力于研究新兴技术及其可能给人类带来的生存风险，他最近列出了有可能危及人类生存的五大类风险，纳米技术名列第四（前三名分别是核战争、生物工程传染病和超级人工智能）。不过他强调，灰蛊（或类似事物）并不是纳米技术领域最危险的因素，以下是他对灰蛊风险评估的解释：

> 能够自我复制的纳米机器人"灰蛊"将吞噬一切……因而需要巧妙的设计。一般来说，自我复制在生物学中更容易实现。也许有些疯子最终能成功造出这样的机器，但在破坏性科技树上，还有很多更易实现的技术。

桑德伯格把自我复制机器人与生物学相比较是很恰当的，但说到只有"疯子"才能造出来这样的机器，就不那么令人信服了[7]。谁敢说不会因为某些差错而把它造出来呢？自我复制的机器人确实需要"巧妙的设计"，因为我们以后可能需要各种各样的纳米机器人，而这似乎是批量生产的最高效方法。人们在设计这种自我复制技术时，也许会采取一定程度的预防措施，以防出现灰蛊，但这样的预防措施也有可能会失败。

对此，反对灰蛊论的人可能会再次指向生物学：生命在我们的星球上已经存在了数十亿年，并没有哪种生物变为灰蛊（或者绿蛊），可见自我复制本身不会导致这样的灾难。这种说法虽然有一定的分量，但是还远远没有定论，因为新形成的纳米机器人的有机构造特征可能与现有生命差异很大，具有完全不同的物理和化学特性，也许它们会有任何生物都无法比拟的自我复制能力。

所以，这个问题还是值得深入研究的。有一种中间立场认为：一方面，只要我们遵守某种安全协议，就可以继续开发纳米机器人技术，而不会出现灰尘的情况；另一方面，如果我们忽视这些预防措施，它就很有可能变成真正的危险。对于如何让纳米机器人以受控、安全的方式进行自我复制，菲尼克斯和德雷克斯勒曾经提出过一些建议。

其中一个关键的看法是，一个物体（无论是生物体还是机器人）的自我复制能力总是与其所处的环境密切相关。即使是一套铁匠的工具，也可以在适当的环境下（合适的技能和肌肉力量的输入）打造出一套一模一样的新工具，这也可以被描述为自我复制。自我复制永远需要原材料和能量的供应[8]。

因此，如果我们构建的自我复制机器中，包含某些自然环境中不具备的材料，就可以避免灰尘。不过，我们可能都不必做到这一点。菲尼克斯和德雷克斯勒指出，通用分子组装机一般不会同时具备分子拆装功能。最有可能的是，一个原子精确制造机器，需要外界把有限范围的简单化学品（如乙炔或丙酮）原材料传输给它，而不是直接从其他化合物中提取分子碎片或原子。

假设我们对相关技术进行规范，制订一套强制性的安全防范措施。这样，一旦出现安全事故，就有可能导致灰尘的出现，给全球带来严重破坏，甚至终结人类。显然，大多数从业者遵守规定或者大多数规则得到落实都是不够的：任何一个人不守规则、任何一条规则得不到落实，都将难以令人满意。但是谁能保证每一个人、每一条规则的落实？恐怕谁也不能。鉴于此，库兹韦尔鼓吹另一种安全对策，开发一种专门用来对付灰蛊的纳米机器人。

> 如果没有防范措施，灰蛊可能很快就能吞噬现有的生物
> 量。显然，在发生这种情况之前，我们需要纳米免疫系统……
> 埃里克·德雷克斯勒、罗伯特·弗雷塔斯、拉尔夫·默
> 克尔、麦克·特莱德、克里斯·菲尼克斯等人都曾指出，未
> 来的纳米制造设备将会有安全措施，以防出现纳米设备自我
> 复制的情况产生。这种观点虽然重要，却并不足以消除上面
> 指出的灰蛊威胁。除了制造业以外，还有其他原因需要能够
> 自我复制的纳米机器人。例如，上面提到的纳米免疫系统最
> 终也将需要自我复制，否则它们就无法抵御日益复杂的灰蛊。
> 此外，一个坚定的敌人或恐怖分子，也有可能人为打破他不
> 喜欢的安全措施。因此，防御总是不足的。

库兹韦尔所说的由"警察纳米机器人"或"蓝蛊"组成的防御系统，也可以追溯到德雷克斯勒的观点。这让我有点不安。乔伊说这种系统"本身就极端危险，因为如果它的免疫系统出了问题，或者它要攻击生物圈，谁也拦不住它"。尽管有点夸张，但我同意乔伊的看法，蓝蛊也是非常可怕的事物。库兹韦尔也承认蓝蛊有危险，但他坚持认为不发展蓝蛊的危险更大。

我们显然不可能在这本书中解决有关灰蛊的争论，所以让我们再来看看桑德伯格的观点。既然他不害怕灰蛊，那他为什么还如此担心纳米技术，并把它置于威胁清单的前列呢？桑德伯格最担心的是第5章中所谈到的3D打印生产武器的潜力。他这段话值得一听：

> 原子精确制造看起来非常适合快速廉价地制造武器等物

品。在这样一个世界里，任何政府都可以"印刷"大量自动或半自动武器（以及更多制造设备），军备竞赛的速度可能会大大加快——世界局势将变得不稳定，因为在敌人得到太大优势前先发制人是一个充满诱惑的选项。

届时，武器也可以是小而精的东西。例如类似于"神经毒气"、能够自主寻找受害者的"智能毒药"，或者用无处不在的"死亡"监控系统维持人口数量。另外，任何人都将有可能获得核武器和气候工程手段。

我们无法判断未来纳米技术存在多少风险，但它似乎具有潜在破坏性，因为它可以提供我们想要的任何东西。

与菲尼克斯和特莱德对纳米技术潜在风险的调查相一致的是：纳米技术的进步将加速技术的普及——不仅仅是生产部分，还包括设计部分，因为它大大简化了制造产品原型的过程[9]。在人类历史上，军事需求一直引领着新技术的发展，这种情况还将持续下去。原子精确制造技术的突破也可能会同时带来现有武器规模的扩大[10]和新武器的研发，所以，和平也极有可能被它打破。

注　释

[1] 德雷克斯勒等人提到，在特定条件下，有必要这样做：

先用传统溶液或气相化学方法来批量合成由 10 ～ 100 个原子组成的纳米颗粒。然后，把这些更大的纳米颗粒与定位装置相结合，在保持其结构不变的同时，组装成更大（分子级）的结构。

[2] 其核心段落如下：

在我看来，物理原理与操纵原子并不冲突。这样做不是要挑战任何物理规律，从原理上来说它是可行的，但是在实际中很难做到，因为我们自身太大了。

从原理上来说，只要化学家能写出一种物质的化学式，物理学家就可以把它合成出来。怎么做到呢？只需要按照化学家的指示，逐个排列原子就可以了。

[3] 1985 年，斯莫利、罗伯特·科尔（Robert Curl）和哈里·克洛托（Harry Kroto）共同发现了 C_{60}（即足球烯，俗称"巴基球"），开辟了一条纳米科学的新路，并因此获得了 1996 年的诺贝尔化学奖。斯莫利逝世于 2005 年。

[4] 有趣的是，德雷克勒斯曾谈到了物理学进步对工程的影响，展示出了一种技术乐观主义，与他的一贯立场很不一样。他将物理学区分为经典物理学和前沿研究，前者可以很好地描述我们周围的世界，而后者则更多地考虑了各种极端环境、非正常环境下的特殊现象。他这样说：

难以发现或测量的外来效应，（工程师）一般都很容易避免或忽略，（而）那些可以发现和测量的外来效应，有时可以用于某些实际目的。

因此，物理学的进步，有时候可以不增加限制条件改进工程手段。因此总的趋势是，物理学的发展可以拓展工程能力的范围。

[5] 这种思想也可以追溯到费曼，其中有一段讲到了这样的微小型
机器：

> 如果能把外科医生吞到肚子里，那该多有趣。你可以把微型手术机器放
> 进血管里，让它进入心脏"巡查"（当然还要提供反馈信息）。它会找到坏掉
> 的瓣膜，并将其切下。另一种小机器可以永久性嵌入人体内，为一些有功能
> 缺陷的器官提供支持。

[6] 这个故事流传广泛，成了库兹韦尔、布伦乔尔森、迈克菲等当代
技术前瞻者津津乐道的典故：

> 国际象棋的发明令国王很高兴，国王决定奖励其发明者，就问发明者想
> 要什么。发明者假装很谦逊，说要一些小麦就满足了，只要在棋盘上的第一
> 格放 1 粒小麦，第二格放 2 粒，第三格放 4 粒、第四格放 8 粒，以此类推，
> 放满 64 格棋盘。国王很有钱，也不了解指数数列，就立即批准了发明者的请求。
> 随后，国王的财政大臣计算了需要的小麦总量为：
>
> $$2^{64}-1 = 18\ 446\ 744\ 073\ 709\ 551\ 615$$
>
> 财政大臣向国王解释说，任何人都不可能拿出这么多小麦。国王一气之
> 下，砍了发明者的头。

[7] 桑德伯格的这种说法，印证了菲尼克斯和德雷克斯勒的判断，他
们认为"尽管失控复制的情形不会偶然发生，但是并没有哪条自
然规律不允许有人故意为之"，"纳米技术责任中心"（Center for
Responsible Nanotechnology）的备忘录中写道：

> 分子制造的发展与应用，不会创造出类似灰蛊这样的事物，所以并不会
> 意外造成灰蛊的爆发。但是，物理法则也并没有完全排除蛊类系统的存在，
> 我们不能排除有人故意创造各种条件人为制造灰蛊的可能。

[8] 除非我们把自我复制者的概念从物质世界中抽离出来，才能说清
这一点。

[9] 纳米技术对设计工作的改变，可以借鉴技术发展对摄影的改变，

短短几十年，从传统摄影到数字摄影发生了天翻地覆的变化。

[10] 德雷克斯勒提出了一种场景，未来用原子组装技术只需要几天时间，花费 100 亿美元，就可以造出大量的巡航导弹，比美国现在的导弹库存还多 1 000 倍。

第6章

科学是什么？

推理是一切错误的根源

鉴于本书旨在探讨科学的发展可能会对人们的生活和社会产生的影响，因此我们不妨暂退一步，谈谈什么是真正的科学和科学方法。本章将专门探讨这一话题，并在最后解释科学与技术、工程之间的关系。我尽量把这章安排在靠后的位置，是为了不打乱介绍核心问题——新兴技术及其对人类的影响的节奏。不过现在是时候了，因为要理解后面的章节（尤其是第 7 章和第 8 章），本章的大部分内容不可或缺。

我们首先介绍 16 世纪末、17 世纪初的英国哲学家、科学家弗朗西斯·培根（Francis Bacon），他被誉为"现代科学之父"。古希腊人尤其是柏拉图[1]和亚里士多德，往往强调思考是通向知识的道路，却很少注重实证观察[2]，而培根认为，实证观察对于科学探索至关重要，这是正确的。

不过培根也有点矫枉过正，他否定一切理论构建，支持纯粹的观察。这让人们对科学事业产生了一种不切实际的乐观态度：我们只要仔细耐心地观察，一切就都会变得明朗起来。卡尔·波普尔（Karl Popper）

总结了培根的这种立场:

> 培根自称他这种新方法才是真正通向知识和权力的道路,确实如此。我们必须摒除心中的一切偏见,所有先入为主的观念和理论,以及所有宗教、哲学、教育或传统可能灌输给我们的迷信或幻象。只有清除这些偏见和杂质之后,我们才能接近自然。把我们引入歧途的不是自然,而是我们自己的偏见和心中的杂质。心灵纯净,我们就不会曲解《自然之书》(*Book of Nature*)。我们只要睁开双眼、耐心观察、认真记录、不要曲解,自然就会显现出来。
>
> 这就是培根的观察法和归纳法。简而言之,纯粹、没有偏见的观察是好的,纯粹的观察不会出错;推测和理论是坏的,是一切错误之源。

但在波普尔看来,培根这种立场是错误的。因为他认为,理论构建和观察一样,都是科学方法中的重要组成部分。培根否定它们是错误的,他对天文学的看法就是其中一个突出的案例。再次引用波普尔的话:

> 培根反对哥白尼假说。他说,不要建立假说,毫无偏见地用眼睛观察,你就不会怀疑太阳是围着地球转的了。

我们会在后文再次深入探讨波普尔对理论和观察相互作用的详细观点,现在只说培根,他的科学哲学并非一无是处。对于观察对获取知识的贡献,柏拉图和其他人不屑一顾,培根则与之相抗衡并进行了矫正。他对"心灵杂质"的强调也很重要,他称之为幻象(idols),分别为以下四种：

种族幻象：我们倾向于寻求自然界并不存在的法则。

洞穴幻象：个人通过传承和环境产生的偏见。

市场幻象：语言影响思维，进而产生误解。

剧场幻象：哲学传统产生的幻想。

虽然现在很少有人使用这种分类，但人类的认知机制确实存在一些缺点或误差，这会危及我们的科研能力。关于这一点可说的有很多，这些缺点成了启发式和偏差这个心理学领域的研究主题，该领域在过去几十年间走向了兴盛，比如卡尼曼颇具影响力的畅销书《思考，快与慢》（*Thinking, Fast and Slow*）。下面是这种偏差的两个例子：

(1) 根据培根提出的种族幻象，人的模式识别机制太爱乱扣帽子。也就是说，我们自以为的模式其实只是噪声。因此，一个著名的实验得到了有趣的结果：面对同一项任务，人类被试者通常表现得还不如鸽子和老鼠。在实验中，被试者面对一红一绿两盏灯。每隔一定时间，其中一盏灯亮，并反复要求被试者预测下一次亮的是哪一盏灯。

没人告知被试者亮灯背后的任何机制，每次亮灯是独立随机事件。不管上一次是哪盏灯亮，下一次红灯亮的概率都是 0.8，绿灯亮的概率则是 0.2。人类被试者注意到了这种不对称性，试图模拟亮灯的复杂模式，80% 的时间预测亮红灯，20% 的时间预测亮绿灯。这样，他们最后的正确率大约是 80%×80%+20%×20%=68%；而头脑更简单的动物，没过多久就开始每次都猜最常出现的那盏灯，得到的正确率是 80%。该实验详情见辛森和斯塔登于 1983 年出版的著作，以及沃尔福德、米勒和加扎尼加于 2000 年出版的著作。

(2) 很多时候，我们往往过于相信自己的观点。阿尔珀特和雷法描述了一个实验：要求被试者估计一些他们通常不知道的数值，比如密歇根湖的面积或者瑞典登记在册的车辆数。被试者不必说出一个具体数值，只需给出他们认为的在实际数值 98% 概率范围内的上限和下限。如果凭借自信心进行精准校正，他们就会期望自己猜测的区间有 98%的可能性包含实际数值。但在实验中，他们的正确率不到 60%，这说明，在估算未知的数值时，过分自信是一个普遍现象。我做演讲时也经常对听众做这个实验，得出的正确率与此类似。把要求的准确概率提高到 99.9%，会好一点点，但也仅仅是一点点。

为什么这些偏差可能（在进化历史的某个阶段已经如此）有利于进化呢（这或许可以减少我们在智力任务中表现得不如鸽子和老鼠的羞愧感）？我们不难想出合理的解释。一个未被察觉而实际存在的模式（比如表明周围有危险天敌的模式）可能让人付出更高的代价，反之则不会。一定程度的自负也或许能让我们避免因为优柔寡断而停滞不前。当然，真正确定这种偏差是否来自进化选择的压力，是困难得多的另一码事。

但不管它是怎么来的，上述两个例子中的偏差显然对我们的科研能力产生了负面影响。因此，弗朗西斯·培根强调我们应该努力克服它们，这是值得称赞的态度。

我喜欢把科学看成是提取关于世界的可靠信息的一种系统化尝试，

科学方法则是旨在帮助我们这么做的一些程序。科学要想成功，其中至少要有一些程序，它们能够帮助我们避免因为上述或其他偏差而冒险得出缺乏根据的结论。物理学家理查德·费曼说："科学就是我们已经掌握的，如何不欺骗自己的知识。"我们将在后面看到，数理统计怎样提供这种解决办法。

我们可以进一步地把科学方法看做一个工具箱，以及如何使用这些工具的一套说明书。我们还没有得出确切的工具和说明书组合，不过在此我们将探讨科学研究中应用最广泛的两种组合或框架：**波普尔证伪主义和贝叶斯推理**。也许有人会说必须二选一，但我更喜欢一种不太极端的实用观点。这两种框架都有各自的有力支撑点，但也都有反对的声音，这些反对意见确实也有可取之处。解决不同的科学问题需要不同的方法，面对这种多样性，我们最好有两个或多个可选工具箱，而不必一味坚持某一种。甚至在某些情况下，波普尔工具箱的工具和贝叶斯工具箱的工具还能够结合使用。这两种框架能否相容，取决于我们对它们的严格界定。

所有乌鸦都是黑色的？

从塞克斯都·恩披里柯到培根、休谟，一直到现在的科学哲学家，归纳问题一直困扰着他们。科学推理通常分为演绎法和归纳法。精确定义这个分类并准确反映人类的思维是一件非常复杂的事，不过就我们目前的讨论看，可以把演绎定义为由一般原理推演出具体情况，把归纳定义为从具体情况概括出一般原理，这就足够了。例如，给出前提（P1）：苏格拉底是人；（P2）：所有人都是要死的；我们就可以通过演绎推理得出结论（C）：苏格拉底是要死的；

（P1）苏格拉底是人

（P2）所有人都是要死的

（C）苏格拉底是要死的

试比较上述演绎推理和下面的归纳推理。由前提（P1*）：我们见过数千只天鹅；（P2*）：迄今为止见到的所有天鹅都是白色的；我们希望得出结论（C*）：或许天鹅都是白色的：

（P1*）我们见过数千只天鹅

（P2*）迄今为止见到的所有天鹅都是白色的

（C*）或许天鹅都是白色的

二者的区别是：所有心智正常的人都会同意，关于苏格拉底的演绎推理是合理的，但对天鹅颜色的归纳推理正确与否并无把握。毕竟**有可能**存在我们没有见过的其他颜色的天鹅。因此，结论（C*）中写上了"或许"，但即便如此，我们可能还是会怀疑这个推理是否正确。欧洲人普遍赞同由（P1*）和（P2*）归纳推理可以得出结论（C*），不过这个例子给人们敲了一个警钟，因为人们后来发现黑天鹅确实存在[3]（在地球的另一端）。

一方面，我们可以公平地说，演绎法很好理解，这个逻辑也是区分正确演绎推理和错误演绎推理的可靠工具；另一方面，我们承认对归纳法的了解比较不足，它也没有像演绎逻辑那样得到广泛认同的机制。然而，科学和日常生活都迫切需要归纳法（或者类似的东西）。尽管它需要被谨慎对待，但没它不行。我们知道，牛顿的万有引力定律适用于一些行星和苹果，但我们还需要由此推断出，万有引力定律可能适用于任何天体和任何水果。我个人就观察到，每次乘坐 6 号有轨电车从哥德堡的林奈帕特森向南走时，它都会把我带到查尔姆斯理工大学[4]，所以我能推断出第二天大概还是这样。

归纳推理通常会回到下面这个假设：

（A）大多数情况下，将来的结果与过去类似。

不过，如何为之辩护呢？我们也许需要求助于下面这个理由：

假设（A）在过去是正确的，归纳推理也行之有效，所以我们有理由认为，这种状态在将来也会持续下去。

不过仔细考察后，我们发现这个理由建立于假设（A）的基础之上，因而它是循环的。这个循环最初由休谟提出。但我们太习惯于把假设（A）当成理所当然，以至于经常漏掉这个谬误。下面这个流传于一些网络极客中的笑话可以说明这一点：

人类第一次远征到达天鹅座61号星时，发现其中一个行星上存在生命，而且是智能生命。人类宇航员很快发现，天鹅座人的认知能力超过了人类。但尽管如此，天鹅座人还是很穷，过得很凄惨，因为他们没能发展出先进的科学技术。于是人们研究了他们的智力与实际成就之间的差异，结果发现一位早期天鹅座哲学家提出了以下反归纳法原则：

（A*）大多数情况下，将来的结果与过去截然相反。

人类可以很容易就明白，这种假设可能阻碍科技进步，却不理解天鹅座人为什么一直相信这一点。于是，他们问天鹅座科学院院长，为什么坚持按照（A*）这样的愚蠢假设行事。

他回答说："为什么不呢？它以前从来没有有效过。"

奇怪的是，不管在智力水平上对假设（A）这个推论的循环性理解得有多好，我依然觉得它令人信服。我似乎也不是唯一这么想的人。对假设（A）的普遍信念可能深深地印在我们的大脑之中，也许是因为和以往一样，相信这个假设有利于进化。因此，我们有理由继续坚信假设（A）是正确的。

在科研和日常生活中确实会用到归纳推理，尽管没有缜密的理由说明我们为什么要这样做。缺乏缜密的基础，并不是归纳法面对的唯一问题。把归纳作为一个有效的推理原则，还会引发各种悖论，比如**乌鸦悖论**[5]。天鹅是不是都是白的？这个问题的答案已经是否定的，不过据我所知，乌鸦是不是都是黑的？这个问题仍然没有答案。看看这个假设：

（H）所有乌鸦都是黑的。

假设我们目前见到的所有乌鸦都是黑的，那么假设（H）就明显成立。把归纳法看做一个有效的推理原则，就是承认每看见一只黑乌鸦都让我们更加相信假设（H）。但归纳法并非都关于"黑色"和"乌鸦"，其属性可以任意选择，可以用其他词替代，比如"非乌鸦"和"非黑色"。因此，如果看见一只黑乌鸦会让我们更加相信假设（H），那么看见一只非黑色的非乌鸦事物也会让我们更加相信：

（H*）所有非黑色的物体都是非乌鸦。

上述两个假设在逻辑上是等价的（因为二者都明确表明没有非黑

色的乌鸦），逻辑等价假设的理由也是相同的。因此，归纳者不得不承认，看见一个非黑色的非乌鸦事物（比如一根黄香蕉）会让我们更加相信假设（H）：所有乌鸦都是黑的。尽管大部分人并不容易理解这一点。

证伪主义：牛顿运动定律是错误的

波普尔否认归纳是有效的推理方法，提出了著名的**证伪主义**——科学理论不能得到证实，却可以被证明是错误的。这种可证伪性，就是他所谓的一个理论是否科学的划分标准。波普尔被弗洛伊德主义和马克思主义所激怒，从而提出证伪主义。他认为这两种理论过于轻率、灵活。这两种理论的支持者把所有的数据和观察结果都整合后，声称鉴于自己的理论，那正是他们一直期待的结果。这种不可证伪性让理论无法预测（因为它符合任何结果），于是波普尔认为它们不科学，将其排除在外。

想想前面的假设（H）：所有乌鸦都是黑的。证据在于，我们见过的乌鸦都是黑色的（或许还包括黄香蕉，这取决于我们对待亨佩尔的乌鸦悖论的严肃程度）。但不管我们见过多少只黑色的乌鸦，这个假设都不能得到证实，因为总可能有一些人们还没有见过的白乌鸦或红乌鸦藏在某个角落。用波普尔的话来说，看到另一只黑乌鸦，只能**佐证**这个假设，即这个观察结果让我们认为，这个假设能够经得起严峻的考验。另一方面，虽然假设（H）不能得到证实，却可以被证明是错的——只需见到一只非黑色的乌鸦。

想想这个假设的否定命题（¬H）：

（¬H）至少有一只乌鸦不是黑色的。

这个否定假设 (¬H) 可以被证实 (见到一只白色的乌鸦就足够了),却不能被证明是错的,原因同假设 (H) 不能被证实一样。因此 (¬H) 不符合波普尔的划分标准,是不科学的。

波普尔的划分标准极大地影响了我们对科学的理解,但它也带来了一些问题。例如,经常有人问:"佐证"究竟是什么意思? **尤其是当一个科学理论得到佐证时,我们能否更相信它?** 这个问题让波普尔证伪主义者左右为难。一方面,如果他们回答"不能",那么从科学推理看,佐证就没有意义,科学理论也没有赢得我们信任的办法;另一方面,如果回答"能",那么佐证看起来就很像伪装过的归纳法。

个人而言,我也觉得 (H) 和 (¬H) 的不对称让人有点不安,波普尔认为其中一个科学,另一个却不科学。在我看来,科学家在研究是不是所有乌鸦都是黑色时,面对这两个假设,理想的心态是保持中立。如果在研究开始前就断言一个命题科学,另一个命题不科学,就没有了中立性。不过,这可能更是一个术语问题,而非实质问题。如果我们重新划分标准,说当且仅当至少其中一个可证伪,对 (H) 与 (¬H) 的研究才是科学的,那么我就可以打消这个担心了。当然,(H) 和 (¬H) 的不对称,归结起来就是全称量词 (∀x,"所有 x 都有……属性") 与存在量词 (∃x,"至少有一个 x 具有……属性") 之间的差异。波普尔对此说得非常清楚:

> 我的建议是以可证实性和可证伪性的不对称为根据的。这个不对称来自全称陈述的逻辑形式。因为,这些全称陈述不能从单称陈述中推导出来,但是能够和单称陈述相矛盾。

明白了这一点,你就会惊讶于那么多人阐述波普尔证伪主义时,都没有探讨这种不对称性以及命题 (H) 与其否定命题 (¬H) 切换角色的问题。马西莫·匹格里奇（Massimo Pigliucci）就是其中一例，他是一位作家，也是颇有水平的科学家和科学哲学家。在其 2010 年的著作《高跷上的胡话：如何从谎言中辨识出科学》（*Nonsense on Stilts: How to Tell Science from Bunk*）中，他仍然忽略了这一点。他错误地指出，对外星智能的探索计划不符合波普尔的可证伪条件。他的理由是假设：

(E) 存在外星智能。

它不能被证明是错的。但是对外星智能的探索需要证明假设（E）和否定命题（¬E）中哪一个正确。

(¬E) 不存在外星智能。

(¬E) 显然是可证伪的（只需与智能外星生命的一次接触或者来自智能外星生命的一条信息），所以我们拿（¬E）来检验，对外星智能的探索计划就成功通过了波普尔标准的检验。

波普尔证伪主义还有一个更严重的问题。不妨假设：

($H_{\geq 50\%}$) 至少一半乌鸦是黑色的，

和它的否定命题[6]：

($\neg H_{\geq 50\%}$) 不到一半的乌鸦是黑色的。

根据波普尔的标准，（$H_{\geq 50\%}$）是不科学的，因为它不能被证明是错的：不管我们目前见过多少非黑色的乌鸦，都可能有更多我们还没见过的乌鸦。因为类似原因，（¬ H ≥ 50%）同样不符合标准，所以我们只好得出结论：对（H ≥ 50%）和（¬ H ≥ 50%）孰是孰非的判断不能算是一项科学研究。但这结论并不对，因为探索大多数乌鸦的颜色问题（或者判断世界上含有氦的物质的占比）应该属于科学，如若不然，这所谓的科学判定标准就太糟糕了。

波普尔证伪主义的另一个问题，大概也是其最严重的问题，与所谓的迪昂 - 奎因论题、科学理论的不完全确定性及"证伪"的概念困境有关。前面谈到"（H）：所有乌鸦都是黑色的"时，我说"要想证明这个假设是错的，只要见到一只非黑色的乌鸦就行了"，但事实真得这么简单吗？假如我们看到了一只白色的乌鸦，仔细检查后却发现它其实是一只长得非常像乌鸦的白天鹅，或者是外星生命伪装而成的，或者只是一个幻觉（可能性最高）。

在实践中，科学理论（H）做出的任何可证伪命题都不仅基于命题本身，它还建立在很多没有说明的其他假设的基础上，如"我们是清醒的，没有做梦"。若想得出一个观察结果，既证明该命题错误，又不给其他为命题辩护的人解释或反击这一证伪过程留下空间，实属难事。

1846 年发现海王星的事件就是一个例子。自 1781 年发现它的姊妹星天王星以来，人们一直在关注天王星异常的公转轨道。它似乎没有完全遵守牛顿的万有引力定律，而这一定律在其他几个行星上全部奏效。绝对的波普尔证伪主义者（若时间不对的话，我们可以假设这个人生活在 18 世纪末 19 世纪初）会宣布牛顿的万有引力定律是错的，但这未免过于草率。当时的科学界并不急于废除这个原本非常成功的理论 [7]。人们认为，或许是测量不准确，或许是有一个迄今尚未发现的天体对天王星产生了引力作用。如果这样一个天体被找到了，而它的引力效果确实可以解释这个问题，上述第二种理由就成立了。1845 年，法国数学家奥本·勒维耶开始了深入研究，并在次年宣布，计算出了这颗未知行星的所在区域。与此同时，英国的天文学家、数学家约翰·柯西·亚当斯（John Couch Adams）经过独立研究，也在相同区域得到了这颗未知行星的位置。在这些预测的指引下，人们不到一个月就发现了海王星。

不妨用以下几段话来总结我对波普尔证伪主义的看法：

一方面，波普尔的划分标准过于粗糙，不能盲目应用、生搬硬套[8]。对于某些头脑简单的思考者（比如前文提到的气候变化的否定论者）来说，这会产生更多困惑而非启发。我们也必须明白，虽然这个划分标准对科学理论做出了一些说明，却很少对科学活动进行解释。"所有乌鸦都是黑色的"这个假设非常符合标准，我们鼓励大家科学地研究它，但如果我们在试图证伪时，所采取的方法是焚香占卜、夜观星象，那就很难说是科学。

另一方面，在强调批判思维，尤其是要对科学理论进行批判性的认真研究时，波普尔证伪主义通常大有助益。弗朗西斯·培根认为"我们只要睁开双眼、耐心观察、认真记录、不要曲解，自然或者被观察事物的本质就会显现出来"，波普尔强调的是理论构建和观察的相互作用。我们离不开理论构建，因为没有理解数据的框架，数据就毫无意义。构建理论，然后找到理论预测的内容[9]，搜集并分析数据，从而证明它们与预测是否一致。

或许在一段时间内，它们一致，理论就得到了证实，但最终我们会遇到无法通过解释消除的反常现象。这时需要我们回到最初的阶段，得出新理论，通常是对旧理论稍加改进，不过偶尔也会注入一些全新的东西。然后，这些新理论会接受实证检验，如此往复。这样，科学向前推进，我们希望（虽然无法保证）通过这种方法能够更加精确地描述现实并让人们接受。

你可能注意到，我一直忽略了一个问题——是否存在科学可能无法靠近的客观现实。我将继续忽略这个问题，而把客观现实的存在视为理所当然。在此我只要引用哈克、索卡尔和哈格斯特姆的话来说明，否认客观现实存在的相对主义观点是多么徒劳无益就足够了[10]。

未来主义与胡说八道

2013 年 10 月，我请乌普萨拉大学的应用数学家戴维·桑普特 (David Sumpter) 为我的博客《哈格斯特姆主张》写一篇特邀文章，概述他对未来学的批判性观点（包括激进的技术设想）。这在本书其他章节有所阐述。他的题目《为什么"智能爆炸"和其他很多未来主义者的论点都是胡说八道？》奠定了文章的基调[11]。桑普特解释说，"胡说八道"应该被理解为其字面意思"与任何有意义的数据不相关"。和弗朗西斯·培根一样（但与柏拉图不同），桑普特认为实证观察是科学的一个重要组成部分，并且和波普尔一样（这里又与培根不同），他强调实证观察与理论构建的相互作用：

> 我们建立模型、做出预测，并用数据进行检验，然后修正模型、继续向前。你可以是贝叶斯学派、频率论者或者波普尔学派，可以强调演绎推理或者归纳推理等，但只要你是科学家，你就得这么做。科学发现经常是重大且令人惊讶的，但它们总是有赖于推理和观察这条环线。

我基本赞同以上观点。但我不认同桑普特的结论——对未来智能爆炸可能性的一切探讨不符合（并且必须不符合）这个标准。以下是我的理由，选自我回应这篇文章的博文：

首先，对于人工智能取得的重大突破的本质及其可能产生的后果，它尚未完全脱离实证数据的推测。相反，它有各种各样的数据支持。例如：

(1) 硬件性能的指数增长，即摩尔定律；

(2) 大自然至少孕育过一次智能生命的观察结果；

(3) 关于人类认知机制的偏差这方面的知识越来越多，而桑普特认为它毫不相关[12]。

最近一些探讨智能爆炸可能性的杰出著作，涉及以上这些及其他很多实证发现，详见尤德考斯基、汉森和尤德考斯基、波斯特洛姆的著作，以及本书第4章中对这些著作的简要介绍。没有一种数据足以单独预示智能爆炸即将到来，这些数据组合起来能否表明这一点呢？现在看来也为时尚早。然而，作为这一新兴理论的输入，它们都会得到完善和修正，这正是前文中桑普特提到的"推理和观察这条环线"的一部分。

此刻，一些读者很可能会反对这种说法，说需要检验的不是关于摩尔定律或人类认知偏差这些已知的表述，而是那些不切实际的假设，比如：

(C1) 2100年左右可能出现智能爆炸。

(C1) 显然经不起直接的实证检验，至少在本书撰写之时还不行。那么，我们就能说明(C1)这样的假设是不科学的吗？这是严格运用波普尔证伪主义会导致错误的一个典型例子[13]。如果(C1)是一个孤立、没有支撑的表述，那么不可证伪性的判断就是正确的。但是，这通常不是（C1）这种表述在智能爆炸相关的文献（或者更确切地说，是值得引用的文献，比如前面提到的尤德考斯基和波斯特洛姆的著作）中出现的方式。在这些文献之中，（C1）这样的表述更像是大量理论的预测。

再选一个我们更熟悉的领域，气候科学的一个例子作为比照。气候科学经常面对下面这种假设：

（C2）在温室气体排放量不变的情况下，2100 年全球平均温度可能比前工业时期至少高出 3℃。

和（C1）一样，我们现在无法直接检验（C2）。但（C2）是通过气候模型，以及温室效应、碳循环、水蒸气反馈机制等各种可直接观察检验的属性演绎推理而来的。我们认为，归纳和演绎都是科学的有效组成部分，因此，认真思考的人不会把（C2）排除在科学之外。同理，（C1）也是如此。

我希望上述理由能够说服大部分的读者，对（C1）这样的假设是能够进行科学研究的。但依然有一类读者，那就是前面讨论过的气候变化否定论者，他们甚至认为（C2）这样的假设也不值得科学研究，所以，"（C2）是科学假设，因此（C1）也是科学假设"的理由就不起作用了。下面这个例子可能更能启发这类读者，考虑一下这个假设：

（C3）从头到脚在发烟硝酸中浸泡 30 分钟的新生儿活不下来。

据我所知，假设（C3）从未得到直接检验，希望将来也不会。但公正地说，（C3）的科学证据是压倒性的，它能从化学和人类生理学的实证结果演绎推理而来。

回到（C1）和（C2）的比较：需要强调的是，从已有的实证支持看，它们的地位并不平等。与未来的智能爆炸相比，气候科学是一门无比发达的科学，（C2）这样的假设有着无比坚实的基础。不过，智能爆炸的研究发展尚不健全（部分原因是这个领域刚刚兴起，也可能是因为研究的问题本身就很难）的事实，并不能说明它不科学。

统计显著性：影响决策者的概率

正如前文所言，波普尔的可证伪性在科学划分标准上并不那么直截了当，因此，一个合理的要求就是"再给我一个标准！"但我没有新的标准，关键在于它的细节。2013 年秋天，《自然》（*Nature*）杂志列举了与前文相比更加精细的科学划分标准的细节水平（却仍然远未达到科学家在日常工作中需要考虑到的细节水平），很快《卫报》（*The Guardian*）发表了题为《政治家最需要知道的关于科学的二十件事》（*Top 20 Things Politicians Need to Know about Science*）的文章为其背书。其中一件事就是科学家只是人，他们也会出错，并产生深远的影响。作为数理统计学教授，我非常高兴地看到其余 19 件事中，有 17 ~ 19 件（取决于对这个学科的狭义和广义理解）涉及数理统计方法[14]。在我看来，这并没有夸大可靠的统计方法对于高质量科学研究的重要性。最近的一系列研究表明，缺乏良好的统计实践是产生优秀科学发现的重大（甚至可能是最大的）瓶颈。所以，花几页篇幅阐述统计方法就有了充分的理由。我主要讲述统计显著性，原因有三：

(1) 它对一切科学都至关重要（正如《自然》和《卫报》所言），
    却非常容易被误解；

(2) 它与波普尔证伪主义有良好共鸣；

（3）它对于第 7 章有关所谓的末日论的探讨非常重要。

我尽量以简单的具体实例来说明统计显著性：通过抛硬币判定硬币是否均匀。假设硬币均匀，这意味着每次正面和反面朝上的概率相同：

$$P（正面）=P（反面）=1/2$$

为了进行检验，我们用一个 0 到 1 之间的未知数 q 代表正面朝上的概率，那么反面朝上的概率就是 $1-q$：

$$\begin{cases} P（正面）=q \\ P（反面）=1-q \end{cases} \qquad 0 \leq q \leq 1 \qquad (9)$$

不管之前的结果是什么，假设每次抛硬币正面朝上的概率都是 q。若 $q=1/2$，则硬币均匀，否则就不均匀。在模型假设（9）下，两种可能性都存在。

通过实验计算 q 的值，假设抛硬币 n 次，正面朝上 X 次。根据大数定理，如果我们一直无限抽样调查，使得 n 趋向于无穷大，观察到的频率 X/n（以概率 1 收敛）就会趋向于 q。现实中，我们必须在抛了一定次数后停下来，那么我们通过实验得到的 q 就不太确定了。假设 $n=10$，正面朝上的次数 $X=2$。我们可以得出什么结论？这能否说明硬币不均匀呢？

如果硬币均匀，我们的直觉是抛 10 次硬币有 5 次正面朝上，但再一想，既然每次都是随机的，那么 X 就有可能不是 5。这与 $q=1/2$ 的假设不同，我们要怎样解释呢？统计显著性就是用来回答这个问题的。

统计假设检验总是与**原假设**相关，原假设的内容通常是事件或者某个参数是零。不过在这个例子中，原假设是 $q=1/2$。因此，p 值可以被大致定义为当原假设为真时，所得到的结果中出现极端结果的概率[15]。如果 p 值低于给定的临界值，即显著性水平，那么就表明存在显著差异。出于传统因素考虑，显著性水平通常取为 0.05。

显著差异的存在通常被用来证明原假设错误，逻辑如下：如果存在显著差异，那么不是原假设错误，就是发生了小概率事件（在传统的显著性水平下，小概率指发生概率小于 0.05）。小概率事件确实偶尔发生，但我们倾向认为它们一般不会出现，因此唯一的解释就是原假设错误。显著性水平的临界值越小，显著差异的存在就越不利于原假设。

为了弄明白抛 10 次硬币 2 次正面朝上的意义，我们必须算出在原假设下 X 的分布。结果显示它是参数为 10 和 1/2 的二项分布，即

$$P(X = k) = \left(\frac{1}{2} \right)^{10} \frac{10!}{k!(10 - k)!} \quad , \quad k = 0, 1, 2, \cdots, 10$$

四舍五入保留小数点后三位，$P(X=0)$，他 $P(X=1)$，…，$P(X=10)$ 的概率分布如图 6.1 所示。

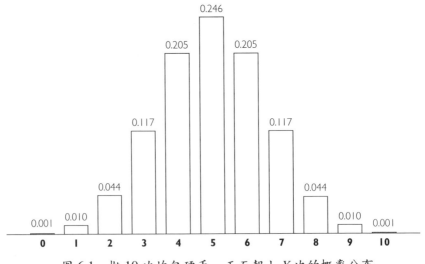

图 6.1　抛 10 次均匀硬币，正面朝上 X 次的概率分布

从图 6.1 中可以看出，$P(X=2)=0.044$。我们可能会认为这就是 p 值，$0.044<0.05$，然后得意扬扬地宣布存在显著差异。但这样理解是错误的，因为 p 值的定义不是我们所得结果出现的概率，而是所得结果中极端结果出现的总概率。$X=1$ 和 $X=0$ 时的结果比 $X=2$ 时的结果更极端，出于对称性考虑，$X=8$、$X=9$ 和 $X=10$ 的情况也应被视为极端结果，所以 p 值应该是：

$$p=P(X=0)+P(X=1)+P(X=2)+P(X=8)+P(X=9)+P(X=10)$$

最终结果为 0.110[16]，大于 0.05，所以从标准的显著性水平看，$X=2$ 的结果不存在显著差异。

这是简单的部分。困难之处在于，如何理解统计显著或者不显著。这里有很多陷阱，其中包括以下六个：

(1) 如果统计不显著偏离了原假设 $q=1/2$ 下的期望结果，能否说明原假设错误？不能。统计不显著说明的是，得到的数据与 $q=1/2$ 高度一致，因而没理由排除这个假设。但还可以提出其他很多备择假设，它们同样或者更好地与数据相符，如 $q=0.2$、$q=0.3$ 及（不夸张地说）无限多个。以数据排除所有这些假设没有意义，但这是 $q=1/2$ 这一论断所蕴含的。

(2) 假设抛 10 次硬币，只有 1 次正面朝上，p 值计算的结果就是 0.022，低于显著性水平 0.05，所以我们可以宣布统计结果显著。这是否意味着原假设错误及硬币不均匀？不是。如果原假设为真，我们仍有至多 0.05 的概率获得统计显著（这就是显著性水平的含义）。这并非一个足够低的概率[17]，事实上，每20项原假设为真的研究就会出现一次虚假的统计结果显著。

(3) 0.110的 p 值能否理解为是原假设为真的概率? 不，不，不! 这是个常见的误解，涉及所谓的条件概率倒置谬论。此时有两点被混淆了：一个是原假设为真时，在特定类别中获得数据的条件概率 P（数据 | 原假设）；另一个是在数据支持下，原假设为真的条件概率 P（数据 | 原假设）。数据和假设之间的这种倒置甚至根本没有根据，因为对事件 A 和事件 B 来说，P（A|B）≠ P（B|A），即便是在大概的意义上。为了说明这一点，想想这个实验：根据当前人类的均匀分布随机选择一个人 NN。事件 A：NN 是国际象棋世界冠军，事件 B：NN 是挪威人。那么，

$$P(A|B) \approx \frac{1}{5\,000\,000} = 0.000\,000\,2$$

因为挪威人大约有500万，其中只有一个国际象棋世界冠军。而世界冠军就是挪威人[18]，所以

$$P(B|A) = 1$$

在这个情况下，P（A|B）与 P（B|A）之间的差别可谓天壤之别。

那么，考虑到 $X=2$，原假设为真的概率是多少? 我无法回答，因为频率统计（统计假设检验是它的一部分）的理论框架从来没有提供这些假设的概率。科学家或决策者因而无从选择，只能求助于所谓的贝叶斯统计。不过，这就涉及假设先验分布这个富有争议的步骤，它指定了我们在实验之前认为原假设为真的概率。

(4) 统计显著性至关重要吗? 不! 有一种普遍的以统计显著性
为最高准则的科学渎职行为, 简而言之就是科学家过于痴
迷统计显著性, 以至于忘了考量观察效果是否足够大, 能
否表现主题显著, 详见兹利亚克、麦克洛斯基和我的著作。

以下是我在 2010 年对主题显著这个概念的解释:

假设现在正在检验一种新的降压药, 它有药效 (与安慰剂相比),
但效果太小, 与病人的健康或幸福没有实际关联。如果对足够多的病
人展开研究, 效果被察觉的可能性还是会很高, 这项研究就有了统计
显著性。因此, 在医学研究中仅有统计显著性还不够, 它还应该有效
果显著性。

(5) 我们在本章探讨波普尔证伪主义时提到了迪昂 - 奎因论
题, 其关于检验科学假设不可能完全脱离其他假设的观
点在这里也同样适用。假设有一个 p 值, 能证明原假设
$q=1/2$ 错误, 我们就应停下来想想错的究竟是原假设, 还
是导出原假设分布 X 所必需的诸多已知或未知的支持假
设中的一个。就抛硬币而言, 除了常见的猜想, 还要考虑
诸如出现幻觉的可能性和视觉机制的可靠性等问题, 以及
一个突出的高度相关的支持假设, 即独立假设。如果假设
$q=1/2$, 且每次抛掷间都存在联系, (平均来说) 它的计算
公式就比独立假设下的更长。它会导致 X 主要分布于 $X=0$
和 $X=10$ 两端或附近, 而不是中间, 从而让前面 p 值的计
算失效。

(6) 置信区间这个概念与统计显著性密切相关。有时面对一
个未知参数, 比如硬币正面朝上的概率 q, 我们可以同时

检验无限多的原假设，每个原假设都有一个参数值。统计不显著的所有参数值集合在足够简单的情况下组成了一个区间。如果显著性水平是 α，那么这个区间就被称为 $100(1 - \alpha)\%$ 置信区间，所以前面例子中的 $\alpha=0.05$，我们得到的置信区间就是 95%。在前面抛硬币的例子中，10 次抛硬币中 2 次正面朝上，那么 q 的 95% 的置信区间就是：

$$0.025 \leqslant q \leqslant 0.556 \ (95\%)$$

如果操作正确，那么（不管真正的参数 q 值是多少）此过程得到的区间含有真正 q 值的概率至少是 0.95。这里有一个很容易犯的错误，考虑到我们的数据（10 次抛硬币中 2 次正面朝上），真正的 q 值有 95% 的概率出现在 [0.025，0.556] 区间，但与第 3 个陷阱中提到的错误类似，这也是条件概率前置谬论。和统计显著性一样，置信区间是频率统计中的一个概念，它计算的是给出参数值时数据的条件分布，而非相反。和第（3）个陷阱类似，想要得到参数 q 的具体值，我们只能放弃频率论方法，转而采用贝叶斯统计法。

在理解统计显著性需要注意的第（3）个陷阱中，我说频率统计无法确定科学假设概率的数值。然而一旦回归现实决策，我们就需要这种概率了。以下是个简单的例子：

假设在某个特定的情境下，我们可以在 A、B 两个行为中做出一个选择，那么相对立的科学假设（H1）、（H2）哪个为真？假设二者中必有一个为真，且从效用看（此处我以美元衡量，至于效用等同于金钱的疑虑，我将在下一段做简单解释，在第 10 章再做进一步探讨），A 和 B 的好坏取决于（H1）、（H2）中哪一个为真。假设四种组合的收益如下：

	(H1)	(H2)
A	$10	$10
B	$20	$5

不管哪个假设为真,行为 A 的收益都为 10 美元;行为 B 的潜在回报更高,(H1)为真时有 20 美元,不过风险也更大,(H2)为真时只有 5 美元。由于不确定哪个假设为真,我们无法知道 A 和 B 哪个更好。但如果我们想办法计算出(H1)、(H2)的概率,那么(也只有那时)我们就有答案了。假设(H1)的概率是 p_1,(H2)的概率是 $p_2 = 1 - p_1$,那么 A 预期得到的金钱回报 E_A(平均回报)为

$$E_A = p_1 \cdot \$10 + p_2 \cdot \$10 = p_1 \cdot \$10 + (1 - p_1) \cdot \$10 = \$10$$

B 的预期回报为

$$E_B = p_1 \cdot \$20 + p_2 \cdot \$5 = p_1 \cdot \$20 + (1 - p_1) \cdot \$5$$
$$= \$5 + p_1 \cdot \$15$$

当 $p_1 > 1/3$ 时,$E_A < E_B$; 当 $p_1 < 1/3$ 时,$E_A > E_B$;当 $p_1 = 1/3$ 时,$E_A = E_B$

相对应的,我们也就可以在 A 和 B 之间做出选择。按照贝叶斯决策论,这就是我们的正当选择。

但有一点要注意:或许 $p_1 > 1/3$(为了具体,假设 $p_1 = 1/2$),但出于稳妥,我们仍然选择行为 A,不愿拿到手的 10 美元去换未必能得到的 20 美元。这是一个有效的反对理由:能得到钱是好事,但有风险

就又是另一回事了。

就我个人来说，如果知道 $p_1 = 1/2$，我会毫不犹豫地跟随前文决策理论的计算，选择行为 B。此时，得到 5 美元或 20 美元的概率各一半，预期平均回报为 12.50 美元，而不是选择行动 A 和到手的 10 美元。然而，如果我们说的是 1 000 万美元，情况就大不一样了。我会选择稳妥的 1 000 万美元，而不是概率各占一半的 500 万美元或者 2 000 万美元（因为我觉得 1 000 万美元足以让我的家庭生活得更美好，再翻一倍也不可能对我的幸福有多大影响，所以我不愿再冒风险）。但是，贝叶斯决策论可以把**风险规避**或者我们偏好的其他非线性因素也考虑在其中，它引进了一个所谓的**效用函数** U。效用函数 $U(x)$ 指的是 x 美元具备的效用，我们可以以此来继续前面的计算。原则上说，效用函数 U 可以是任意形状的函数，但它通常被认为是升函数（即钱越多越好）——规避风险时则是降函数。

理性与实用之间的贝叶斯主义

在科学研究和统计分析中，以上内容突出显示了科学家们对各种假设和参数估计的概率的执念。p 值理论和统计显著性都是频率统计理论框架的一部分，它无法提供这种概率，但它的竞争对手——**贝叶斯统计**可以。不过这需要付出一些代价：贝叶斯统计必须指定一个**先验分布**，即在实验之前预设实验结果[19]。然后，先验分布转化为**后验分布**，描述我们在看到实验结果之后所形成的观点。这个转化通过所谓的贝叶斯条件化原则完成，即以实验结果的先验分布为条件得出后验分布。

频率论和贝叶斯统计的主要区别通常被认为是对概率的解读不一样。前者认为，某个事件的概率是指在假设情况下，无限次反复开展单个独立实验时，该事件发生次数的比例；后者认为，概率（通常）代表主观信任的程度。但贝叶斯统计并未准确抓住日常统计中最本质的区别，以下说法或许更好：

决策者需要的是科学结果。如果结果不确定，他们就要量化结果的概率。所有的乌鸦都是黑色的概率是多少？以某一速度排放温室气体，2100 年时全球平均气温不高出前工业时期 3℃的概率是多少？如果不预设概率，科学研究就无法回答这些问题。贝叶斯统计派接受决策者的这种需求，并尽其所能地将必要的先验概率注入分析中。另一方面，频率论者则认为这种先验概率非常任意、主观[20]，为了避免被这种主观性玷污，他们拒绝指定先验分布。因此，频率论者让决策者自由且尽其所能地把结果转换为概率。

在 20 世纪，频率论和贝叶斯统计进行了持久战。频率论派在大部分时间里占上风，不过贝叶斯统计派也在努力反击。如今，贝叶斯统计处于巅峰地位[21]。统计学家纳特·西尔弗（Nate Silver）就自称是贝叶斯统计的倡导者（也是非常成功的践行者），他在其畅销书《信号与噪声》（*The Signal and the Noise*）中写道：

> 近些年，一些备受尊重的统计学家开始主张不应再向本科生教授频率统计，还有些人则考虑在他们的期刊中取缔费舍尔精确检验。

尽管西尔弗有点断章取义，但这些表述是正确的。然而，当西尔弗为自己的豪言壮语得意忘形时，他下一句就写道，"事实上，如果你读了过去十年的著作，很容易就可以发现提倡贝叶斯方法的观点，"他这句谎言就好比公然说"事实上，你现在走在纽约的街头时，很难看到一个矮于 1.8 米的人。"

作为统计专业人士，在我看来，模式显而易见。我的老师大部分出生于 20 世纪 40 年代，他们那一代人大都反对贝叶斯统计。而在我们这些出生于 60 年代或更晚的人中，实用是更为主流的态度，最佳的描述是工具箱的比喻：频率统计是一个工具箱，贝叶斯统计是另一个。统计学家面临大量的问题，因此有两个工具箱总比只有一个好。

20 世纪，一个杰出理论逐渐形成，它结合了决策论和贝叶斯认识论，从一些简单且容易接受的假设开始，阐明了任何一个理性主体都必须：

（1）对世界的认识符合概率公理；

（2）利用贝叶斯条件化原理修正这些认识；

（3）做出预期效用最大化的决策。

现在，有必要区分一下**绝对理性的贝叶斯推理和实用的贝叶斯统计**。高度理想化的人会采用前者，他们生来就有代表其世界观的先验概率分布，并严格遵守（2）和（3）。另外，实用的贝叶斯统计者不在乎（3），在科研课题中只局部采用（1）和（2）。每启动一个新课题，实用的贝叶斯统计者就可以自由设想一个新的先验分布。采纳（2）并对上一个课题进行总结可能是理想的做法，但实际计算时这通常不可行，所以很少有人尝试。

以上两个贝叶斯主义的版本迥然不同，绝对理性的要求远远高于实用的贝叶斯统计，也更加不现实。然而，当贝叶斯主义者抽象地谈论它的优点时，别人或许很难分辨他说的是哪个版本，有时甚至让人觉得两者是混淆的，比如用前者的优点为后者做辩护。因此，我想明确说明二者的区别。

前文谈到，波普尔证伪主义和贝叶斯推理是相互矛盾的科学理论，但这一结论取决于我们如何理解"贝叶斯推理"，是绝对理性的贝叶斯推理还是实用的贝叶斯统计。如果是前者，那么它们确实互不相容。我们希望能愈加精确地描述世界，从而逼近真相，然而两者所遵循的规程截然相反。相比之下，实用的贝叶斯统计可能是一个很好的局部工具，也就是说可以运用于具体的研究课题中，成为可证伪的一个部分。它首先假设一个先验分布，从证伪主义的角度看，就相当于赋予被检验的假设一个比较大的概率。如果基于贝叶斯条件化原则的统计分析显示，后验分布的假设概率非常小，那这也算是为证伪做出的一点贡献。

作为科研理论以及更普遍的理性的行为框架，绝对理性的贝叶斯推理脱离实际的一个原因是：当一劳永逸地选择一个先验分布时，研究者需要预见到所有的可能性，因为遗漏就意味着概率为零，而在贝叶斯条件化原则中，零从来不会导向任何积极的结论。这个标准太高了，我无法想象自己要如何想出这样一个先验分布，以从容应对数据，避免产生类似下述的想法：

> 哇，现实世界会是那样吗？我猜是的，遗憾的是，我在设想先验分布时没考虑到那一点，因为第（2）个条件迫使我将那个事件设为零概率。但是，请不要告诉贝叶斯牧师，我会推翻第（2）个条件，给那个条件设几个百分点。

一旦如此，就不再是绝对理性的贝叶斯推理了。与波普尔证伪主义进行比较可能会带来一些启发。绝对理性的贝叶斯推理要求研究者从一开始就预见到所有可能性，而波普尔证伪主义允许想象力在新假设形成的过程中不受约束。在我看来，这就是波普尔证伪主义的一大优势。

如今，让人工智能变得理性的想法具备相当的吸引力，而且由于前文探讨的理性主体的三个条件非常强大、精准，所以人们对实施绝对理性的贝叶斯推理（至少近似于它）同样也有一定的关注。不过，我担心这是一项非同寻常，甚至无法逾越的挑战。其原因如上所述，因为我们很难想出一个包含所有可能性的先验分布。世界上的事物的可能性数不胜数 [22]，而概率论中一个不可避免的基本事实是，没有一个贝叶斯先验分布(或其他概率分布)可以给可数集设定零概率。因此，无论我们选择怎样一个先验分布，都可能有被忽略的事件（即赋予了零概率）。

所罗门诺夫先验试图提供一个普适的先验分布，它建立在科尔莫戈罗夫复杂性的基础上，而后者又建立于图灵机概念之上。简要说一下所罗门诺夫先验的设定：每个可能的事件 H 用有限或无限的二进制字符串 x 表示，在某个特定的通用图灵机上输出 x 字符串的最短长度则用科尔莫戈罗夫复杂性 $K(x)$ 表示，从而得出事件 H 的概率为 $2 - K(x)$。因此，$K(x)$ 越高，概率越小。注意，只有那些可以在图灵机上计算的 x 才有实证概率。这似乎严格制约了"每个可能的事件"这个概念，但如果丘奇 - 图灵论题的加强版本为真，那么真实世界就可以计算，并能被赋予实证概率。

我曾在博客上列举了我对制造绝对理性的贝叶斯人工智能持消极态度的原因。我认为这个问题主要的悖论在于，从丘奇 - 图灵论题的意义上看，科尔莫戈罗夫复杂性无法计算，所以如果要制造一个以所罗门诺夫先验决定其行为模式的机器，丘奇 - 图灵论题必须为错。在此情况下，所罗门诺夫先验对世界的真实状态赋予了零概率。当然，以上反对意见不足以影响科尔莫戈罗夫复杂性和所罗门诺夫先验为其他更实用的设想提供灵感，维内斯和斯特内嘉德的著作对此提供了研究方向。

发明机器的人不懂科学

本章结束前还有一件事。既然这是一部关于科学、技术和人类未来的书,我们就应谈谈它们之间的关系。本书中或多或少地提到的一个假设是:科学通过技术对社会及人类生活施加影响。热力学第二定律、自然选择说、量子纠缠、通用图灵机、相对论和宇宙大爆炸理论之类的科学发现可能令人惊叹,但真正改变人类生活的是内燃机、青霉素、平板电脑和互联网等伟大的工程技术制造的物品。

培根认为,科学为新的技术创造了条件,波普尔因而把工业革命的提前到来归功于培根。毫无疑问,科学为技术发展做了大量铺垫,但些许克制依然是需要的[23]。哈克曾这样写道:

> 我们习惯于认为技术只是科学理论发展的成果,但这种说法过于简化。巴尔赞列举的"蒸汽机、纺锤支架和动力织布机、机车、轧棉机、金属工业、照相机和底片、麻醉剂、电报和电话、留声机和电灯"全都由"对科学理解较少或者完全根据经验的人"发明。

可能还是会有人问,如果没有科学进步的积累,这些"对科学理解较少的人"是否还能发明出这些东西。在我看来,本书探讨的大多数新兴技术都建立在科学进步之上。人工智能的突破可能是一个例外:在我写这些话时,也许这世上某个地方就有一个独行的天才黑客,他可能没有接受过计算机科学的正规训练,也不懂现在的人工智能建模,却将引发一场智能爆炸。不过,他的才能仍然需要通过机器实现,而这些机器的出现又部分归功于计算机科学的进步。

值得注意的是,科学和技术的区别并不总是泾渭分明。以新药研发为例，它或许是项技术任务，但在很多方面又非常像科学，尤其是临床试验中的双盲和随机对照试验[24]。

或以物理学为例。物理学当然不仅关乎基本粒子（或者物质最基本的构成物），它更关乎这些粒子的各种构形（不管是大是小）所产生的各种现象。从某种意义上看，工程技术就是其中的一种特殊情况，它能够为我们所利用。多伦多大学的计算机科学家史蒂夫·伊斯特布鲁克（Steve Easterbrook）制作过一些阐释两者关系的幻灯片，对比了侧重差异性的"传统观"和侧重相似性的"更现实的观点"。前者认为，科学家研究知识而工程师加以运用，科学家研究世界而工程师力求改变世界，科学家利用显性知识而工程师使用隐性知识[25]，科学家是思考者而工程师是行动者；后者则认为科学家和工程师都研究知识，都是问题驱动，都设法理解和解释这个世界，他们通过实验（科学家）和设备（工程师）检验理论，在很大程度上依赖隐性知识。

与伊斯特布鲁克相反，德雷克斯勒发现，对科学和工程的差异性进行强调大有益处。虽然两者的活动都涉及抽象模型、具体描述和真实的物理系统，但它们在这三个层面上的信息流方向截然相反。科学从物理系统（在此情况下为研究对象）中得出具体描述（科学数据），具体描述反过来又得出抽象模型(科学理论)。工程技术从抽象模型(在此情况下为设计理念)中得出具体描述（产品规格），从具体描述进而得出物理系统（实体产品）。以上两者的结果都取决于自然的本质和研究者的选择，但是双方权力的平衡不同：科学家对科学理论的影响力在很大程度上受自然的本质约束；而通过产品规格的选择，工程师对最终产品拥有了更大的影响力。

德雷克斯勒的愿景是实现原子精确制造，受此激励，他认为以上差异性对大项目的实施具有切实影响，即从管理看，工程技术的要求通常高于科学。他举了两个例子：阿波罗登月计划和人类基因组计划。

虽然前者常被描述为一项科学成就，但它其实是一个工程项目，而后者才是真正的科学项目。阿波罗计划是协调、管理和组织的伟大胜利，它涉及很多团队及其负责研发的各项技术，这些技术必须整合到一起，形成一个正常运转的整体。人类基因组计划则不太需要协调，因为基因本身已经多多少少地暗示了各个参与团队的劳动分工，即把基因排序任务分解成染色体的各个序列。每个团队只需将自己的工作做好，而无须过多打扰其他团队的工作，就能得到真正的人类基因组[26]。相反，登月计划中的技术子系统数不胜数，但只有极少数的组合能够形成一个正常运转的整体，因而需要精心协调。

总而言之，虽然伊斯特布鲁克和德雷克斯勒的侧重点各有不同，但孰是孰非？我们没必要非得选一边，因为他们都对。科学和工程技术是不同类型的活动，可以从很多角度合理看待。

注　释

[1] 柏拉图非常蔑视实证观察，罗素说他的观点"没有任何一种配称为'知识'的东西是从感官得来的，唯一真实的知识必须是有关于概念的。按照这种观点，'2+2=4'是真正的知识，而像'雪是白色的'这种表述则含糊不清，无法在哲学家的真理体系中占有一席之地"。

[2] 公元 2~3 世纪的古希腊哲学家、医生塞克斯都·恩披里柯（Sextus Empiricus）（以及他的追随者）是个例外，"实证"一词就是从他的名字演化而来的。

[3] 这个例子成为标志性例子的一个证据是，我手头至少有两本这方面的（支持或反对波普尔的观点）新书，采用了黑天鹅作为封面：分别是塔勒布和佩尔松的书。

[4] 除了那次我全神贯注地读戴森的著作，忘了在查尔姆斯理工大学下车。

[5] 另一个扰乱的例子是古德曼提出的绿蓝悖论：

定义事物 A 在时刻 t 是绿蓝的，如果它满足：

（a）$t<2019$ 年 10 月 14 日，且 A 在时刻 t 是绿色的；

或者

（b）$t \geqslant 2019$ 年 10 月 14 日，且 A 在时刻 t 是蓝色的。

类似的，定义事物 A 在时刻 t 是蓝绿的，如果它满足：

（a）$t<2019$ 年 10 月 14 日，且 A 在时刻 t 是蓝色的；

或者

（b）$t \geqslant 2019$ 年 10 月 14 日，且 A 在时刻 t 是绿色的。

给定一个事物，例如绿宝石，假定它已经被观察了很长时间，一直都是绿色的。归纳主义者就会认为，绿宝石将一直是绿色的。但是同样的证据，也可以用来说绿宝石是绿蓝的。但是在 2019 年 10 月 14 日以后，我们无法既认为它是绿色的，又认为它是绿蓝的。大多数人都会倾向于认为它是绿色的，但是想要证明这种判断却很难。

[6] 我认为，$(\neg H_{\geq 50\%})$ 作为 $(H_{\geq 50\%})$ 的逆命题，有两层含义：(1) 这两个假设不能同时为真；(2) 它们当中至少有一个为真。(1) 没有问题，但是如果数量 N 是 0 或者 ∞,(2) 就有问题了。$N=0$ 时，只要我们观察到 1 个特例，就可以否定它。$N=\infty$ 时，可以有很多种解释，或者结合我的例子，作为第三种假设：既不能证真，也不能证伪。

[7] 从牛顿万有引力定律仅仅是爱因斯坦广义相对论（或者可能是我们还不知道的一些更根本的原理）的近似这个意义上来说，万有引力定律后来被证明是错误时并不要紧。不过有趣的是，即使到今天（在普遍或几乎普遍接受广义相对论数十载之后），牛顿万有引力定律仍然享有盛誉：依然出现在中学和大学的课堂中，是物理学和工程等诸多领域中不可或缺的一部分。它在宏观的空间尺度和能量水平上，是一个很好的近似，即使没有完全精确地描述现实，也不太影响我们使用。

[8] "粗糙"一词不是贬低波普尔的划分标准，只是在说盲目应用、生搬硬套这个标准的人。波普尔本人非常了解它的粗糙性。

[9] 在最简单的情况下（甚至根本称不上"理论"），如所有乌鸦都是黑色的，它推断预测的步骤非常简单：我们遇到的所有乌鸦都是黑色的。而对于牛顿万有引力定律这样的理论，预测工作就非常费力。

[10] 波斯特洛姆提出了一个理由，证明我们现居的物质世界不是最基本的现实层面，而是一个更大、更基本的世界的计算机模拟空间。我同意查默斯的观点：即使模拟空间假设为真，它也不影响物质

世界是客观现实的状态。另一个问题是，我们通过科学方法能否到达或者无限靠近现居世界的一切真理。在我看来这是一个开放性问题。多伊奇声称，有理由证明答案是肯定的。但他的论证有点模糊不清，而且他似乎只把自然世界定义在科学范畴之内，而不考虑那些超自然现象。

[11] 他对这种精神提供了另一个视角，他在段落结尾这样写道：

> 讨论这种发生概率很低的模型（如智能爆炸）有意义吗？完全没意义，除非是聊着玩。它和其他所有没有意义的事物一样，例如通过看风水、看塔罗牌或者冥想来猜测自己能活多久。也许对我们这些个体来说，它们是有其存在意义的。但是这种意义和地位与严肃的科学讨论无关，也不应该把它们与科学混淆。

> 好吧，我们直接承认好了，我反对桑普特的观点，我讨论智能爆炸和相关话题可不是闹着玩的。我这样做，是因为发现了它们的重要性（当然也有一点乐趣）。

[12] 我指的是桑普特对卢克·穆豪瑟尔的观点很不公正的总结。桑普特说卢克·穆豪瑟尔认为仅靠列举几个人类启发式方法局限的例子，指出计算机是很好的搜索引擎，就能说服我们"现在处于地球历史的关键时刻……我们很快就会从这座山或另一座山的那一边滚下去，到达一个稳定的休息地"。

[13] 在这些作者当中，从数据与理论的比例来看，汉森似乎更接近桑普特的方向，他展示了这样一个小数据集，可能与我们的主题有关：

> 从历史长河的角度来看，我们可以看到，增长率在大部分时间里都是稳定的，当更快的增长模式偶然出现时，总是伴随着警惕，然而很快又进入了新的稳定期。我们知道几个这样的"奇点"的出现时间：动物大脑（600万年前），人类（200万年前），农业（1万年前），工业（200年前）。前几次的统计数据表明，又一次大变革即将来临，也许就在21世纪内发生。

他之所以说"即将来临",是因为之前几次奇点发生的间隔时间,呈现出了几何收敛的特性(a, a_r, a_{r2}, a_{r3}, …)。这看似震撼,但是请注意,这只是基于三次观察得出的推论,也就是说 r 只出现了两次,第一次的估计值为 r_1=198 万年 /598 万年 $\approx 1/300$,第二次的估计值为 r_2=9800 年 /198 万年 $\approx 1/200$。这两个数字比较接近,很容易让我们想起几何数列的特性,也进一步鼓励我们建立数学模型,大胆猜测随着增长速度的增快,未来的 r 依然会保持在类似水平:"以前每一次大增长,都会开启一个新时代,导致增速提高 60 ~ 250 倍。"(汉森)。不过,作为一名统计学者,我的直觉告诉我,这种增长速度是难以为继的,所以我建议大家要保留一些怀疑。在汉森的文章中,我们可以看到如下叙述:

> 因此,我们必须承认,又一个奇点……迫在眉睫。之前的这些数据已经显示出了很明显的规律。如果我们还不思改变的话,那就是傻子。很多人对这个趋势视而不见,这让我感到痛心疾首。

我在认真地读了汉森的著作之后,对这些原始数据还是很认同的,但是当我后来看到他在和尤德考斯基共同发布的博客中说"我认为 a 的估值在 1/4 到 1/2 之间",我认为他对自己的数据太过自信了。

[14] 这二十个科学事实如下:(1)差异和可能性造成变化;(2)没有一种测量方式是精确的;(3)偏差普遍存在;(4)更大的样本容量通常更好;(5)相关性不蕴含因果关系;(6)均值回归会产生误导;(7)数据外的推断都有风险;(8)小心基率谬误;(9)对照至关重要;(10)随机化避免偏差;(11)寻求复制而非伪重复;(12)科学家也是人;(13)显著性意义重大;(14)区分无效和不显著;(15)研究的事件对象很重要;(16)可以收集或选择数据;(17)极端的测量结果可能产生误导;(18)研究相关性会限制概括;(19)感觉

影响风险感知；（20）依赖关系改变风险。

[15]"极端"是一个模糊的概念，主要是它导致了这个定义的松散性。在诸如此类的简单情况下，人们首先会猜测如何说明在极端情况下它通常是正确的，但在更复杂的情况下，可能有必要指定一个所谓的替代假设，并使用奈曼－皮尔逊引理（Neyman-Pearson lemma），参见莱曼和罗马诺的研究。

[16]"极端"这个概念实际上取决于我们如何阐述这个问题。如果我们在实验前说"硬币真的均匀吗，或正面朝上的概率 q 会不会小于 1/2？我们看看正面朝上的次数会不会特别少"之类的话，我们就可以跳过 $X=8$、$X=9$ 和 $X=10$，得到稍好一点的 $p=P(X=0)+P(X=1)+P(X=2)=0.055$。但是，如果我们没有那么说，我们必须均衡对待这个问题。我们不能先做实验、看数据，然后再做出假设："嗯，正面朝上的次数太少了，是的，我觉得这正是我们的预期。"这就好比投飞镖游戏时先投飞镖再定目标，不管投到几环，你都可以说你瞄准的就是那里，这是得到看似真实的虚假研究结果的最常用的方式。

[17]此刻一些读者会问显著性水平多大才能几乎确定或者"毫无合理疑问"。0.001 行吗，还是 0.000001？我对这个问题的回应是"看情况"。比如，取决于除了某项研究现有的数据之外还知道什么，以及面临哪些危险。不过我一直反对别人把 $p < 0.05$ 当做"毫无合理疑问"或者类似的东西。更好的建议是把 $p < 0.05$ 理解为"嗯，有趣，或许在这里有影响，这可能值得深入研究"。

[18]在我撰写本书时，挪威的国际象棋选手马格努斯·卡尔森（Magnus Carlsen）从 2013 年 11 月以来一直蝉联世界冠军。

[19]比如，在抛硬币的例子中，先验分布可能只是 [0, 1] 之间的概率分布，描述了我们（在实验之前）对正面朝上的概率 q 的认识。

假设在抛硬币的例子中，为了更加具体，我们在实验之前确定正面朝上的概率是 1/4、1/2 或 3/4，并且认为这三者同样可能。这对应的先验分布 P 就是 $P(q=1/4)=P(q=1/2)=P(q=3/4)=1/3$。

[20] 这几乎是正确的。有人为贝叶斯统计辩护，提出把先验分布作为均匀分布，从而避免主观性。对此我并不认同。

[21] 主要是因为计算机算法的兴起。哪怕在非常复杂的情况下，贝叶斯后验分布也变得可以计算(或至少可粗略估计)。详见基尔克斯、理查森和施皮格哈尔特的著作。

[22] 一种看待方式是注意自然法则涉及很多可以（或者似乎可以）从连续的数值中取任意值的基本常数，每一个这种连续体都是一个不可数集。想想对角论证法，表明实数集合是不可数集。我们很容易拿这个证据说明数列上任何非零区间都是不可数集。

[23] 值得注意的是，科学与技术的关系不是单行道。技术发展通常会为科学突破提供必要的先决条件。一个显著的例子是，粒子物理学受惠于欧洲核子研究组织和其他国家对粒子加速器背后的工程研究。

[24] 这并不是说药物学和医学发展就万事大吉了。一个主要问题是由于存在发表偏倚的现象，即倾向于发表积极研究成果、避免负面研究结果，总的论文证据因而偏向过度乐观的一面。

[25] 根据知识能否清晰地表述和有效地转移，可以把知识分为显性知识和隐性知识。通常，以书面文字、图表和数学公式加以表述的知识为显性知识，在行动中所蕴含的未被表述的知识，称为隐性知识。

[26] 这里没有包括一些复杂情况，比如不同人的基因组略有不同这个事实。

第 7 章

荒谬的末日论

人类灭绝的概率是 95%！

本书探讨的是人类未来的可能性，但如果人类并没有未来，而是灭绝了呢？本书前几章已经提到过这个话题，从某些方面来看这是有可能发生的，第 8 章将系统探讨这些设想。然而还有一种观点困扰着未来学领域，它没有谈及任何具体的机制，却声称人类即将灭绝。这就是所谓的**末日论**，也是本章要讨论的问题。

天体物理学家布兰登·卡特（Brandon Carter）和理查德·戈特（Richard Gott）分别从统计学的角度独立提出了末日论，哲学家约翰·莱斯利（John Leslie）的著作则让这种观点广为人知。熟悉这一观点，并认为它难以服人的读者可以略过此章，直接跳到第 8 章。

先从末日论最简单的公式说起，它和戈特的公式非常相似，也是博客圈和其他地方最常见的公式之一。我将在后文给出该公式的致命缺点，并从频率论和贝叶斯主义的角度，探讨该如何纠正这种观点。但最好的结论，也不过是无法定论。

这种观点涉及数字 n 和 N 的比率 n/N。N 指的是过去、现在和将来所有人类的总和，n 的意义稍后再说。显然，我们并不知道 N 的具体数值，但我们可以把它设为未知数。假设按照出生日期给过去、现在和将来的所有 N 个人进行排序，给最早出生的一个人编号为 1，第二个出生的人编号为 2，以此类推，直到最后一个出生的人编号为 N[1]。接下来，我们从中随机选择一个人，每个人被选中的概率都是 $1/N$。假设被选中的人的编号为 n，我们再来看 n/N 这个比例的数值。很明显，$0 < n/N \leq 1$。再具体一点，这个比例可能是 $1/N, 2/N, \cdots, (N-1)/N, 1$，其中每个数值出现的概率都是 $1/N$。N 的数值巨大，这意味着 n/N 均匀分布在 [0,1] 这个区间，即对于任意处于 [0,1]、长度为 α 的区间 A，有

$$P\left(\frac{n}{N} \text{ 在区间 } A \text{ 内}\right) \approx \alpha$$

特别的，对于任意大于 0 且小于 1 的 α，有

$$P\left(\frac{n}{N} \leq \alpha\right) \approx \alpha \tag{10}$$

例如，$\alpha = 0.05$ 表示随机选择一个人，他是人类历史上前 5% 出生的人的概率约等于 0.05。

大胆想象一下，假设你，亲爱的读者，就是被随机选中的那个人，你的出生日期编号为 n。这背后有一个基本前提：你并不特殊，你获取任一编号数字的概率都一样。

因此，根据式（10），如果我们能够确定 n 的具体数值，就可以解出 N，也就有可能了解到 N（也就是人类总和）的期望值有多大。能否得到 n 的具体数值，取决于我们对人类和原始人界限的划分。当然，即使有明确的定义，我们也只能得到一个概略估计的数字。幸运的是，这里关注的重点是数量级，而不是具体数值，所以我们不妨使用莱斯利在 1998 年估算的人类历史人口总量：6×10^{10}（即 600 亿）。继续我

们的计算，如果你出生在 1998 年，那么 $n=6 \times 10^{10}$；如果不是，我们仍然可以假设 $n=6 \times 10^{10}$，因为在你生日和 1998 年之间出生的几十亿人，在以下计算中只是一个很小的误差，可以忽略不计。

所以，我们把 $n=6 \times 10^{10}$，$\alpha=0.05$ 代入式（10），得到

$$P\left(\frac{6 \times 10^{10}}{N} \leqslant 0.05\right) \approx 0.05 \qquad (11)$$

计算其中的 N，得

$$P\left(N \geqslant 1.2 \times 10^{12}\right) \approx 0.05 \qquad (12)$$

换句话说就是：

P（人类灭绝前人类历史人口总和达到 1.2×10^{12}）≈ 0.05 （13）

乍看起来，1.2×10^{12} 似乎是个无穷大的数字，足以令人安心。但换算成时间是多少呢？这取决于未来各个时间段地球上的人口数量。假设人口总数稳定在 8×10^{9}（80 亿），平均寿命是 80 年，那么每年平均新生儿数量为

$$\frac{8 \times 10^{9}}{80} = 10^{8}$$

要想达到 1.2×10^{12} 的历史人口总数 N，还需要的未来人口数为 $N - n=1.2 \times 10^{12} - 6 \times 10^{10}=1.14 \times 10^{12}$，需要的时间为

$$\frac{1.2 \times 10^{12}}{10^{8}} = 11\,400年$$

这个数字突然不那么大了。在以上假设下，由式（13）得知，人

类在未来 11 400 年内灭绝的概率是 95%。

你尽可以修改上述公式中的数字，但它是最常见的末日论。人们对此有很多疑问，比如读者的出生编号为随机数的假设、对人类定义的任意性（后面将对此进行更多探讨）等。不过，仅凭以下这条致命的错误就足够了。

回想一下我们假设 $\alpha=0.05$ 时代入的概率式（10），得到

$$P\left(\frac{n}{N} \leqslant 0.05\right) \approx 0.05 \tag{14}$$

式（14）右边的 0.05 是一个概率。在此，当它不是 0 或 1，而是某个中间数值时，左边的数值也要包括一些随机变量，而我们定义的唯一随机变量就是 n——某个人的随机编号。再回头看看，当我们把 $n=6 \times 10^{10}$ 代入式（14）时，我们得到了式（11），即

$$P\left(\frac{6 \times 10^{10}}{N} \leqslant 0.05\right) \approx 0.05$$

这样做似乎没什么错误，但请注意，和式（14）一样，式（11）左边要有一个随机变量。虽然 n 可以作为随机变量，但 6×10^{10} 这样的具体数字不能，所以在式（11）中能够充当随机变量的唯一数值就是 N。人口总数 N 成了随机值，这在式（12）和式（13）中更加清楚。这是作弊！因为建立模型时，我们已经把 N 设为了未知数，而不是随机变量。即使再多、再合理的公式推导，也不能把一个非随机变量变成随机变量，所以我们只能得出结论：上述末日论不成立。

主要错误发生于式（11）到式（13）的推导。前者表述的是随机变量 n 在固定区间 $[0,N]$ 上的分布，而后者表述的却是假设 $n=\times 10^{10}$ 时、随机变量 N 的条件分布。所以，这个版本的末日论犯了条件概率倒置

的错误。这个严重的错误会导致各种意外的错误结果。

何为世界末日？

有没有挽救末日论的方法？上述版本试图在没有设定先验概率的情况下，魔法般地计算出 N 的后验概率，可以被看做是频率论与贝叶斯统计推导的失败结合。因此，若想继续正确地推导，可以选择以下两种方法：

(1) 修改为合理的频率论方法；

(2) 修改为合理的贝叶斯方法。

莱斯利倾向于方法（2）。我们可以两种都讨论一下。首先是方法（1）。

式 (14) 可以用来对 "N 的数值巨大" 的假设进行一次频率论检验。参考前文末日论中的数字，我们或许可以做出这样一个原假设（H_0）：

$$（H_0）\quad N \geq 1.2 \times 10^{12}$$

以此推导，看看将得出什么结果。请注意，在原假设（H_0）的情况下，我们可以得出

$$\frac{n}{1.2 \times 10^{12}} \geq \frac{n}{N}$$

也就是说：

$$P\left(\frac{n}{1.2 \times 10^{12}} \leq 0.05\right) \leq P\left(\frac{n}{N} \leq 0.05\right)$$

结合式 (14)，可得出

$$P\left(\frac{n}{1.2\times10^{12}} \leq 0.05\right) \leq 0.05$$

经过计算得出

$$P\left(n \leq 6\times10^{10}\right) \leq 0.05$$

这个结果的意义是：如果原假设（H_0）为真，那么随机选择的出生编号小于 6×10^{10} 的概率至多是 0.05。因此，如果我们想从整个人类历史上随机选择一个人，对原假设（H_0）进行检验（显著性水平为 0.05），那么只要 $n \leq 6\times10^{10}$，我们就可以宣布统计显著。如果随机选中的恰好是某位读者，那么 $n=6\times10^{10}$，与原假设（H_0）存在统计上的显著差异。根据第 6 章频率论统计显著性检验的逻辑，我们可以认为，这是对原假设（H_0）的否定。反过来，这也是对原假设否定命题的肯定，即

$$(\neg H_0) \quad N < 1.2\times10^{12}$$

可见，人类在总人口达到 1.2×10^{12} 前会灭绝。

那么，末日论就这样复活了吗？在宣布这次推导圆满成功之前，我们先退一步，想想频率论统计显著性检验的逻辑。首先，想想前文中对理解统计显著性所提出的警告。尤其是，统计显著既不能证明原假设错误，也不能证明原假设为真，否则就又犯了条件概率倒置的错误。频率论认为统计显著的结果可以用来否定原假设，却没有表明它能否用来确定原假设为真。

但现在的情况还不止于此。频率论假设检验的一个基础是：如果原假设为真，那么从统计显著的意义上看，得到虚警的概率不会超过先前指定的显著性水平（本案例中是 0.05）。

不过，这是真的吗？如果我们真的能从整个人类历史中随机选择

一个人，并把他的出生编号作为数值 n，这就是真的。然而，这显然不是我们可以做到的事情，于是我们只能选择一个现代人（某位读者）的出生编号作为数值 n。经过如此地修改数据采集过程后，虚警的概率是否依然不超过 0.05 就十分值得怀疑了。

所以，为了证明"末日论是显著性检验问题"的观点，我们还需要一个声明：以某个现代人的出生编号为数据，最多产生 0.05 的虚警概率。在我看来，想要证实这一表述，必须在人类历史上进行随机选择，某个时间点被选中的概率应该与当时的出生率成正比。这个假设似乎非常不可靠。例如，未来的人口规模有可能更大，人口总和 N 有可能是 10^{15}、10^{20}、10^{30}（在无法确定之前，我们必须接受这种可能性，否则末日论就没有意义了）。

另外，很有可能的是人们只在历史早期的较短时期内（包括现在）痴迷于末日论，而在更广阔的未来时空里研究其他更有意义的问题。这样的话，所有以显著性检验验证末日论的尝试都会发生在人类历史早期，所以会产生虚警，且虚警概率是 1，而不是 0.05 [2]。

在这些质疑面前，似乎没有更好的方法可以为"末日论是显著性检验"提供辩护了，用频率论调整末日论的方法（1）失败了。

那么，让我们看看莱斯利赞成的方法（2），把末日论置于贝叶斯环境下，将人类总数 N 设为一个随机变量。假定先验概率分布 $P=(P_0,P_1,P_2\cdots)$，其中 $\sum_{k=0}^{\infty} P_k = 1$，对于每个 k 都有

$$P(N = k) = P_k$$

然后，运用贝叶斯条件化原则对 $n=6 \times 10^{10}$ 进行修正。给定 n 时，N 的条件概率分布是多少？这取决于其他尚未指定的模型假设，不过最直接或许也是最天真的方法是，根据 $n=6 \times 10^{10}$ 推出 $N \geq 10^{10}$。因为没有任何人的出生序号可以超过 N，我们照例把读者出生至今期间

出生的几亿人看做误差舍去。所以，$n=6\times10^{10}$ 意味着 $\{N\geqslant6\times10^{10}\}$，从而得出后验概率分布 $P'=(P'_0,P'_1,P'_2,\cdots)$ 为

$$P'_k = \begin{cases} 0, & k=0,1,\cdots,n-1 \\ \dfrac{P_k}{c'}, & k\geqslant n \end{cases} \qquad (15)$$

其中，$c'=\sum\limits_{k=n}^{\infty}P_k$ 使得 P' 成为概率分布。

不过，这并不是莱斯利和其他末日论狂热者所认可的计算方法。末日论的核心是，如果 N 是一般大而非特别大，观察到 $n=6\times10^{10}$ 的概率就更高。同样，我们认为读者是随机选择的一个人，这意味着对于任意 k，有

$$P(n=6\times10^{10}|N=k)=\frac{1}{k} \qquad (16)$$

把式（16）和先验概率 P 代入贝叶斯定理，得出后验概率分布 P 为

$$P''_k = \begin{cases} 0, & k=0,1,\cdots,n-1 \\ \dfrac{P_k}{kc''}, & k\geqslant n \end{cases} \qquad (17)$$

其中，$c''=\sum\limits_{k=n}^{\infty}\dfrac{P_k}{k}$ 是归一化常数。

P' 和 P'' 的概率分布截然不同，而概率论的标准理论说明，根据随机控制准则，P'' 会比 P' 更快地变小 [3]。因此，对于将来的地球人口，贝叶斯版本的世界末日论者得出了更悲观的估计。具体悲观到哪一地步则取决于 P 的先验概率。可能因为这个例子的随意性，末日论才显得如此明显 [4]。但事实上，根据人类当前的知识，几乎没有任何线索可以给我们提供一个合理的先验概率 P。这也意味着我们无法证明 P'' 是迫在眉睫的厄运。所以，即使我们认同式（17）是计算 N 的后验概率分布的正确方法，贝叶斯版本的末日论依然无法彻底说服我们。

再进一步，式（17）真的是正确的方法吗？事实上，这也不见得。请看以下两个思维实验。

假设有这样一个故事：瑞典首富、宜家公司的老板英格瓦·坎普拉德（Ingvar Kamprad）有一天突生慷慨之心，决定从全世界70亿人当中随机选几个人，给每个人捐助100万美元。不过，他还没想好到底该多慷慨，是选1个人还是1 000人？最终，他决定用抛硬币来决定，具体做法如下：

抛一枚均匀硬币。如果硬币正面朝上，就从全世界随机选1个人；如果背面朝上，就随机选1 000人。

接下来的问题是：假设坎普拉德捐给了你100万美元，你认为他所抛的硬币正面朝上的概率是多大？

这是一个没有任何争议的贝叶斯条件概率计算。首先，正面朝上和反面朝上的先验概率均为0.5；再根据你从坎普拉德那得到了100万美元的事件 E，计算它的后验概率。根据贝叶斯公式可以计算得出，硬币正面朝上的后验概率为

$$Q^*(heads)=Q(heads|E)=\frac{Q(heads)Q(E|heads)}{Q(heads)Q(E|heads)+Q(tails)Q(E|tails)}$$

$$=\frac{\frac{1}{2}\times\frac{1}{7\times10^9}}{\frac{1}{2}\times\frac{1}{7\times10^9}+\frac{1}{2}\times\frac{1000}{7\times10^9}} \tag{18}$$

$$=\frac{1}{1001}$$

尽管硬币正面朝上和背面朝上的先验概率相等，但在事件 E 的条件下，背面朝上的后验概率是正面朝上的1 000倍。也就是说，有更

多人收到了坎普拉德捐助的概率是你单独收到捐助的 1 000 倍。奥拉姆认为，我们应该用同样的方法计算人类总和：如果我们知道 N 的先验概率 P，那么"我存在"就相当于"我得到了 100 万"。如此计算将扭曲 N 的先验概率，使之大幅增大，而与式（17）的末日论观点背道而驰。

与把一个人的出生序号用于贝叶斯计算的末日论观点相对应的，是坎普拉德把每 100 万美元捐款放进一个编有序号的信封。如果硬币正面朝上，他就只装一个编号为 1 的信封；如果背面朝上，他就装 1 000 个信封，编号从 1 到 1 000。如果你得到了 100 万美元，而且你的信封编号是 1，那么你认为坎普拉德抛的硬币正面朝上的概率是多大？

在此案例中，不论硬币正面朝上的概率是多少，观察者得到信封 1 的概率都是七十亿分之一，这样一来，硬币正面朝上的先验概率和后验概率相同。以此类推末日论的计算，你就会发现，由观察者的存在引起的人类数量变化及观察者出生序号导致的计算偏差，统统没有了。奥拉姆总结出，式（16）计算出的后验概率 P' 正确，式（17）的计算错误，即整个贝叶斯版本末日论及其后验概率 P'' 都是错误的。

奥拉姆的总结正确吗？不清楚，因为坎普拉德的案例与末日论的场景究竟能否这样类比还不清楚。前者的逻辑很清楚，后者则很模糊。前者的人群总数是确切的 70 亿人，但上帝是否有足够多的灵魂，给古往今来所有人的身体里装一个，却无从得知。根据我长期的数学研究和概率建模的经验，前者的概率计算更为可靠，而末日论及其相关计算似乎缺乏合理的框架基础。

在我看来，读者是随机选中的一个人的说法并不严谨。波斯特洛姆和米兰·斯科维克（Milan irkovi）就在一篇论文中批评了奥拉姆的结论，他们强调说，末日论中的后验概率 P' 和奥拉姆热衷的后验概率 P'' 可以归结为人类思维中的两种选择：自我抽样假设和自我指示假设。

前者认为，所有人的概率都均等，观察者应该认为自己是从所有**存在的**[5]人当中随机选择出来的；但后者认为，所有人的概率都均等，观察者应该认为自己是从所有可能的观察者当中随机选择出来的。前者得出的结果就是贝叶斯版本的末日论，后者得出的结果就是奥拉姆的反对意见。波斯特洛姆和斯科维克倾向于前者。但我依然不清楚哪一种说法更有意义，也就说不出哪种更好。

有人可能认为，这已经足以证明贝叶斯版本末日论无效（或者起码不确定），但我想多说几句。本书第 6 章讨论了绝对理性的贝叶斯推理，要求我们把所有可用的证据都作为条件，当然，具体实践中可能无法实现，但它仍然表明，要想了解世界，就应尽最大的努力收集尽可能多的证据，并在此基础上推测。在预测人类未来生存的事情上，只考虑某位读者的出生序号 n 这个单一数据，似乎不够可信。当然，还有很多其他的数据及与此相关的事实，它们都应该被纳入贝叶斯分析——如历史上主要流行病毒的出现频率和规模大小、20 世纪 40 年代的冷战、具有潜在毁灭性的核武器库、民主政治的长期发展趋势等。

还有一些适用于各版本末日论的问题，其中之一是：随着 N 的增加，这些理论越来越倾向于排除很大的 N，这使得 $N = \infty$ 的极限情况几乎不可能。但事实上，如果接受了世界末日论（或其他类似说法），那么我们甚至不需要观察或估计当前的人口序号 n，而只需知道所有 $n < \infty$，就可以排除 $N = \infty$，即人类不会永远存在。但反过来，如果 $N = \infty$，那么任何有限的 n 都无法代表早期人类样本，因为相对于无穷，所有有限值所占的概率都是 0[6]。乍一看，不借助任何经验观察，纯靠想象就得出结论似乎有点不科学，但我认为这是一个绝妙的反证法。

末日论的另一个问题涉及参考类别的选择，即被假设为随机抽样的总集。上文讨论的自我抽样假设和自我指示假设就是这样一个问题，不过，为什么"人类"是正确的参考类？为什么不选择其他总集，例如更广泛的"地球上有生命的有机体",或者是更狭隘的"信奉世界末日论的人"[7]。当两种参照类别产生了相互矛盾的结论时,我们应该相信哪一个?目前还没有很好的答案,这给末日论蒙上了一层阴影。

不妨对末日论及其变种做出如此评判:尚未有一种经得起批判检验的末日论,它和那些试验了几百年也没有成功的超自然现象一样。在超心理学家或末日论理论家拿出令人信服的证据前,我们不妨先忽略它,假设超自然现象或滴水不漏的末日论不存在[8]。

暂时忽略末日论的另一个现实原因是,对于关心人类未来生存的人而言,还有很多具体的风险值得担心,从人们最熟悉的核战争大屠杀开始,无穷无尽。人们对每一种风险都进行了大量讨论,包括风险的规模及消除方法。相比之下,末日论只涉及总体风险的大小(所有具体风险的总和),而没有提供如何降低风险的有效设想[9]。因此,还是多关注具体的风险,以及我们可以做出的努力吧!

注　释

[1] 这里默认假设 N 是有限的。后面我将会简要探讨人口数量无穷大的情况。

[2] 如果我们坚持对虚警概率的传统理解，情况将会变得更加糟糕，因为我们需要不停地做独立重复实验，花费很长时间才能得到虚警概率的比重。然而，在这个世界上，怎样才算是"独立"重复实验呢？如果我们现在随机选几个人，就认为他们的出生顺序是随机排列的，我们得到的 n 数值其实差不多（因为在古往今来的历史长河中，与 $n=6\times10^{10}$ 的数量级相比，当代人的出生顺序差异可以忽略不计）。所以，我们做的重复实验很难满足"独立"的要求，即使我们重复很多次这样的实验，最终的虚警概率也很难收敛到 0.05，而是更有可能为 0（$N<1.2\times10^{12}$）或者 1（如果 $N\geqslant1.2\times10^{12}$）。

[3] 更特殊的是，P'' 是用一个特定转换从 P' 中得来的，这种转换叫做尺寸偏置。

[4] 这里有一个简单的例子：假设 $N=10^6$、$N=10^{11}$ 和 $N=10^{18}$ 的先验概率均为 1/3，这三个数字分别对应人类出现后快速灭绝、在之后几百年灭绝、在几百万年之后灭绝三种情况。根据我们对 n 的观察，已经可以排除 $N=10^6$ 的情况，所以就可以考虑 P' 和 P''。然而，这两种情况的概率分布却大相径庭，在 P' 下，$N=10^{11}$ 和 $N=10^{18}$ 的概率均为 1/2；而在 P'' 下，$N=10^{11}$ 的概率为 0.999 999 9，$N=10^{18}$ 的概率只有 0.000 000 1。

[5] 我在这里使用了现在进行时的"存在"（existing），这不能只从字面理解，它实际上同时指代了"过去的存在、现在的存在和将来的存在"。

[6] 为什么我们要把 n 有限、$N=\infty$ 的场景看得更加神秘呢？随便举一个类似的数学上的小例子，所有正整数（哪怕是我们通常认为很大的数）都小于（把所有正整数作为一个整体看的）"平均值"。

[7] 当参照物为"地球上的所有生物"时，最多也只能得出几十亿年后可能出现世界末日的结论，这没什么好怕的。如果用"信奉世界末日论的人"作为参照物，灾难性就更小了，因为人们很快就将发现比世界末日论更有意义的事并继续前进。

所以，这三种参照物："地球上的所有生物""人类"和"信奉世界末日论的人"，得出的结论是一致的，因为这三种事物都有可能在不同的时间灭绝。但是，如果我们不用过去的事物作参照物，而是用未来的事物作为参照，结论就不一样了。这样做不需要像蓝绿盒子一样走极端。举一个例子，如以"人类"和"发明原子弹之后的人类"作为参照。

[8] 本书引用了很多波斯特洛姆的著作，但是他这段话似乎是给世界末日论下了定论，不仅在这段引文里，他在 2002 年的人类学专著和一篇题为《鲜活的世界末日论》的论文中也表达了类似观点。但是这并没有什么价值，他既没有坦然接受某一种世界末日论，也并不比我的论述更高明。

[9] 在这里，也许应该保持一点认识上的谦卑。为了论证，假设我们确实提出了一种令人信服的世界末日论，并且这个论点表明在第 N 个人类诞生时，就有可能末日来临。那么，我们是否可以通过减少每年的出生人数，来调节我们的人口，从而推迟厄运呢？没有任何与人口众多相关的具体风险，仅凭一个抽象的哲学论证就这样做听起来似乎很奇怪。人们当然可以合理发问（我们将在第 10 章讨论这些有价值的问题），对于总量一定的未来人类来说，把他们分散到更长的时间就真的一定更好吗？

第 8 章

世界末日无法避免？

人类面临的危险

2008 年，尼克·波斯特洛姆和米兰·斯科维克编写了《全球灾难风险》，这是目前对人类灭绝的风险（简称为**存在风险**[1]）进行系统概述的最佳文献。他们查阅了大量的文献，并对其中的存在风险进行了归纳，划分为三大类：

（1）自然风险；

（2）人类正常行为意外引发的风险；

（3）人类的故意行为造成的风险；

这种划分方法有合理之处，也有不合理之处，因为很多甚至大部分的灾难设想不是涉及不止一类，就是介于某两类之间的灰色地带。例如，自然流行病（即并非基因工程或其他人类活动产生的感染源）似乎明确属于第（1）类，而像莱克斯·卢瑟那样的疯狂科学家故意引发的灰蛊灾难似乎属于第（3）类。即使在这些看似清晰的情况下，这种划分方法也很容易受到质疑。第一种情况下，细菌在全球范围内的传播源于人类的全球流动，这至少表明它部分属于第（2）类[2]。同样，在第二种情况下，莱克斯·卢瑟并非从零开始研发不断自我复制并吞噬生物圈的纳米机器人，而是在现有纳米技术的基础上，这意味着纳米技术的发展产生了意外后果——一个疯狂的科学家可以用灰尘消灭整个生物圈，因而这个风险至少部分属于第（2）类。

还有一些灾难虽然不会直接灭绝人类，但其影响非常恶劣，可能引起社会崩溃，最终导致人类灭绝，这种现象就处于风险种类划分的灰色区域。为了保证社会正常运转，我们不仅需要基础设施和其他有形的资源，也需要无形的社会资源：人与人，人与机构之间的信任。不同的国家社会资源不一且十分脆弱，在左右国家的成败（经济和其他方面）时发挥了重要作用。汉森总结发现，在灾难造成的直接有形损害中，死亡人数的增长速度高于线性速度（也就是说，如果直接有形损害翻番，死亡人数往往不止翻了一番）。他认为，紧随灾难而来的社会资源坍塌可以对此做出解释，并举例说明了这种坍塌之后的多米诺效应：

> 出现严重危机时，背信弃义的好处不断增加（单凭结果而言）。因此，不仅个人会更为自私，社会秩序也会被破坏。比如，一位法官通常不会受贿，但当他的性命受到威胁时，他可能就会从轻判处偷盗，导致投资下降。另外，银行或者纸币的信用也会降低，使得金融机构无法正常运转。

这里只列举部分原因，说明人类灭绝是多种因素共同作用产生的结果。波斯特洛姆和斯科维克的分类虽然过于简单，但对于理性的思考而言，它仍然具有一定的价值。而且在后文中，我也将说明人类当前处境的危险，以及我们面临的最大风险。

然而我们的依据并不充分，因为在很多情况下，这些风险的概率都很难评估。这不只是因为存在妨碍我们风险判断能力的**心理现象**[3]，更因为评估一件从未发生过的事件的概率，有更深刻的**认知困难**。

为了便于比较，想想以下这个简单得多的统计问题：预测美国下一年的交通事故死亡率。为了得到精确预测，我们可以用最近一年死于交通事故的人数（2012 年的官方数字是 33 561）除以当年的总人口数（313 914 000），得到的比例 0.000 11 就可以很好地预测明年的概率。如果当前有一些会显著影响该风险的因素，比如颁布了严格的新交通法或是发生了石油危机导致路上车辆骤减，那么可能会有 10% 的相对误差，但我们还是有信心不会出现这么大的误差[4]。

在这种情况下，能否做出准确预测的一个关键是存在大量相对独立事件。统计预测尤其受益于大数据。相比之下，考虑一下比交通事故少见得多的情况，如骑自行车时被三楼阳台上掉下来的钢琴砸死。下一年美国公民死于这一事件的平均概率是多少？

假设近 50 年来没有一起这类意外事故，再根据稳态条件的假设（即每年预计的死亡数字保持不变），以及频率论的标准统计方法，可以计算：设每年发生这种事故的期望值为 m，则 m 的 95% 置信区间为 $0 \leqslant m \leqslant 0.060$，然后除以美国人口总数，得出 95% 置信区间 $0 \leqslant p \leqslant 1.9 \times 10^{-10}$，其中 p 代表一名普通美国公民死于这种事故的概率。因此，即使稳定性假设成立，统计学家也不能满怀信心地告诉你，这个概率的数量级是多少，而只能说："可能是 10^{-10} 或 10^{-15} 甚至更小。"另一方面，这个概率几乎为零，可以放心地忽视这个风险。

下面以近 50 年的数据，估算稳态条件下爆发全球核战争的概率。假设每年爆发核战争的概率为 m'，和钢琴意外事故一样，其 95% 置信区间为 $0 \leqslant m' \leqslant 0.060$，我们也无法给出这个概率的具体数值：可能是 0.05 或者 0.001 或者更小。但与钢琴意外事故不同的是，我们不能认为其概率过小就忽视这个风险。如果 $m' = 0.05$ 是目前的风险水平，那么在 $1/0.05 = 20$ 年内就会爆发一次全球核战争，而 $m' = 0.001$ 则意味着平均 $1/0.001 = 1\,000$ 年才会爆发一次。显然，这对于人类是否需要努力降低这一风险的迫切程度有着重大影响。

这里的底线是，对于从未出现过，但一旦发生就有重大影响的风险，不能仅仅考虑历史数据。我们还需要其他方法来评估这些风险（读者可能已经在读第 6 章时意识到了这种困难）。

转基因技术同样如此：一种新作物肆意蔓延，可能破坏某个大洲甚至全球的生态系统。以下是法格斯特姆给出的理由：

> 从全球看，近 20 年来的转基因作物的商业化栽培，其种植面积已超过十亿公顷……然而，这种培育技术并没有直接导致任何危险。

这一理由并没有足够的说服力，我们应该在具体机理的基础上进行证明。塔勒布曾不满于相关研究文献的缺乏，但是否应该增加对此领域的研究投入，则取决于我们是否认同以下推导：与传统培育技术相比，从细胞的代谢产物、蛋白质和酶等角度看，以转基因技术研发的新生物一般不会太偏离它们的原本特性，因此，转基因作物安全无害。表明转基因技术的安全性不低于传统培育技术的证据有很多，转基因技术的研究者似乎整体认为，这足以令人放心了。

就爆发全球核战的情况而言，严格的定量风险分析需要大量的知识储备和工作付出，比如历史学家和政治学家估算的"共同毁灭原则"策略的稳定性、目前对核扩散的限制，以及工程师估算的致命性技术错误引发核战的概率等。虽然本书无法提供这样一个优质分析，不过后面我们还是会就这个问题深入探讨一二。

对于伴随我们半个多世纪的核战争风险，我们很难确定它的发生概率。但更难定量的是目前没有，但将来可能随技术发展而出现的风险，如第 5 章探讨的灰尘。另外，在某些情况下，根据过去类似事件的发生频率估算灾难性风险的概率会更好。我们可以根据地质记录（部分）推断出小行星撞击地球、超级火山爆发等在史前乃至远古时代发生的第（1）类自然灾害，这些灾害的发生概率不会随时间的推移而发生巨大改变。相比人类在近一个世纪内给自己造成的风险，我们可以对自然风险给出更有用的评估。

此外，估算存在风险概率时还有另一个困难：我们的论证、模型或基本理论可能存在缺陷，因而可能出现错误、产生误导。如果一篇关于灾难性风险的研究文章说灾难性事件 B 发生的概率是 P（B），那么真正的数字其实并不是 P（B），而是在这篇文章的论证、模型和理论等都正确的条件 A 下，事件 B 发生的条件概率 P（B|A）[5]。奥德、希勒布兰德和桑德伯格强调，我们需要这样计算真正的 P（B）：

$$P(B) = P(A)P(B|A) + P(\neg A)P(B|\neg A) \qquad (19)$$

其中，$\neg A$ 指文章的论证、模型或理论中存在的缺陷。通常的做法是忽略 P（B|A）之外的一切因素，但当 P（B|A）非常小时，它就很可能因数量级之差被 P（$\neg A$）P（B|$\neg A$）所遮盖。换言之，如果论证存在缺陷，就会导致估算出来的灾难发生概率 P（B）过于乐观。

尤其是在以下案例中。1999 年，达尔、德鲁瑞拉和海因茨三位科学家对纽约布鲁克海文国家实验室里的相对论重离子对撞机展开了分析，得出了因为对撞机实验而产生特殊物质进而毁灭地球的概率。这一概率得到了普遍认可。奥德等人详细探讨了这个例子，后面我们将详加讨论。奥德、希勒布兰德和桑德伯格的方法难度过大，无法得到

严格精确的运用[6]，不过我们至少应该记住式（19）中的 P（¬A）P（B|¬A），以此克服第 6 章中需要矫正的第（2）种偏差——在认识上过分自信的强烈倾向。

自然风险

我将在这里概述自然施加于我们的一些最重要的存在风险，标记是（ER1）～（ER6）；人类技术造成的存在风险将在后文中阐述，标记是（ER7）～（ER13）。在一本聚焦技术进步对人类的影响的书中，讲自然存在风险可能看似跑题，然而并不是，因为对于自然界存在的每一种风险，我们可能都会问能不能研发一种抵御技术。

（ER1）小行星

从小石子到大岩石，平均每天有 100 吨流星撞击地球。2013 年 2 月 15 日，一颗巨大的陨石在俄罗斯车里雅宾斯克州上空 25 ～ 30 千米处爆炸，轰动全球。据估计，陨石直径约 17 ～ 20 米，重约 11 000 吨，堪称一颗小行星。爆炸给方圆几百公里内的地区造成了巨大损失，据俄罗斯当局报告，在陨石坠落后的几天，约有 1 500 人就医，其中大多数人是因为窗户玻璃被震碎而受到划伤，还有相当一部分人是因为强光造成的眼痛，这种强光最亮可达太阳光的 30 倍。

还有更大的陨石。1908 年 6 月 30 日，一颗陨石在西伯利亚通古斯地区 5 ～ 10 千米的上空爆炸，将 2 000 平方公里的森林夷为平地。据估计，这颗陨石直径约 60 ～ 190 米，释放的能量为 10 兆～ 30 兆吨 TNT 当量，是广岛原子弹的 1 000 倍，其威力相当于 20 世纪五六十年代美国和苏联进行的最大规模的氢弹试验。人们预计，大约每一百年就会有一次如此规模的爆炸，但这还不至于引起我们真正的担心，因为这种爆炸的影响通常只是局部的。

然而还有更大的。据估计，1994 年撞击木星的苏梅克 - 列维九号彗星的直径长达 5 000 米，后来（可能在接近木星时）分解为约 2 000 米的碎片。如果它撞击的是地球而不是木星，那就足以造成毁灭性影响：巨型海啸、火灾四起，数年不见天日。而在约 6 600 万年前撞击尤卡坦半岛的希克苏鲁伯小行星甚至更大，其直径至少 10 000 米，足以造成白垩纪 - 第三纪灭绝事件——地球历史上已知的最大灭绝事件之一，消灭了所有非鸟类恐龙。结合陨石坑数据和天文学证据，人们预估，这样的小行星撞击平均每 5 000 万年到 1 亿年发生一次。危及人类文明的直径约为 1 000 米的小行星撞击，约 50 万 ~ 100 万年发生一次，意味着它在一个世纪内发生的概率在 0.000 1 ~ 0.000 2。

包括我在内的很多人都认为，这么小的概率可以忽略。正如后面我们要讨论的，21 世纪还有其他更要紧的存在风险，发生概率至少超过（ER1）几个数量级，所以小行星的威胁可能无法获得太多关注。但如果我们希望在地球上生存发展几千年甚至几百万年，那么我们最终还是要采取一些措施。原则上，避免小行星撞击的工程是可行的，它包括监控和偏转两方面。后者听起来似乎很困难，但是也有很多看上去确实可行的想法，包括核爆炸、用小一些的物体撞击小行星、在小行星上安装火箭引擎、安装太阳帆。越早发现可能撞击地球的小行星，偏转其轨道所需的努力也就越小。

（ER2）超新星和伽马射线风暴

小行星、彗星和其他宏观物体撞击地球，并不是外太空对人类的唯一威胁。其他更遥远的事件也可能带来灾难，而且更难阻止，不过对于它在不远的将来发生的概率，达尔的综述足以令人安心。一颗超新星若想威胁到地球，它就必须处于距我们数十光年的太空中，而且前这一区域中没有哪颗星球接近超新星阶段,未来几百万年也不会有。平均来说,这种灾难预计每 10 亿年才发生一次。

至于更异乎寻常的存在风险,如宇宙射线或伽马射线风暴就曾在其他星系发生过,如果它发生在银河系并且指向地球,那就可能是一场灾难,其概率更加难以估算,但根据过去生物大灭绝的概率(每一亿年一次),这种天文事件十分罕见。

(ER3)太阳

在未来几十亿年中,太阳的半径和亮度会不断增加,直到 60 亿年后开始变成一个红色的庞然大物,并更迅速、更大幅地扩张,吞没水星、金星甚至地球。届时,地球将被瞬间摧毁。据预计,地球在那之前就将不再适合生命生存:10 亿年后海洋就会沸腾蒸发,大约同一时期,地球将不再适合真核生物和原核生物生存。对于像人类这样的大型生物,在更早的时候就将无法忍受这种生存环境。但很显然,在那之前,我们还有几亿年的时间。我们有充分的时间考虑移居其他星球,或者想出能够承受太阳不断变亮的方法。所以,当前无须过于担心这一风险。

有人认为,到 2100 年时人为造成的灾难性气候变化不是现在需要担心的问题,因为 21 世纪后半叶有足够的时间采取行动。这个观点让我震惊不已,我对此持反对态度。这或许与我的上述观点相矛盾,但我确实认为,时间尺度上的 10^6 年甚至更大的差别,足以造成这一不同。

(ER4)超级火山

研究自工业革命以来的全球平均气温图,大量看似杂乱无章的噪声覆盖了整体的上升趋势。造成这种噪声的一个主要因素就是火山。火山排放出高含硫气体,继而转化为含硫酸烟雾,遮挡住太阳光,降低了地表温度。小型火山爆发时，硫会被迅速冲蚀，但大型火山的爆发足以把火山灰喷到平流层（地表上空 10 千米以上），含硫酸烟雾长期停留在那里，对气候的影响可长达数年[7]。喀拉喀托火山（1883 年，印度尼西亚）、圣玛利亚火山（1902 年，危地马拉）、阿贡火山（1963 年，印度尼西亚）、埃尔奇琼火山（1982 年，墨西哥）和皮纳图博火山（1991年，菲律宾）均在全球气候史上产生过显著影响。

与小行星及其他太空岩石一样，火山的规模有大有小，与超级火山相比，皮纳图博火山及其他在 19 ～ 20 世纪爆发的火山比较温和。超级火山通常指喷射 1 000 立方千米熔岩以上的火山，这大约是 1991年皮纳图博火山喷射熔岩的 100 倍。当然，超级火山更为稀少，近期爆发过的两个超级火山分别是新西兰的陶波火山（约 26 500 年前爆发）和苏门答腊岛的多巴火山（约 74 000 年前爆发）。有人认为（尽管遭到了反驳）多巴火山的爆发及之后数年的全球变冷导致了人口数量大幅下降，致使当时出现了人口瓶颈[8]。

至少，如果我们考虑社会崩溃的可能性，多巴火山这种规模的超级火山就可能危及人类文明。尽管和小行星撞击地球一样，在百年尺度上看，超级火山的威胁与人类活动造成的风险相比似乎相形见绌，但风险确实存在。且与小行星的威胁相比，似乎更难想出一些工程方法来减轻超级火山的威胁，只有一个比较直接的提议——在全球范围内储备粮食。

（ER5）自然流行病

14 世纪的黑死病是历史上最具毁灭性的流行病之一，死亡人数高达 0.75 亿～ 2 亿。研究它在欧洲的传播过程令人毛骨悚然。它自东方而来，1346 年蔓延至君士坦丁堡、克里米亚和西西里岛，1348 年横扫今天的希腊、克罗地亚和意大利的大部分地区，以及法国和西班牙的大部分地区,1348 年 6 月攻破巴黎,几个月后抵达伦敦,然后继续北上。到 1349 年夏天,它征服了整个英国,并在第二年占领了斯堪的纳维亚半岛西部,只有芬兰逃过一劫。

今天,环游世界的人数和频率已大大增加,流行病不大可能以过去那么缓慢的速度蔓延。基尔伯恩在回顾过去、现在和未来的瘟疫和流行病时,提到了与我们日趋全球化的生活方式及社会组织方式相关的危害——一个烂苹果综合征:"如果一个烂掉的东西(如苹果、鸡蛋或者菠菜叶)携带了 10 亿细菌(这并非不合理的估算),然后被加工成了制作蛋糕的原料,继而成品包装完毕,被送到全国数百万消费者手中,随之而来的可能就是一场令人恐慌的传染病。"再加上其他一些因素,现在的人类更多地暴露在全球性甚至存在性的流行病下,但基尔伯恩强调说,也有更强大的抵消因素帮助我们:更先进的医疗科学和更发达、更广泛的通信技术等。

面对艾滋病病毒及每年都会爆发的各种流感,我认为自然流行病是否会危及全球这一问题很好回答:是,它会。这一风险是否会加剧,进而危及人类文明甚至消灭人类?或许会,但就自然流行病造成的存在风险数量而言,很难说上述提到的所有因素(及很多其他因素)会将我们置于何处。我个人的感觉是,与因人造感染源导致文明终结的风险相比,自然流行病的风险可能是小巫见大巫,详见 ER12。

(ER6)被外星人消灭

在 22 世纪的某个时间,外星人入侵地球并消灭人类的可能性有多大?这个问题取决于是否确实存在地外文明。众所周知,这个问题很难回答,它可以被归类于费米悖论——第 9 章的一个话题,所以我们将这一个存在风险放到第 9 章探讨。

然而,此刻我们应该注意以下几点。还没有外星人侵略过地球的任何证据，这可以被看做是外星人尚未来过地球的证据，但我们越是往前追溯历史，这个证据就越站不住脚。例如，10 亿年前发生了外星人侵略事件，而没有留下任何现在可见的明显痕迹。但是，看似没有遭到入侵的史实似乎又确实在暗示，与上述（ER1）、（ER2）和（ER4）的统计理由相似，在不久的未来，外星人也不太可能侵略地球。不过，（ER6）与小行星、伽马射线风暴和超级火山的例子有一点不同，人类的存在有可能增加外星人侵略地球的可能性。假设被入侵的时间点恰好是在我们达到某个技术水平后，如无线电和登月，这仅仅会是一种巧合吗？当然可能不是。外星人或许通过某种方式已经察觉到了我们的这些活动，因而决定侵略地球，在我们可能对他们构成军事威胁前先发制人。

科技发展带来的风险

讲完自然风险后，下面将探讨人类技术发展带来的潜在风险。

（ER7）核战争

与主流意见相左，全球爆发核战的风险并没有随着 20 世纪 90 年代初苏联的解体而消退[9]。我这么说不是对俄罗斯总统普京最近展现出的地缘政治野心做出的一时冲动的回应，而是因为这个风险在冷战后的几十年间一直挥之不去。冷战结束后，美国和苏联 / 俄罗斯进行过实质性的核裁军，核弹头总数从 20 世纪 80 年代末巅峰时的 6 万多枚减少到现在的约 1 万枚，不过我们不应该因此掩盖一个事实——剩余的核弹头数量仍然足够给全球造成破坏。而且，正如近期发展局势提醒我们的那样，拥有核弹的国家从来无法保证永远和平友好的关系。

全球爆发一次世界性的核战争不会直接消灭所有人。最可能的情况是数十亿人幸存下来，但由于我们日趋依赖的基础设施遭到摧毁，再加上风暴性大火释放的大量烟灰进入大气并阻挡太阳光长达数年，进而导致一连串灾难性的气候变化，严重影响农业生产。这被称为"核冬天"，它经常被拿来与（ER4）探讨的超级火山的影响相比较，但实际上它更接近大颗小行星撞击地球后（ER1）的全球变冷。它可能造成巨大的损害，从而引发汉森提出的社会崩溃。

那么全球爆发核战的概率是多少？"过去爆发核战的概率是多少"已经是个非常具有挑战性的问题了，而将来爆发核战的概率更加难以得知。人类从冷战中幸存下来有多幸运？里斯（Rees）认为这一概率没有100%也大于50%，但我不清楚他的合理依据是什么。肯尼迪总统在1962年古巴导弹危机时公开表示，爆发核战的概率"大约在三分之一到二分之一之间"，我虽然对此持保留态度，但仍然不清楚应该朝哪个方向进行纠正。不过，古巴导弹危机并不是我们唯一一次临近世界末日核大战。第二个最广为人知的事件发生在1983年9月26日，就在同年9月1日韩国大韩航空公司007号客机在苏联领空被击落之后。苏联空军军官斯坦尼斯拉夫·彼得罗夫自行认定，美国洲际核导弹来袭的警报是假警报，而没有将其上报。我们无法知道，如果他报告给上级会发生什么，但爆发全球核战似乎是个十分合理的结果。1995年的挪威火箭事件及其他事件也在提醒我们，冷战结束并没有消除核战风险。

从20世纪50年代至今，爆发全球核战的可能性显然很大。所以，寻找途径消除或者至少大幅降低这一风险就显得尤为迫切和重要。

（ER8）人为造成的全球变暖

金星综合征是指地球气候趋于失控性增暖，海洋沸腾蒸发，地球变得像金星一样不宜居住。它在很大程度上都不大可能被认为是人为全球变暖的后果 [10]，即使在温室气体排放最严重的时候。因此，目前的气候危机不会直接导致人类灭绝。但和（ER7）一样，随之而来的可能就是第 8 章探讨的社会崩溃。我们的社会能否经受得起热带、亚热带地区农业崩溃造成的紧张局面，并养活数十亿气候难民呢？

（ER9）敌对的人工智能

正如我们在第 4 章所探讨的，还有一个存在风险需要谨慎对待。以下是一个简要概括。

原则上，几乎毫无疑问地，我们可以设计出拥有人类或者超人类智力的人工智能。更开放的问题是，这能否在未来 20 ～ 100 年实现。许多专家认为可以，如鲍姆、戈策尔、穆勒和波斯特洛姆。图灵就曾预言这样一个突破可能会很快引发类似古德所说的智能爆炸，即人工智能的智力水平急剧上升，远远超过人类。

一旦出现了比人类聪明得多的人工智能，我们就不再能指望在现实中掌控大局 [11]，我们的命运也将掌握在它们手中，并取决于它们的目标和价值观（我在第 4 章引用了尤德考斯基、波斯特洛姆和奥摩亨德罗的著作，强调了向人工智能灌输与人类价值观一致、且高度重视人类福祉的价值观有多重要）。我们需要在人工智能获得超人类智慧之前完成尤德考斯基的"友好人工智能计划"。因为它一旦超过人类，也就不会允许人类干预它的目标体系了。这看上去非常困难，因为人类的价值观在所有可能的价值空间中是一个非常小且形状不规则的子集。其余大部分都是非常危险的领域（想想尤德考斯基的默认设想，"人工智能并不恨你，但它也不爱你，但你是由原子组成的，而你身上的原子对它可能有别的用处"），因此，如果我们不能解决友好人工智能的问题，就可能招来灭顶之灾。

(ER10) 灰蛊

灰蛊最快能在几周时间内就吞掉整个生物圈。这个设想是否现实?专家们也各执己见,不过最常见的立场可能是,虽然灰蛊事件不太可能意外发生,但是有理由担心莱克斯·卢瑟这样的人物会不会故意为之。

(ER11) 其他纳米技术危险

原子精确制造技术若能实现,将是一项异常强大的多用途技术。一个明显的应用是武器的研发制造,与冷战时期相比,这可能使军备竞赛加速几个数量级,从而破坏稳定,导致人类无法生存。

(ER12) 人造感染源造成的流行病

桑德伯格在说明灰蛊设想 (ER10) 为什么不是最紧迫的问题时,解释说"很难让一台机器自我复制:默认情况下,生物体在这方面擅长得多","或许一些狂热者最终会成功,但在破坏性技术这棵大树上有很多更低、更易摘取的果实"。就灰蛊造成的存在风险而言,这一解释至少能令人稍加放心,但是在我们面临的整体风险水平上绝非如此。合成生物学就对我们构成了严重的威胁。

2002 年,美国国家科学院的一份报告发出了以下警告:

> 拥有专业技能并且有权使用实验室的几个人可以在花费较少的情况下轻而易举地研制出一堆致命生物武器,这可能对美国人构成严重威胁。另外,他们用商用设备也可以制造出生物制剂,且更加不易被察觉。人类基因组序列的解码及对各种病原体基因组的全面阐述,使得一些人有能力滥用

科学来制造具有大规模杀伤性的新制剂。

研究人员通过易购买的化学物质和网上可查到的基因蓝图合成了脊髓灰质炎病毒。还有我们曾在第 1 章提到过另外两起事件：2005 年，西班牙流感病毒被重建了；2012 年，研究人员在实验室构建出变种的禽流感病毒，与之前的变种病毒不同，这个变种病毒可以在哺乳动物间传播。从这些事件以及随之而来的辩论可以清楚地看到，很多科学家都迫切地想研制可怕的病原体并编造出各种理由为自己辩护，比如获得的知识将帮助我们研发疫苗，以及应对其他病毒的爆发。在这种情况下，各种忧虑显而易见，比如我们很难确定这些实验室会不会意外地将病毒散播到生活环境中。当我们考虑把奥德 - 希勒布兰德 - 桑德伯格式分析应用到他们的安全协议中时，这个问题就尤为令人担忧。

然而，最让我们担心的并不是这些实验小组散播的病原体，而是这些知识。美国国家科学院的引语说明了原因，下面是马丁·里斯对同一话题的看法：

> 生物技术的发展显然十分迅速，到 2020 年时将会有成千上万甚至上百万人具有引发一场毁灭性的生物灾难的能力。我担心的不仅是有组织的恐怖分子，而且还有设计电脑病毒的黑客。

我们可以想象一场攻击者与防御者之间的对抗，攻击者设计病原体，防御者研制疫苗和推出其他应对措施。如果攻击者秘密行动，他就处于有利位置，因为他可以从数不胜数的感染源中认真研制一种，而防御者则需要在较短时间内准备好面对其中任何一种。

伟大的技术乐观主义者弗里曼·戴森在 2007 年发表的题为《生物

技术的未来》一文中，满腔热情地描述了对 21 世纪中期的憧憬：

> 生物技术产业如果和计算机产业一样，走上小型家庭化而非大型集中化的道路，它就会有美好的未来。
>
> 家庭化的生物技术一旦被家庭主妇和孩子们掌握，就会导致新兴生物多样性呈爆发式增长，而非大型企业喜欢的单一栽培作物。新谱系激增，取代单一栽培的耕种方式和森林开发毁掉的物种。设计基因组将成为个人的事情，和绘画、雕塑一样，是具有创造性的新的艺术形式。
>
> 尽管这些新创造中只有少数杰作，但它们大部分都会给创造者带来快乐并增加动植物的多样性。最后是生物技术游戏，就像为幼儿园的孩子设计的电脑游戏一样，只不过玩的是真正的蛋和种子，而不是屏幕上的图像。养出最多刺的仙人掌或者孵出最可爱的恐龙的小孩将赢得游戏。

虽然仙人掌和恐龙与病毒不同，但问题依然存在：我们能否在激增的基因工程技术中幸存下来？公平起见，我们应该提及的是，戴森自己确实也提出了风险问题：

> 生物技术的危险确实存在并且十分严重。我们需要回答五个问题：第一，能否禁止生物技术家庭化？第二，应不应该禁止？第三，如果无法或者不愿禁止，必须有哪些适当的限制？第四，如何决定这些限制？第五，如何在国内和国际上执行这些限制？

戴森没有给出这些问题的答案，我也不能。但我们迫切需要这些答案。

（ER13）科学实验

1945 年 7 月 16 日，美国在新墨西哥州白沙导弹试验场进行了世界上第一次核爆炸实验，代号为"三位一体"计划，仅仅发生在广岛和长崎核爆前几周。在试验进行之前，参与曼哈顿计划的一位顶尖物理学家恩里克·费米认为，这次试验可能引燃大气层进而毁灭人类，但最终他们得出了否定结论。费米的三位同事对此进行了调查并撰写了报告。鲍姆引用了这份报告：

> 基于对物理知识的了解，他们认为核爆实验毁灭人类的可能性非常小。不过，他们在报告结尾处写到"然而，由于这个问题非常复杂且没有令人满意的实验基础，因而非常值得深入研究"。所以这一个风险确实让他们有所犹豫。当然，他们选择了冒险。众所周知，试验成功了：原子弹爆炸，大气层没有被点燃。接下来的事情大家都知道了。

我们现在面临着类似的情况吗？布鲁克海文国家实验室在相对论重离子对撞机粒子加速器和欧洲核子研究委员会在大型强子对撞机上开展的试验会不会无意中摧毁整个地球？大众媒体有很多猜测，但是物理学家再三保证这种灾难发生的可能性极小。

用奥德-希勒布兰德-桑德伯格式分析探究上述情况可能是个不错的想法。换言之，物理学家搞错了且灾难随之而来的可能性到底有多大？这是奥德等人在论文中提到的一个主要的具体实例，他们发现，把灾难可能存在的物理机制分为两类大有助益：（1）形成最终吞掉地球的黑洞；（2）更奇特的现象，比如形成"奇异物质"或者真空分解成更低能量的状态[12]。关于前者，吉丁斯和曼加诺提出了三个相对独

立的理由，来解释大型强子对撞机发生黑洞灾难的概率为什么非常小。奥德等人对此比较满意，因为三个理由同时存在缺陷的概率远远小于单个理由出错的概率。他们对后者不太满意。想想式（19）中灾难发生的概率 P（B），在这里指一年时间内对撞机实验发生灾难的概率。它的上限是 P（¬A）× P（B|¬A），¬A 是指实验安全无害的物理学保证存在缺陷，B 是灾难事件。可接受的最大 P（B）值是多少？我们可以放心地假设，没有一个道德委员会允许预计每年造成 1 000 名公民死亡（这显然是保守估计）的物理实验持续下去。因此，一年实验期内的预计死亡人数不应超过 1 000。目前全球人口约 70 亿，预计死亡人数低于 1 000 意味着 P（B）非常的小，以至于 $7 \times 10^9 \times P$（B）< 1 000，所以 P（B）必须低于 1 000÷（7×10^9），即小于 1.5×10^{-7} [13]。因此，

$$P(\neg A)P(B|\neg A) < 1.5 \times 10^{-7} \tag{20}$$

此时赋予 P（¬A）合理的值需要大量的猜测，P（B|¬A）也是如此，但是对这个问题的认真思考表明，接受足够小的值来满足式（20）需要一定程度的预算估计（奥德等人的探讨也支持这一结论）。

奥德 - 希勒布兰德 - 桑德伯格式分析似乎始终会产生高出习惯水平的防范措施，它甚至还可能造成瘫痪。如我应不应该用菜刀削铅笔？已知的物理定律表明这种行为没有毁灭地球的风险，但万一他们错了呢？此时运用奥德 - 希勒布兰德 - 桑德伯格式分析显然荒谬至极。那么什么时候适合呢？一个很好的经验法则是只在异常而不熟悉的情况下运用。桑德伯格说："如果你做的这件事符合宇宙的一般规律，也不涉及十分危险的过程，那么这个活动可能就没问题。"超级对撞机实验看上去就需要奥德 - 希勒布兰德 - 桑德伯格式分析，并得出较高水平的防范措施。桑德伯格还提到了另一件事，一个研究组织进行了代号

为"CUORE"的实验，成功地将 1 立方米铜的温度冷却至 0.006 开，称这是宇宙中最冷的立方块且已经保持这个温度超过 15 天。对这种实验可能涉及的风险，他半开玩笑而又不完全是开玩笑地说出了自己的看法：

> 产生这样一个异乎寻常的现象有多危险？过去没有证据。根据已知的物理定律，没有理由惊慌失措。但没证据不代表没风险：或许低于某个温度时确实存在能够引起相变过程的、类似九号冰[14]的物质；或许由于宏观量子效应或者重力影响，它会发生内爆，成为一个黑洞；或许它会惹得外星人的太空神大发雷霆。

我们面临的麻烦有多大？

我在前文列举了未来危及人类生存的各种潜在威胁。它们的风险到底有多大？ 2100 年时，人类灭绝的可能性是否大到难以忽视？根据桑德伯格和波斯特洛姆的报告，全球灾难性风险领域的专家们的答案是肯定的。这些专家在估算某个事件的具体概率时，得出的平均数值为 19%。正如我在其他地方所强调的[15]，这不仅是因为人的主观性，也因为调查样本的不全面性。不过，这项调查报告的确表明我们有理由担心人类的未来。

如果人类灭绝的风险很大，那么下一个问题显然是前文所列举的（或其他）风险中哪个威胁最高。我在第 5 章引用了桑德伯格的"危及人类生存的五大威胁"，读者此刻或许希望看到我眼中的几大威胁。尽管根据我所接受的统计学教育，在理由不可靠的情况下不能量化概率和其他数据，但在此我还是要冒险说两点：

（1）对于前文中探讨的大多数自然风险，比如小行星和超级火山，我们拥有历史数据，可以根据数据估算"基准风险水平"。虽然在 22 世纪这些风险导致人类灭绝的概率不可忽视，但它远远比不上各种人类行为造成的风险。换句话说，我认为在这个时间范围内，人为造成的灭绝风险远远大于所有的自然风险。

（2）桑德伯格的前三大威胁分别是核战争、人造感染源造成的流行病和超级智能，它们确实应当名列前茅。

就具体的而非整体的风险而言，以上结论与桑德伯格和波斯特洛姆的调查结果一致。另外，桑德伯格的第五大威胁也值得强调一下——未知的未知。

注 释

[1] 波斯特洛姆和斯科维克对存在风险的定义其实比较宽泛:"存在风险是指,会造成地球智慧生命灭绝或者永久性大幅降低其生活质量的威胁。"

[2] 波斯特洛姆和斯科维克以地震为例进行了评论(这些通常不被视为存在风险,但这种分类同样适用于较小的风险)。很明显,应该将它们划为(1)类,但由于它们造出的人员伤亡严重程度不仅取决于地震的大小,也受到我们如何建造建筑物的影响,所以也可以把它们划到(2)类:"如果我们都住在帐篷和抗震建筑物里,或者如果我们把城市放在远离断裂带和海岸线的地方,那么地震导致的损害就会很小。"

[3] 尤德考斯基讨论了一系列认知偏差,它们会损害我们对存在风险进行均衡、理性判断的能力,有以下四条:

(1)可用性偏差。我们倾向于非理性地将更大的概率附加到我们记忆中的事物上。例如,尤德考斯基提到,人们有"拒绝购买洪水保险的倾向,即使它有大量补贴、定价远远低于精算的公允价值",他还引用凯茨(Kates,1962)的调查结果说"没有遇到过洪水的人们缺乏洪水的概念","在洪泛区的人们看来,他们的遭遇堪比坐牢",而"最近经历过洪水的人们,则会为自己的损失制定一个上限,再与保险经理商讨"。

(2)合并偏见。如果琳达是一名银行出纳员,并积极参与女权运动,那么她就是一名银行出纳员。因此,

P(琳达是银行出纳员)$\geqslant P$(琳达是银行出纳员且积极参与女权运动)

但是特沃斯基和卡尼曼表明,在某些情况下,人们倾向于这样推理:就好像事物的对立面才是真实的。琳达这个例子是一个标志性示例,把它转换到我们的环境中,描述未来情景时的细节越多,我们就会越信服。

（3）范围忽略。用尤德考斯基的话来说，在面对一场屠杀 1 000 人的大灾难时，人脑并不会出现以下情况：释放相当于参加一场葬礼 1 000 倍的神经递质，来产生足够的悲伤。如果一个风险从导致 1 000 万人死亡上升到导致 1 亿人死亡，我们去阻止它的决心也不会增加 10 倍。在我们的眼睛看来，这不过是增加了一个零，其影响非常小，以至于必须放大几个数量级在实验中检测出差异。

（4）过度自信。我们在第 6 章中讨论过这种偏差，它倾向于认为自己比大多数人更好。

[4] 如果出现意外情况，我预测仍然可能会损失严重，如一场重大灾难可能会导致很大一部分人甚至全部的人丧生。

[5] 我在这里是以一种相当幼稚的方式谈论概率（所以不需要你像我一样有很多概率论专业知识才能看懂），好像全能的上帝为世界提供了客观的概率，来统治世上发生的所有事情（也许真有上帝这么做，但即便如此，我们也不知道如何获取这些概率）。为了纠正这个问题，我们应该将 $P(A)$ 看做我们分配给 A 的主观贝叶斯概率，以此类推，本段的其余部分（以及本章的其余部分）都将遵循这一点。

[6] 这里有一个问题。假设一群研究者想要估计事件 B 的发生概率，而且不满足于条件概率 $P(B|A)$，而是使用式（19）直接估计 $P(B)$。我们是否应该担心这样做有缺陷，是否应该使用得到的结果进行下一轮奥德 - 希勒布兰德 - 桑德伯格类型的分析？那样做的话，我们有可能会陷入无穷递归当中。

[7] 正如第 2 章探讨的，这个现象启发了一些科学家，他们认为向平流层排放二氧化硫是遏制全球变暖的一个方法。

[8] 人口瓶颈，又称种群瓶颈，指某个种群的数量在演化过程中由于死亡或不能生育造成减少 50% 以上或者数量级减少的事件。

[9] 这不只是大众观点，很多思想家领袖也这样认为，包括科普专家史蒂芬·品克。在他的名著《人性中的善良天使：暴力为什么会减少？》第1章中，他向读者介绍了很多历史上曾经普遍存在的骇人听闻的暴力手段，最后在章末庆幸我们生活在这样一个时代：

> 我们不必担心被绑架为性奴隶、遭遇打着神灵旗号的种族灭绝、被迫参与致命的马戏与角斗，不必担心因为持有不同信仰而被绑到十字架、车轮、木桩或绞架上，更不会因为没有生儿子就被砍头，不会因为和王室约会而被切腹，不会为了维护他们的荣誉去进行手枪决斗，也不必为了打动他们的女孩子去海边格斗。

> 迄今为止，品克的潜意识是以受过教育的西方人作为读者的。但是在引用这段话时，我有意放弃了品克原文的最后20个字，其中写着"也不必担心未来会爆发核世界大战，终结文明或人类本身。"然而，他错了，大错特错！在冷战期间，人们有很多理由担心核毁灭，现在虽然冷战结束了，但这些理由从未消失。

[10] 相比之下，在探讨（ER3）的10亿年时间尺度上，金星综合征被认为是不可避免的（至少是在没有人类、后人类或届时存在的其他一切智能代理干预的情况下）。

[11] 在我看来，这像论证中最明显的一步，然而人们的常见反应却是怀疑它。我认为这是缺乏想象力的缘故，想象不出比我们聪明得多的个体的所作所为。当然，任何一个只有人类水平智力的人，都无法做出这样的想象。我还是建议怀疑者参考一下第4章的注释[27]，看看那个例子，再试图想象在人工智能的主宰下人类的情况如何。

[12] 对于（假设的）奇异物质现象，奥德等人提供了以下总结（更多内容请参见威滕和贾菲的研究）：

> 我们的常见物质是由电子和两种夸克组成的——上夸克和下夸克。但奇

异物质还包含第三种夸克——奇异夸克。据推测，奇异物质可能比正常物质更稳定，它能够将原子核转化为更奇异的物质。人们还推测，粒子加速器可以产生小的带负电荷的奇异物质块，称之为奇异夸克团（strangelets）。如果这两个假设都正确，奇异夸克团也有足够的机会与正常物质相互作用，那么它就会在地球内部生长，以更快的速度吸引原子核，直到整个行星都转变成奇异物质，在这个过程的同时，也就摧毁了所有生命。

特纳和维尔泽克对真空突破是这样论述的：

在我们的宇宙中，真空可能并不是最低的能量空虚状态。在此，真空可以衰退到更低能量的状态，这也许是自发的，也许需要受到足够的扰动才行。这将造就一个新状态"真的真空"（true vacuum），它会以光速向外扩张，将宇宙转变为一个不适合任何生命生存的新状态。

[13] 请注意，这只考虑了现在活着的人口。而这里讨论的大灾难还会抹杀所有未来后代，如果我们把他们也计算进来的话，就需要进一步降低 P（B）的数值。在第 10 章中，我将讨论我们是否应该考虑未来后代这个道德问题。

[14] 九号冰出自美国作家库特·冯内古特创作的长篇小说《猫的摇篮》（Cats' Cradle），它的熔点为 45.5℃，可以把沼泽冻住。它一碰到嘴唇就可以使血液凝固，让人丧生；一扔进大海，整个世界就冻结了。

[15] 我就这个问题与大多数人讨论时，他们都理所当然地认为"持保留态度"意味着向下调整数字。但是在我看来并非如此明显，除非这些专家为了提升自己的学术地位、有意无意间夸大了自己估计的数字。

第 9 章

太空殖民与费米悖论

寂静的地外生命

1950 年的一个夏日，新墨西哥州洛斯阿拉莫斯的一家餐厅内，物理学家恩里克·费米正和同事埃米尔·康佩斯基、爱德华·泰勒、赫伯特·约克吃午饭。他们在谈论可能存在的地外智慧生命、超光速旅行的可能性，以及（玩笑似的）外星人是不是造成当年夏天纽约市公共垃圾桶神秘消失的罪魁祸首。接着他们谈到了更现实、更日常的话题，这时费米突然惊呼"他们都在哪儿呢"？

餐桌上的同事立刻明白他指的是外星人，费米在提出这个问题后，又快速进行了数量级的运算来证明外星人很久之前就应该造访过地球且来过很多次。费米当年的具体计算方式已经被人遗忘，但是从琼斯的著作中我们看到，三十多年后约克隐约记得他们的方法与后来的德雷克公式在原理上有相似之处，详见下文式（21）。

外星人在哪儿？这就是**费米悖论**。实际上，并没有真正或明显的矛盾使之成为一个悖论，所以将其称作费米问题更好，不过这一个术语已经存在，故依旧称其为费米悖论[1]。费米悖论提出的更明确的问题是：我们为什么看不到任何关于地外文明的证据[2]？因此，费米悖论又被称为**大寂静**。

这个问题是科学界和哲学界真正的谜题之一，它也许不能与"意识如何存在于物质世界？"或者"世界为何存在？"相媲美，但也相差不远了。我们不知道正确答案是什么，但是有很多看似合理的建议，韦伯在其畅销书中探索了其中的 50 个。

或许生命诞生这件事十分罕见，地球是唯一一个（或者极少数的一个）存在生命的星球；或许经历小行星撞击、超级火山爆发和气候变化都很正常，从这个意义上说这颗行星能够幸存下来并在足够长的时间内诞生高级生命实属幸运；或许产生智慧生命的可能性极低；或许与人类智力相当的生命偶尔会出现，但往往会走上自我毁灭的道路（可能是因为第 8 章探讨的某种灾难性设想）[3]，而来不及对宇宙造成可见的影响；或许存在大量超人类文明，但是他们没有兴趣进行星际旅行或星际通信；或许他们确实存在，但因害怕其他文明而选择沉默；或许他们以纯粹的能量或暗物质的形式存在，因而我们察觉不到；或许他们早已移居地球，我们就是他们的子嗣；诸如此类。

以上建议可能看似眼花缭乱，但我们或多或少可以对它们进行系统性思考。在探讨我最爱的**大筛选理论**之前，我想先探讨一下它的著名前身——**德雷克公式** [式 (21)]。1961 年，天文学家法兰克·德雷克在西弗吉尼亚州绿岸城召开了（当时新兴的）搜寻地外文明的会议，他在这次会议中首次提出这个公式。当时搜寻地外文明的主要方法是利用射电望远镜，搜寻外太空向地球发射的电磁辐射中包含的关于智慧生命的信息。评价这一努力是否可行的关键变量是，银河系有 M 个可能与我们通信的文明。德雷克公式认为 M 是 7 个参数的综合产物：只要准确估算出每个参数的值，就能得出合理估算的 M 值。德雷克公式为

$$M = R f_p n_e f_1 f_i f_c L \qquad (21)$$

式中，R 是银河系平均每年形成的恒星数量；f_p 是有行星的恒星所占的比例；n_e 是每个行星系中类地行星的平均数量；f_1 是有生命进化的行星所占的比例；f_i 是演化出智慧生命的行星所占的比例；f_c 是智慧生命能够进行通信的行星所占的比例；L 是这种文明在这个区域保持活跃的平均年数[4]。

不过问题是，虽然我们能够合理地推测其中一些参数，但我们或多或少还不了解其他参数。我们往往更加了解公式前面的参数，例如我们比较确定 R 约为 7，近些年来关于搜寻系外行星的进展让我们更加相信 f_p 不会太小。然而我们对 f_1、f_i、f_c 和 L 的数量级几乎一无所知。传统的估算（或更准确地说是猜测）认为，M 的数值是上千甚至数百万，这意味着在银河系里我们有很多可以通信的邻居。但是这些估算涉及 f_1 和 f_i 等比较大的值，地球上确实发生过这些必要事件，生命起源并诞生智慧生命，这一观测结果深深地影响着这些参数。事实上，我不知道有什么令人信服的证据可以排除 M 很小的可能性，即人类文明在银河系中很可能是孤独的。

大筛选：上帝掷出正面的概率

罗宾·汉森在他的论文《大筛选：我们在其中走了多远？》(*The Great Filter — Are We Almost Past It?*) 的开头写道："生命往往会不断适应、扩张，填充遇到的每个生态位。"[5] 这既是对地球历史的实证观察结果，也是达尔文学说基本原则的反映。人类一直在延续这种倾向，一旦出现新的经济市场，我们就会将其填满。汉森举了一个例子。"当清政府选择闭关锁国时，其他竞争者（比如欧洲人）最终占据了这些生存空间"。而达尔文机制不仅指空间被填满，而且占据空间的物体倾向于进一步扩张，要么是生物基因，要么是（最近人类的情况更可能是）文化基因。根据汉森的观点，这些机制可以让我们期待：

> 当太空旅行成为可能时，即便我们的大多数后代满足于地球狭窄的空间、害怕殖民者之间的竞争、恐惧与外星人接触或者想保持宇宙原本的样子，我们的一些后代还是会试图向外进行殖民扩张，首先是达到行星，然后是越过恒星，再然后是飞向星系。只要社会内部的竞争足以允许大量成员产生不同的想法并付诸实践，这种期望就可能实现。毕竟，即便是那些沉迷于网络虚拟现实且眼光十分狭隘的人，也可能想要更多的物质和能量来制造性能更好的电脑。

汉森继而提出理由：（1）这种星际和星系间的殖民从原则上说是可能的；（2）人类直接出现在外星宇航员的行星上，或者开展星系工程项目并建立一些设施，让外星宇航员认为是人工制品而非自然形成，人类殖民的影响就可能被全宇宙的外星宇航员察觉。如果你觉得难以置信，请少安毋躁，后面我将做出解释。先接受这一观点，看看它将把我们带往何处。

这种可见性有利有弊：如果人类文明可以被外星宇航员看到，那么外星文明对我们而言也是可见的。但我们目前还没有看到，只有费米悖论的大寂静。

让我们跟随汉森一起想想，适于生命生存的行星从初期一直到形成星系间文明的发展轨迹。这中间会出现很多差错，因为在大量适于生命生存的行星中（假设有 N 颗，N 的数量级可能为 10^{22}），没有一颗出现了宇宙中星系间可见的文明[6]。这就是汉森提出的大筛选：在这个发展轨迹上存在太多意外，踏上征程的行星形成星系间文明的概率非常小，绝大多数行星最终都被淘汰出局。

这个过程显然涉及一个或多个瓶颈，使得行星成功突破的可能性极低。除了最初出现自我复制细胞，汉森还提到了（注意这个列表并不完整）单细胞原核生物、更复杂的单细胞生物、有性繁殖、多细胞生物和使用工具且大脑较大的动物的出现，以及成为人类并克服各种存在威胁实现大规模太空殖民的方法。

把汉森的探讨用精确的数学理论进行检验，随机选择一颗适于生命生存的行星，假设它能形成星系间文明的概率为 r。这样的行星预计有 N_r 颗。观测结果表明，目前这种行星的实际数量为 0。现在，如果 N_r 远大于 1，即 $N_r \gg 1$，那么至少有一颗行星突出重围。因此，我们有理由得出以下结论：

$$N_r \ggg 1$$

式中，" $\ggg$ "这个符号表示"并非远大于"[7]。注意，r 的角色与德雷克公式（21）中的参数 (f_l, f_i, f_c) 角色相同，只是组合成了一个因素。不过从人类的角度看，对 r 作因式分解非常有趣，即 $r=pq$，其中 p 代表适于生命生存的行星诞生生命，且技术文明发展到当前人类技术水平的概率[8]，q 代表这个文明继续发展为星系间文明的条件概率。式（22）将改为

$$N_{pq} \ggg 1 \tag{23}$$

这可以看做是用数学公式表达大筛选的权威方式。在一定程度上，它与德雷克公式类似。不过，先让我们想想它们的区别：

（1）大筛选公式的参数比德雷克公式少。因此前者更简单（这

是一个优点），但对生命和文明发展阶段的区分不够详细。另外，前者的因式分解最大化了我们对人类未来前景的认识，稍后将详细展开探讨。

(2) 德雷克公式指向的是银河系，而大筛选说的是整个可见的宇宙。造成这种差异的一个原因可能是费米悖论和德雷克公式刚提出时，星系间的通信和旅行似乎过于激进，前沿思想家不敢更进一步，对此进行探讨。星系间殖民和人造生命最近才被认为有可能。

　　德雷克公式虽然过于狭隘，但聚焦银河系确实有优势，某些因素将变得更简单。在银河系，光速通信至多需要10万年，保守估计，有能力进行星际殖民的文明占领整个银河系至少需要几百万年。在宇宙的时间尺度上，这可以忽略不计。考虑到银河系内类地行星的平均年龄预计比地球长 10 亿 ~ 20 亿年，存在超先进技术文明，却没有时间让我们看到他们，这似乎不太可信。同时，当我们观察数十亿甚至上百亿光年之外的星系时，我们也在回顾历史，考察类地生物和类人文明尚未诞生的时期。不过我将忽视这些因素，因为它们最多给超大的数字 N 降一个数量级，而不足以产生显著影响。

(3) 德雷克公式通过 R 和 L 解释技术文明的寿命，而大筛选没有，因为它假设一旦到达所需的文明水平，人类就强大到可以存活数十亿甚至上百亿年。

(4) 大筛选明确考虑到了费米悖论，并坚持认为 N_{pq} 不可能很大，而德雷克公式没有。

那么，我们如何看待式（23）呢？N 非常大而 N_{pq} 不太大，这意

味着 pq 非常小，则可能是 p 或 l 和 q 非常小。不管是哪种情况，外太空都没有拥有超级技术的文明。现在怎么办？奥尔德斯认为最后的结论是"初步印象"，即把没证据看做地外文明不存在的证据。他还总结了三种典型的回应，并承认自己"有点讽刺意味"。这三种回应分别是"科幻小说观"、"自然科学观"和"第三种观点"。

> 科幻小说观：《星球大战》中的酒吧场景很酷，存在可以和我们交流的外星人真是美好。因此，怎么可能存在我们观测不到的地外智慧生命？所以初步印象的结论错误。

在我看来，科幻小说观或许是错的，因为它几乎否定了汉森的进化论观点。但由于这是一个异常困难的探索领域，我保持着非常开放的态度，因而我看好那些沿着这一思路走下去的科学家和思想者。以下是萨根和纽曼提出的一个非常受欢迎的想法：

> 我们认为银河系可能充满了远高于人类发展水平的文明，就像我们的发展水平远高于蚂蚁一样，这些文明对人类的关注程度也像人类对蚂蚁一样。中等发展水平的文明可能对其他行星系进行了探索和殖民，但"袖手旁观"表明了他们的意图很可能是好的，并且对技术水平刚刚发育成形的社会不太感兴趣。

这里"袖手旁观"的观点似乎在说一切有侵略倾向的物种必然会在核灾难或其他类似事件中毁掉自己，而只剩下亲切友好、不会扩张的物种。不管这一个观点有何优点，有太多的理由反驳它。除了前面提到的达尔文进化论观点，先进的技术文明实现太空殖民还有一个明显的动机，那就是他们行星上的陆地、矿藏、能源等资源有限，而太空拥有大量丰富的资源。注意：

（1）某个文明即使最初决定不进行太空殖民，也可能在百年、千年或者百万年后改变主意，这段时间太短，无法解释大寂静。

（2）即使确实如萨根和纽曼所说，绝大多数文明对人类不感兴趣，那也只需一个例外，就足以殖民整个银河系每个适合居住的星球。

汉森、波斯特洛姆和哈特都谈到了"冥想假设"，即"大多数先进的文明主要关注精神冥想，对太空探索没有兴趣"。但哈特不同意这个对大寂静的解释，他流畅且详细地进行了说明：

冥想假设也许足以完美地解释为什么公元前 600 000 年的织女三上的居民不来造访地球。公元前 599 000 年的织女三上的居民可能不像祖先那么关注精神冥想，而对太空旅行更感兴趣。公元前 598 000 年可能也会如此，以此类推。即使我们假设他们的社会和政治结构十分僵化，甚至在成百上千万年间都不曾发生改变，或者他们的习性就是对太空旅行不感兴趣，这也仍然存在一个问题——无法解释南河三星、天狼星和牛郎星上的智慧生命为什么也没有来过地球。因此，冥想假设不可信。

下面是奥尔德斯对第二种大筛选观点的总结：

自然科学观：我们希望可以估算出比较精确的 N 值，却想不出能够科学估算 p 或 q 的方法。因此，尽管拨款给搜寻地外文明的相关研究工作，以收集实际数据可能是合理的，但进一步的理论猜想却是徒劳无功的。找一份真正的工作吧！

我对科幻小说观持怀疑态度，却认为其值得深究。相比之下，我一点也不赞同自然科学观，我认为它十分狭隘且过于悲观。虽然目前尚没有充分的依据能得出相对精确的 p 和 q，但这并不代表我们永远做不到。

不过，我最倾向于赞同的是奥尔德斯的**第三种观点**，它得到了汉森的支持，并且把大筛选（及费米悖论）与本书联系起来。pq 非常小的结论意味着它们其中必然有一个很小，这对人类来说是件坏事，因为这表明人类很可能无法殖民宇宙，也就是说我们似乎走投无路了。确定 p 和 q 的数量级不仅在理论上非常有趣，而且对人类的未来具有现实意义[9]。因此，我们应该尽量保持公正和冷静，尽量精确地估算 p 和 q。与此同时，为了人类，我们有充分理由期望 q 值不小。汉森的观点"生命进化到我们这个阶段越容易，人类未来的机会就可能越渺茫"，也体现了最后这一个结论[10]。

这里可能需要一点中庸之道。上一段落似乎表明，q 值较小将给人类带来灭顶之灾，但我们不应过于确信这一点。首先，q 不是代表人类进化形成星系间超级文明的概率，而是**现今人类发展水平的文明**形成星系间超级文明的概率。结果可能（至少从理论上看）是人类在某些足够相关的方面上是个例外，甚至非常小的 q 值也不再能引起恐慌。其次，即使没有形成大筛选描述的这种星系间文明，人类仍然可能拥有美好且长久的未来。还有更多未知的物理知识，例如各个文明的归宿也许是移民到黑洞，或者隐藏的维度，或者我们看不见的其他地方；或许这些地方资源丰富，相比之下，现在可见的宇宙反而是个贫瘠无趣的废品站。在这种情况下，这些文明不会产生较大的 q 值。

因此即使 q 值很小,人类也有可能同样拥有美好的未来。

尽管 q 值很小,但是人类仍然可能繁荣兴盛,我们将之称为**布勒比设想**。即在绿色能源、可持续农业等基础上,人类安居乐业,不去研究太空殖民和其他可能走上这条道路的突破性技术。之所以提及这种可能性,是因为它似乎是目前很多可持续言论背后的一个未经思考的隐性假设,而不是因为它十分合理。其实,考虑到前文探讨的达尔文式观点,以及经济和知识生产永无止境地增长这个范式,除非极权主义的全球政府实施严格管理,否则我很难想象怎样才能实现这种安居乐业的状态。

即使如此,我也要继续探索大筛选中 p 和 q 值的估算难题。除了两者至少有一个非常小的结果之外,我们所知甚少。在很大程度上,p 值估算是判断生命发展过程中的突破能否构成严重的瓶颈(即可能性非常小的一个事件),以解释大筛选中的大部分内容,在这种情况下,我们可以得出 p 值非常小的结论[11]。汉森和奥尔德斯提出了一些非常好的方法,借此我们能考察各个突破的相对时间,判断它们的可能性是否极低,但遗憾的是,研究这些时间后获得的数据非常少,从中得出的任何统计结论都非常无力。或许为了估算第一个自我复制的核糖核酸分子出现的概率,我们必须弄清它长什么样子及如何聚集等详细信息。我们也应同样对待单细胞原核生物的出现及其他突破。

下面是一个诱人的建议。人类发展水平的智慧生命,包括现今的技术文明,确实出现在了地球上,这是证明 p 值不太小的有力证据吗?因为人类出现在地球上,然后猜测 p 值可能非常小(假设具体数量级为 10^{-22}),不就像扔硬币时看到正面朝上然后认为正面朝上的概率是 10^{-22} 一样愚蠢吗?这似乎真的很愚蠢,但是地球上出现智慧生命的情况不同。波斯特洛姆解释说:

至于智慧生命究竟是寻常还是罕见,每个观测者都会发

现自己起源于智慧生命真正诞生的地方。因为先有智慧生命才有想了解自身存在的观测者，所以把地球看做所有行星中一个随机选择的样本是错的。

不管 p 值的大小，每个观测者都将看到自己和他们的技术文明，而且由于这与 p 相互独立，这个结果就好像与 p 毫无关系。

大筛选理论家似乎都认同这一点，但是有人可能仍然会以第 7 章中的坎普拉德思维试验作类比，并以此反驳。让我们回忆一下：

> 坎普拉德掷了一枚均匀硬币。如果正面朝上，他就随机选择 1 名世界公民（即每个人被选中的概率相同），给他 / 她 100 万美元；如果背面朝上，他就随机选择 1 000 名世界公民，给每个人 100 万美元。

如果你获得了这 100 万美元，并要计算出正面朝上这个事件的条件概率。通过运用贝叶斯定理，这个概率结果只有 1/1 001，相比之下正面朝上的先验概率是 1/2。造成这个巨大差异的原因在于，背面朝上的情况下你拿到 100 万美元的概率是正面朝上的情况下的 1 000 倍。不过，正面朝上和背面朝上不就像大筛选中 p 值是小是大的情况吗？如果 p 值较大，我们存在且能够观测自身存在的概率就远大于 p 值较小的情况。简单来说，假设 p 只可能是以下两个值中的一个：$p=10^{-21}$，即我们最多和 12 个其他文明分散在可见的宇宙中；$p=10^{-3}$，文明遍布宇宙。在这两种情况下，能够思考大筛选及相关问题的观测者总数截然不同：假设第一种情况下是 10^{15}，第二种情况下是 10^{33}。假设这两种概率是先验概率、可能性相同：

　　全能的上帝掷了一枚均匀硬币。如果正面朝上，他就会
创造人口稀少的宇宙，$p=10^{-21}$ 且观测者总数为 10^{15}；如果背面朝
上，他就会创造遍布文明的宇宙，$p=10^{-3}$ 且观测者总数为 10^{33}。

　　作为观测者，你觉得全能上帝掷出正面的条件概率是多少？和坎
普拉德例子中的式（18）类似，背面朝上的情况下，存在概率是正
面朝上的 $10^{33} \div 10^{15}=10^{18}$ 倍，所以我们得到正面朝上的后验概率接近
10^{-18}。换句话说，你的存在说明更可能背面朝上且 p 值较大，为 10^{-3}。

　　此论证有说服力吗？没有。即便可以那样理解，我们仍不清楚怎
么理解"存在概率"。正如我在探讨奥鲁姆反驳贝叶斯末日论时所强调
的，拿非常明确的坎普拉德例子与末日论、大筛选探讨中出现的不那
么清晰的设想作类比本身就有问题。一个关键的区别是，坎普拉德从
明确的 70 亿人口中随机挑选，而在其他情况下没有显然类似的人口数。
假设存在这样一个人口数，那就等于说，全能的上帝可以从约 10^{100} 个
灵魂中随机挑选一个，并把它附在身体上使之成为观测者。坎普拉德
式类比或其他途径能否有力地辩解"地球上人类的存在使得证据更支
持 p 值不太小的假设"，这并不清楚。

　　因此，p 值仍然可能很小。以下是斯科维克关于生源论（生命的
起源）的一个很有趣的担心：

　　　　如果有人总结说，生源论的概率（甚至在有利的物理和
化学前提下）非常非常小，比如为 10^{-100}，却仍然表示这是
一件完全自然的事，那就会出现一个令人不解的情况：反对
者可以反驳说，生命的超自然起源显然是个更合理的假设。
也就是说，甚至是一个热忱的无神论者和自然主义者，在知
道人类认知机制容易出错的情况下，也无法理性地宣称自己

在这个形而上学的问题上的看法出错的概率小于 10^{-100}。

斯科维克的第二句话非常有道理，如果我们接受这一点，那么贝叶斯方法就支持第一句话中反对者的观点，但仍然不清楚是怎么得出 p 值很小的结论的。转向 $p=10^{-100}$ 这种困难的情况前，我们可能注意到数量级为 $1/N$，即约等于 10^{-22} 的 p 值根本不是问题，因为这意味着可见宇宙中有一两个行星上存在人类发展水平的文明；我们恰恰出现在这个行星上，这不比我们出现在适于生命生存的 N 颗行星中的一个更神秘，尽管这些行星的体积分数在可见宇宙中远远小于 10^{-25}。至于 $p=10^{-100}$ 的情况，如果我们接受"可见宇宙是嵌于大得多的多元宇宙"这个观点，通过类似推理它仍然可以符合自然主义。多元宇宙的观点有几种变化形式，其中一些在宇宙论界中非常主流，详见泰格马克的著作。

我们最终能够殖民宇宙吗？

前面我们主要探讨大筛选式（23）中概率 p 的数量级是多少，我们甚至没有得出一个精确的数字。现在我们转向另一个概率 q，看看会不会做得更好。回忆一下，q 指 21 世纪人类技术水平的文明继续发展成为星系间文明的概率。直到最近，关于外太空殖民的大部分探讨局限在银河系内，但是阿姆斯特朗和桑德伯格认为，殖民其他星系和大部分可见宇宙并非那么困难。我们稍后会提到他们的著作，不过首先要考虑在银河系传播人类文明这个小目标。

传统方式是通过某种分支过程征服银河系。我们向周边几颗恒星发射太空飞船，选择适宜的行星并建立殖民地。在每一个殖民地上，一旦有足够的时间建立必备的基础设施，就继续向较远的恒星发射宇宙飞船，依次逐渐扩大范围直至我们的足迹遍布银河系。据合理估计，完成这个过程至多需要几百万年，在宇宙的时间尺度上这非常短暂[12]。不过，这样一个项目真的可行吗？

贝克斯塔德针对这个问题展开了调查。更确切地说，他问道："如果我们能够避开第 8 章提到的各种危及人类生存的威胁（以及那些我们尚不可知的威胁），如果我们的技术可以继续自由发展，我们最终能够实现太空殖民吗？"众说纷纭，正如他指出的一样，这样做存在很多潜在的障碍，这些障碍包括：

> 能源需求极大，微重力和宇宙辐射会给健康和繁衍提出挑战，与星际旅行的远距离相比，人类寿命较短，基因多样性保持在最低水平，寻找适宜居住的目标、建立另一文明的要求极高，巨额支出和收益滞后会给经济带来挑战及可能存在政治阻力。不过，每一个障碍都有一些参考解决方法和 /或理由，问题并非无法克服。

贝克斯塔德的总体发现是，尽管人们普遍宣称星际旅行不可能[13]，尽管他努力追查其严格论证的来源，但似乎收获甚微：

> 我找不到任何说明原则上不可行的书籍或科学论文，我认为如果有的话，我会找到其中的重要文献。赞成太空殖民不可行的博客文章和新闻缺乏深度，没有相关的反驳理由，故大多没有说服力。

贝克斯塔德另一个有趣的观察结果是，如果我们在机器人和计算机科学领域实现突破，不管是人工智能还是上传思维，允许我们在人类脆弱的身体不参与的情况下开展这个项目，那么关于星际旅行和太空殖民不可行的大部分理由将不复存在。针对我们需要掌握哪些步骤，他也做了更加详细的探讨：

(1) 准备将殖民地（可能包括人类）所需的一切东西放入宇宙飞船；

(2) 保证宇宙飞船朝正确的方向高速前进；

(3) 在漫长的旅途中，保持宇宙飞船及其运载物品足够完整；

(4) 宇宙飞船在接近目标时减速；

(5) 在目标行星上建立殖民地。

其中，太空殖民乐观主义者在如何具体实施第（5）条上给予的关注最少，所以这可能是一个薄弱环节。

下面我们来说阿姆斯特朗和桑德伯格，他们具体提出了人类怎样在一两个世纪内准备开始殖民银河系甚至大部分可见宇宙，殖民边界以光年的速度扩展[14]。桑德伯格似乎非常确信这样的事是可行的。一次他与贝克斯塔德面谈时说，要想证明太空殖民不可行，我们可能需要再发现一些现在还不知道的物理知识。阿姆斯特朗 - 桑德伯格的设想不应被理解为实际会发生什么的预测，而是在宇宙范围内进行太空殖民在原则上可行的预示。如果我们相信这个结论，合理的推论是，大筛选中 q 的值可能不太小，因为如果人类距离做这件事不太遥远，那么我们就可以假设处在人类技术水平上的其他文明也有这个能力，前文提到的达尔文式观点认为，其中一些文明可能会进行扩张。

阿姆斯特朗 - 桑德伯格设想的一个核心概念源自冯·诺依曼机，也被称为自我复制机：一台能够复制自己的机器。这里的"机器"一词未必意味着它们是人工制品，记住了这一点，冯·诺依曼机无处不在这一点就显而易见了。比如，一个细菌就是一台冯·诺依曼机。因此，20 世纪 40 年代末，约翰·冯·诺依曼围绕这个概念进行了开创性的抽象研究（通过 1955 年克门尼在《科学美国人》（*Scientific American*）上发表的文章广为人知），在某种意义上没有必要证明这种机器是可能的，它只是用来让繁衍这种生物现象看上去不那么神秘。重要的是我们要注意，一台机器**只在特定的环境下**拥有成为冯·诺依曼机的属性，即一台特定的机器只在一定范围内的环境下拥有必要的自我复制能力。对环境的最低要求无疑是含有自我复制所需的能量和原材料。

现在，人工制造的非生物冯·诺依曼机只是计算机模拟中的软件，但毋庸置疑，在原则上是可以建造实际机器的。它们大小不一，从第 5 章探讨的自我复制的纳米机器人到（并且超过）弗雷塔斯和扎克里提出的月球工厂。比如，它们可以是宇宙飞船或者冯·诺依曼机（也可被称为冯·诺依曼探针）。阿姆斯特朗和桑德伯格指出，"带有人类情侣、生命保障系统、大型数据库和机载工厂的宇宙飞船算是一个冯·诺依曼探针，通过生产和繁衍能够建造自己的复制品。"在经典设想下，用来殖民银河系的宇宙飞船就是**冯·诺依曼探针**，在被殖民的行星上进行自我复制，把这些行星作为进一步殖民的基石。

阿姆斯特朗 - 桑德伯格的设想建立在同一概念之上，却在可达到的发射数量上融入了比平时更大胆的想法：他们考虑向可见宇宙的 1 011 个星系中的每一个星系发射一个探针（或者一千个，或者我们喜欢的任何数量以备不时之需）[15]。在贝克斯塔德论文中探讨的上述(1)至(5)阶段中，阿姆斯特朗和桑德伯格对第（3）阶段投入了很多精力，尤其围绕探针长期暴露在与星际和星系间尘埃碰撞的风险之下，以及第（2）阶段加速和第（4）阶段减速的力学原理和能量需求展开讨论。我跳过他们关于第（3）阶段的探讨，重点阐述他们针对第（2）阶段和第（4）阶段提出的解决方法。由于探针数量庞大并且需要接近光速飞行，能量需求大得惊人，部分出于这个原因，必须降低探针质量。探针在拥有预期功能的前提下，能造得多小是个完全开放的问题，阿姆斯特朗和桑德伯格考虑了从 30 克到 500 吨等各种规模[16]。超小型探针需要纳米技术和人工智能的重大发展（并非完全没有可能，详见第 4 章和第 5 章），而超大型探针涉及更加保守的假设。然而，即便是前者，能量需求也相当于人类目前能量消耗的数十亿倍。

这意味着项目不可行吗？如果我们能建造一个**戴森球**，答案就是否定的！戴森球是一个巨大的太阳能收集站，包裹太阳以拦截并收集太阳释放的全部或者绝大部分能量[17]。读者如果认为这听上去只是用一个不可能实现的大型工程项目，代替不可能满足的巨大能量需求，也可以谅解。不过，如果不采用冯·诺依曼机，就无法建造戴森球。如果有冯·诺依曼机，即使再大的物体也可以在合理时限内建造出来，因为冯·诺依曼机的总数可以保证时间不断倍增，从而呈指数增长，这意味着实现既定数量规模 k，所需的时间只是 k 的对数[18]。

具体来说，阿姆斯特朗和桑德伯格提出的方法是分解水星，（主要）利用这些物质建造戴森球。这需要建造拥有以下功能的冯·诺依曼机（不应与后期戴森球建成后用于星际和星系间旅行的冯·诺依曼机相混淆）：

（1）在水星上开采；
（2）将水星上的物质运输到行星际空间；
（3）使用这些物质建造太阳能收集站。

有人可能建造出一种拥有以上三项功能的冯·诺依曼机，但是更现实的做法是建造三种冯·诺依曼机，每一种负责一项任务。当水星上的开采机自我复制为很多代时，用地球的一般标准来看，它们足够多，能量需求也较大。阿姆斯特朗 - 桑德伯格解决这个问题的设想中的重点是负责（2）和（3）的机器不会等到负责（1）的机器完成水星的分解后才开始它们的工作，而是一有（1）提供的物质就开始工作。这样，不断成长的戴森球胚胎就能为水星上的机器反馈能量。多亏了生产率的指数增长，阿姆斯特朗和桑德伯格估计戴森球的建成只需几十年。

他们设想的下一步，是使用戴森球的能量发射冯·诺依曼探针（建造探针也需要物质，但是与建造戴森球所需的物质相比可以忽略不计）。他们不仅考虑了大小不同的探针，还针对探针最终减速[19]考虑了不同速度（$0.5c$、$0.8c$ 和 $0.99c$，其中 c 代表光速）和不同装置：裂变、聚变、物质 - 反物质湮灭反应等从最直接到最高效却也最冒险的方法。一些人关注的问题是戴森球收集到所需的能量大概需要多久（一个星系一个探针，即没有冗余）。如果是聚变驱动、速度为 $0.8c$ 的超小型探针（30克），6 小时就足够了，于是就有了阿姆斯特朗和桑德伯格的论文题目中的 "6 个小时见证永生"。如果是超大型探针（500 吨），那么能量需求成比例增加，戴森球需要工作约 10 000 年。从人类习惯的视角看这段时间很长，但是与费米悖论中宇宙的时间尺度及探针到达目的地的时间（通常需要数十亿年）相比，这只是一眨眼的工夫。

探针一旦在遥远星系找到行星基地，就开始下一步的工作：创建殖民地并且准备向这个星系的每颗恒星发射探针。如果成功了，殖民整个星系的时间与从地球到这个星系的旅行时间相比可以忽略不计。

当然，与一切尚未诞生的技术研究相比，阿姆斯特朗和桑德伯格的设想中缺失了很多细节，有很多东西需要补充。他们的文章绝不能被视为一个严谨缜密的决定性论证，说明全面的星系间殖民很快就可以实现。不过，他们确实提出了一个足够可信的情况，证明认真对待这种可能性是行得通的。这也表明大筛选式（23）中的 q 值不太小。

阿姆斯特朗和桑德伯格在他们文章的结尾处探讨了我们或者具有类似技术水平的地外文明是否真得想要并且决定推进这样大规模的星

系间殖民。他们赞成达尔文式观点，至少在这个意义上，如果存在很多具有人类技术水平的文明，不太可能都不想实现这种殖民。针对这些理由，他们补充了一个有趣的战略视角。假设某行星文明的技术已经成熟，他们可以为了征服宇宙，选择推行阿姆斯特朗 - 桑德伯格式的方案。如果他们相信其他文明不会去征服宇宙，就有可能非常乐意生活在自己的行星上不进行殖民。他们若把其他文明这么做的可能性视作威胁，就可能导致他们单纯为了先发制人而启动殖民计划 [20]。

搜寻地外文明的戴森球

考虑到我对解决费米悖论所提问题"我们为什么还没有见过地外文明存在的证据？"的重视，尤其对太空是否存在这种文明的重视，我很同情搜寻地外文明的努力，对此读者应该不会感到惊讶。搜寻地外文明采用的传统主导方式，是寻找这些文明可能向地球发出的无线电信号。但是，目前一无所获 [21]。还有另外两种方法：一个是**戴森式搜寻地外文明**；另一个是**向外太空发送信号**，或者有时也被称为主动搜寻地外文明。我非常接受前者，本章将做简要讨论，而对于后者我深感忧虑。

戴森式搜寻地外文明的理念是，不期望外星人有兴趣给我们发信号（即使他们存在并且拥有向我们发送无线电信号所需的技术，也不能确定他们是否有这种兴趣），而是我们可以寻找他们存在的其他证据 [22]。斯科维克也倡导这种方式，用他的话说，"被我们称为先进技术文明的存在本身，应该为我们提供一些探测到他们的途径。"这个概念可以追溯到戴森，他提出了这种文明存在的最可能的证据——戴森球。阿姆斯特朗 - 桑德伯格的大规模太空殖民设想提供了外星人建造戴森球的一个潜在动机。不管他们想做什么，肯定需要能量，如果他们没有开展星际殖民，那么他们的恒星是最明显的主要能量来源。他们如果想竭尽全力做他们正在做的事情，就可能不希望恒星的大部分能量输出白白浪费，避免浪费的直接方法就是建造一颗戴森球。

戴森球会遮住这颗恒星，不让我们的宇航员看到（否则就达不到避免能量浪费的目的），但是基本的热力学规定，戴森球被加热到一定温度，会出现红外光谱中的黑体辐射[23]。因此，对应红外光谱的电磁辐射表明我们应该寻找的正是戴森球[24]。

除了戴森球和其他大型人工制品释放的黑体辐射之外，还要寻找属于戴森式搜寻地外文明的其他证据。比如，惠特迈尔和赖特指出，只需向恒星倾卸少量核废料，就能显著改变其电磁波谱，使之不同于没有被倾卸核废料的恒星，所以寻找恒星光谱的异常现象就有意义了[25]。另一种想法是寻找恒星排列的异常之处：非常先进的技术文明可能有能力移动恒星[26]，如果出于某种原因，他们认为附近恒星的自然排列不太理想，可能会对其进行重新排列。

总结一下我对戴森式搜寻地外文明的印象，我觉得它比搜寻地外文明的传统方式更有趣，可能也更有希望，主要因为它的成立与否，不以外星人发射星际信号为假设。前两种搜寻方法似乎还值得发展，而第三种方法就未必了……

不要回答，不要回答，不要回答！

和搜寻地外文明的传统方式一样，向外太空发送信号，建立在地外文明希望与我们通信的基础之上。区别在于向外太空发送信号的支持者不满足于仅仅聆听。如果我们期望与外星人对话，为什么要守株待兔呢？主动发起对话不是更好吗？这就是他们的建议。

而且他们已经付诸实践。最著名的实例可能是先驱者10号金属板和旅行者号唱片。前者是先驱者10号和11号航天探测器（分别在1972年和1973年发射，旨在飞出太阳系）携带的镀金铝板，上面绘有介绍探测器来源和人类的图片信息。后者是旅行者1号和2号探测器（发射于1977年）携带的留声机唱片，目的和前者一样。这些异常缓慢的航天探测器的速度不到光速的万分之一（相对于我们而言），甚至没有指向某一颗恒星，似乎不比过去这些年发射的各种无线电信号更易被外星人发现。1974年，位于波多黎各的阿雷西博射电望远镜向25 000光年外的M13球状星团发送了一条信息，对人类的生物化学、生理学和太阳系进行了基本介绍。自此之后，人类向外太空发送了很多类似的信号。

我认为这些主动搜寻的行为不计后果，不可原谅。它们最可能的结果，是这些信息永远也到不了任何地外文明——要么因为外星人不存在，要么因为我们的信息是大海捞针，但是一旦被地外文明接收到了，就很可能非常危险。搜寻地外文明的传统方式和向外太空发送信号，多多少少建立在外星人亲切友好的假设之上。但是，我们怎么知道外星文明是否真的亲切友好呢？万一有一个或多个文明能够进行星际旅行并且采用先发制人的策略，准备消灭一切新人呢？大筛选探讨暗示事实可能并非如此，因为如果那些文明有这个能力，他们可能早就来了。不过，我们并不知道是否事实确实如我们的推论。我们的推理可能是错的。地外生命和文明是我们知之甚少的一个话题，关于他们所做的推理，需要拿出认识上高度谦逊的态度[27]。

我并不是说向外太空发送信号一定是错的，而是我们现在了解的东西太少，不能再继续这么做。大卫·布林在2006年发表了一篇有重大影响的文章《向宇宙呐喊》（Shouting at the Cosmos），他的观点甚至比我更加温和。他只是说，"在公开且普遍认可的国际论坛上首次讨论之前，所有控制射电望远镜的人都应克制自己，不再有意向太空发射信号，避免大大增加地球的可见程度。"然而，我觉得这种温和的请求多半只是一种修辞策略，因为很难看到在我们目前所掌握的知识下，他提议的这种合理讨论会产生"我们不这么做了"之外的决定。

有人担心向外太空发送信号会把人类的存在告诉给怀有敌意的外星人，对此普遍的回应是，由于日常的无电线和雷达活动、大城市夜间人工照明或者大气层成分反常的快速变化等泄露均可被探测到，他们已经知道我们的存在了。解决这个问题并不容易，因为地球发出的信号能否被探测到取决于信号强度、距离和外星人望远镜的观测范围[28]。不过为了便于讨论，假设向外太空发送的信号不会增加外星人探测到我们存在的风险，不会超出人类其他活动揭露的范围。那么，向外太空发送信号还有什么意义呢？或者正如布林的质疑一样："亡羊补牢，是因为圈里还有羊。"他又补充到，这揭示了向外太空发送信号倡导者的虚伪。对此我持赞同态度。

不过，瓦科赫声称他找到了答案。他认为太空那些亲切友好的外星人可能有"研究协议，只要监测到泄露的无固定目标的无线电信号，他们就应该保持沉默，但他们有权对有意发出的信号给予回应，建立联系。"布林曾多次揭穿这个蹩脚的理由。读者足以自行想到怎么反驳瓦科赫这（这并不难），我在此省略布林的反驳，只提他的一句讽刺，"相信我，我对外太空了解得一清二楚"。

《卡托研究所期刊》（Cato Unbound）也讨论了向外太空发送信号的问题。其中汉森认为，向外太空发送信号既可能导致外星人入侵，也有可能带来巨大的好处。他说，这些可能性应该有概率，属于第6章概述的决策理论范畴。找到有理有据的数字来代入公式的难度很大，这说明我们最好谨慎行事。在深入了解向外太空发送信号的前景和风险之前，我们应该暂缓这些行为，从而能够更好地做出明智的决定。两种做法的后果也是不对称的：向外太空发送信号的行为无法撤销[29]；而如果我们现在停止这些行为，以后还可以通过积极地发信号来弥补这一点。

汉森在围绕同一争论的另一篇文章中，提到我们是否也应该停止一切非主动向外太空发送信号的无线电行为，避免向外太空泄露信号。彻底封死羊圈似乎非常不现实，或许也无济于事，因为羊多半已经跑得无影无踪了。不过，我们可能需要停止射电天文学中（包括向太阳系其他天体发射微波，研究其反射方式）泄露的异常强大的信号。汉森在这篇文章中进行了初步的决策论分析，强烈建议中止这些行为。

我们不知道技术先进的地外文明是否存在，也不知道他们的意图是好是坏。我们怎么能（以目前掌握的知识水平）认为第8章存在风险中的（ER6）——被外星人消灭不会发生呢？如果人们已经预计到发射会引来太空入侵，那么最可能的情况是为时已晚，或者因为他们已经出发，或者因为他们受到了地球发出的信号的触动，这些信号尚未抵达他们行星，但我们也无法拦截。无论如何，我认为都没有理由鲁莽地向外太空发送信号，将人类置于更大的风险之下。

此处我有最后一点提醒：目前关于各种搜寻地外文明途径的探讨，可能让读者觉得我是在对比向外太空发送信号的危险行为和安全无害的搜寻地外文明的传统方式。然而，我们并不清楚能否完全保证"安全无害"。怀有敌意的地外文明可能向我们发送一些可以毁灭人类的信息，比如如何简易制造导致地球末日的武器[30]。在搜寻地外文明的领域，有很多关于如何继续监测外星信号的探讨，甚至还有一个普遍（不过不是全球范围内，也没有政府采用）认可的协议叫《关于探测到地外智慧生命之后活动的原则宣言》，尽管这种苦心孤诣往往发挥不了什么作用。

注 释

[1] 费米悖论是一种教学工具，可以训练学生判定给定物理问题所需要的材料的数量，并合理推测其数量级，从而从侧面进行估算。两个经典案例分别是"芝加哥有多少钢琴调音师？""你的下一次呼吸是否会包含至少一个来自恺撒最后一口气的分子？"还有一个经典问题是"在银河系中，目前对射电天文学感兴趣的外星文明有多少？"但这个问题可能比前两个要难得多，因为回答这个问题需要估算的数量，其数量级连最先进的太空生物学也没研究出来（参见式（21)，它是专门用来精确解决这个费米问题的）。

[2] 本章假设提出了正确的问题，即我们确实没有见过这种证据。我当然知道，有很多人说曾经见过来自遥远行星的小绿人驾驶的飞碟，还有一些目击者声称，他们曾被这些小绿人绑架过，但是到目前为止，没有什么能够表明，这些人有外星人造访地球的真实证据。

[3] 如果我们可以合理论证所有足够先进的地外文明都将不可避免地屈服于同一事物，那么大多数情景——各种人为诱发的启示，可能有助于解释大寂静。然而，有一种场景在这方面没有裨益，那就是不友好的人工智能场景（ER9)，因为它只是把"那些外星生物都在哪里？"这一问题换成了（看似同样困难的）"那些外星机器人都在哪里？"

[4] 从概率上考虑这些变量。如果 M 确实是银河系中可能与我们通信的行星数量，那么我们就知道 $M \geq 1$，因为地球就是这样一个行星。然而，我的意思是 M 指像银河系这样的星系中预计这种行星的平

均数量。有可能 M 比 1 小好几个数量级，这意味着星系中有我们这样的文明实属幸运。同样，f_p 指的不是有行星的恒星所占的精确比例，而是预期比例。

[5] 生态位，指每个个体或各个种群在种群或群落中的时空位置及功能关系。

[6] 这是 N 的粗略计算方法：银河系大约有 3×10^{11} 颗恒星，假设每三颗恒星中有一颗可能有生命，那么银河系中会有 10^{11} 颗这样的行星，再乘以星系的数量，在可观测宇宙范围内，至少有 10^{11} 个，这样我们就得到至少有 10^{22} 颗这样的行星。

这个估计值的数量级很可能会有上下误差，但误差多半不会超过一个数量级。

[7] 我故意模糊地说"比 1 大得多"，不过可以这样进行量化：

如果生命和技术文明的发展在不同的行星上是独立进行的——这也是一个说不准的假设，那么能让它一直发展下去的行星数量会呈现为泊松分布（关于泊松分布的属性，请参见欧陆森和安德森发表于 2012 年的相关论述），设其平均值为 N_r，也就是说它取值为 0 的概率大约是 e^{-N_r}。取 $N_r=5$，则 $e^{-N_r} \approx 0.007$，这看起来还能接受，但如果取 $N_r=20$，则 $e^{-N_r} \approx 2 \times 10^{-9}$，这就令人很难接受了。

[8] 这里我们自然地想找一个准确的定义，但实际上外星文明不可能和我们人类的发展路线完全一样。某些时候在某些技术方面可能领先于我们在其他时候其他方面又可能会落后于我们。所以如果没有准确的定义，就很难说清楚他们是和我们在同一水平，还是领先于我们或是落后于我们。不过，我还是和在第 4 章中定义智能一样，选择比较宽松的态度。瑟克维克举了一个类似的例子：

尽管在讨论地外生命与智能的问题时，哲学问题是不可避免的，但是我们可以先搁置这个问题。一味坚持先要搞清楚这个定义并不好。因为对于生命与智能，现在并没有精确的定义能被几乎所有生物学家和认知科学家所接受。但是这并没有阻碍这些科学家的日常研究活动。

[9] 现在的研究认为 q 是很小的，汉森认为这样做才是理性的：

> 有了这样的警告，我们应该加倍小心地保护我们的生态系统，甚至不惜牺牲经济增长来保护它。对于可能毁灭世界的物理实验，我们可能已经很小心了。但对待保护生物圈也要同样看重，也许只有这样才能让人类在大灾难中幸存。

这听起来不是特别铿锵有力，但是鉴于汉森是一个典型的技术乐观主义者，对环保主义并没什么兴趣，他这段话还是值得我们警醒的。

还可以参考舒尔曼的说法，他认为汉森提倡的这些做法是没有用的。

[10] 波斯特洛姆更加旗帜鲜明地表达了同样的观点：

> 我希望我们的火星探测器什么都没有发现。如果我们发现火星完全是一片荒凉，也许才算是好消息。死气沉沉的石头和毫无生机的荒沙会让我精神振奋。相反，如果我们发现了其他生命形式的痕迹，哪怕是细菌，哪怕是藻类，也将是坏消息。如果我们发现了更高级生命的化石，如三叶虫的残骸，甚至小型哺乳动物的头骨，那将是非常糟糕的消息。我们发现的生命越复杂，发现它的新闻就越沉重。从科学上讲这是有趣的，但是从人类的未来命运来讲，这绝对是坏消息。

[11] 至少有一种方式，可以使得 p 非常小，即如第 9 章所述的，养育生命的行星的气候像过山车一样变幻不定，小行星撞击和各种地质事件导致灾难层出不穷——在我们看来，动荡不安的地球历史，实际上是一个异乎寻常的、平静的行星历史，所以尽管生命的突破本身并不需要很多奇迹，但是要想长时间保持这种进化条件，

使生命得以繁衍、发展、进化成我们这样的复杂生命，可能性就非常小了。

或者，灾难可能源于生命本身。我们曾提到纳米科技可能导致灰蛊灾难，我当时就提出问题：为什么生物进化中不会在某些节点上创造出"绿蛊"灾难，出现一种超级高效的微生物，吃掉其余的生物圈，然后把自己饿死呢？答案可能是肯定的，也许这是行星生命的普遍命运，地球上的我们只是非常幸运地没有遇到这样的事件（到目前为止），这样也会导致一个非常小的 p。

[12] 哈特、赖特提供了这些估计，他们以谨慎的、非常保守的假设为基础，最保守的估计上限为 $10^8 \sim 10^9$ 年。但即使这样估计也没有达到银河系的年龄，银河系几乎和宇宙一样古老，其年龄约为 13.8×10^9 年。

[13] 布林谈到了"德雷克主义"，认为星际旅行根本就是不可能实现的。

[14] 在星系殖民中，后者（在光速范围内提速）没那么重要，但是对于更宏伟的任务来说，这是至关重要的。因为宇宙在不断膨胀，速度越低，永远无法到达的星系就越多。

[15] 这是我的理想化和夸张。阿姆斯特朗和桑德伯格指出，即使达到 99% 的光速，我们所能达到的星系数量也会下降一个数量级以上。

[16] 这些数字还不包括火箭和燃料，这将使整个航天器的体积增加好几个数量级。

[17] 戴森球最直接吸引人的场景是以恒星为中心的刚性球壳（当然不一定是我们的太阳）。但不幸的是，这样的球体在重力上是不稳定的——即使最轻微的干扰也会导致它落入恒星。这可以通过适当安置火箭阵列来解决，一旦出现干扰就把球体调整回原来的位置。但还有另一个问题是：球壳承受的机械力也将是巨大的。因此，人们假设戴森球体不是一个完整的球体，而是一系列围绕恒星绕

轨道运行的太阳能发电站，这样的安排可能更为现实。参见桑德伯格有关论述。

[18] 众所周知，这种指数增长只能维持有限的时间，一般认为这是因为我们生活在一个有限的星球上。然而，即使假设我们有冯·诺依曼探针，可以在真空中复制而不需要原材料，它们也会受到三维空间和物理定律的限制，如果实现超光速，就足以确保数量大小是时间 t 的函数，且其增长速度不会超过 t_3，这比任何指数增长都要慢。但这里的要点是，尽管戴森球体是一个非常大的东西，这些基本物理规律依然在更大的尺度上约束着它的指数增长。

[19] 减速部分比较困难，因为探头需要携带自己的燃料。加速部分则相对容易，并且可以在探头没有携带燃料的情况下完成。阿姆斯特朗和桑德伯格提到了多种方法，包括线圈枪和骤冷枪。

[20] 另一方面，这样一个殖民过程对于 X 行星上的人来说必然是危险的，他们可能因此决定不去某地。冯·诺依曼探针容易产生突变，并由此受到达尔文进化机制的影响。在桑德伯格涉及此类机器的科幻小说里，探测器可能演变成一种侵略性的机器——也就是所谓的狂暴者，甚至可能会转过头来反对创造它们的人类。

[21] 有关搜寻地外文明迄今为止取得的结果，请参见赖特的研究。布林提供了一种更加通俗的总结：

> 从某种角度来说，戴森球的研究才刚刚开始。还有大量的领域有待探索！到目前为止，只有少数几个早期提供的乐观模型（如明显、普遍的信标）被证明是错误的。对于正在更安静地传播的星际文化来说，仍然有足够的空间。但是虽然安静，如果我们继续使用更好的仪器、更耐心地进行搜索，仍然可能检测到他们。

[22] 我在这里有点夸大了反对经典戴森球做法的示例，因为除了对我们有意义的信息之外，外星文明还有可能检测到对我们并无意义、

但泄漏到空间的信息。

[23] 戴森球发射出来的能量总量和恒星是一样的，所以严格来说，我说的"能量浪费"是不准确的。外星人建造戴森球的真正目的，可能是为了确保他们能够最大化利用他们所在恒星的电磁辐射的负熵，而不让能量以更长的波长、更低的负熵从他们的系统中流逝。

[24] 赖特支持这种做法，并总结了之前的相关研究。但是这些研究很少，也没有明确的案例发现了外星智能。

[25] 参见弗雷塔斯的有关研究，其中有对这种做法的批评，以及基于观测智能融合能量痕迹的替代做法。

[26] 有一种可能的技术途径，其工程难度似乎与戴森球不相上下，就是制作一种名为沙卡多夫推进器（Shkadov thruster）的太阳能帆，参见巴德斯库和凯斯卡特的有关研究。

[27] 对于事件 ¬A：推导出大过滤器的方程（22）的推理误导了我们对外星生命的想法，我们应该赋予事件 ¬A 多大的概率呢？我认为，我们对这个领域理解得还很差，任何低于 P（¬A）= 0.1 的做法都是不明智的。

[28] 一个能够建造戴森球的文明，只要他们想做，肯定也能够建造类似规模的望远镜。

[29] 先驱者和旅行者探测器可能算是一个反例。因为可以想象，我们可能会在未来某个时刻决定发起一项救援任务，赶上探测器，并在它们进一步逃逸到星际空间之前把它们带回来（不过，对于这种需要后代采取清理行动的做法，我并不感到很高兴）。但是，如果假设不可能超过光速的话，是不可能追上我们以前发射的无线电波的。

[30] 读者可能还记得，这是尤德考斯基在《三世界碰撞》中讲到的科

学家掩盖的那种信息。这种情况还与所谓的人工智能盒子问题有关——这个问题是为了保证超级智能的安全,如何在把它关在盒子里的同时,仍然与它保持一定程度的沟通(否则就很难看出这样的人工智能存在)。

第 10 章

我们想要什么，应该怎么做？

事实与价值：我们想要怎样的世界

读者或许注意到了，前面章节既给出了事实与关于事实的猜想，又提供了价值主张，即关于孰好孰坏以及应该怎么做的主张[1]。回想一下前面提到的内容："先驱者"号和"旅行者"号航天探测器的速度与光速相比十分缓慢；"无线电和雷达活动、大城市夜间人工照明以及大气层成分反常的快速变化"都可能被遥远的行星探测到。我的价值主张是：我认为现在和最近几十年向外太空发送信号的行为"不计后果、不可原谅"。虽然我不能保证永远不会混淆二者，但我自认还是能够区分这两者的。

我坚信，"是"和"应该"存在差异，休谟定理认为后者不能来源于前者[2]。不过休谟定理没说价值观念和道德主张的形成与事实毫不相关，它说的是只有事实是不够的。考虑以下事实：

（P1）砒霜是致命的毒药。

和价值主张：

（C）往邻居的晚餐中下砒霜是错的。

也许有读者想说（P1）蕴含了（C），从而否定休谟定理。然而并非如此：（P1）并不蕴含（C）。之所以会犯这个错，是因为我们认为某些价值主张理所当然，比如：

（P2）不可杀人。

（P1）和（P2）共同蕴含了（C）。在砒霜这个例子中，休谟定理表明，只有（P1）或其他任何事实无法蕴含（C）。这并不排除当我们认为其他一些价值主张为真时，比如（P2），事实（P1）就有助于得出（C）这样更深一层的价值主张。

与休谟定理相关的是**元伦理的道德相对主义**，指关于道德正确的意见不一时，不存在客观上的对错，道德上的分歧只是观点不同[3]。我用**元伦理**的道德相对主义和描述性的道德相对主义及规范性的道德相对主义作区分。描述性的道德相对主义指人们在道德问题上持不同看法；规范性的道德相对主义是元伦理的道德相对主义的延伸，也认为不存在客观道德真理，这意味着我们应该包容他人的行为，哪怕其行为违背了我们自己的道德标准（文化标准或其他）。区别至关重要：我倾向于接受元伦理的道德相对主义，强烈反对规范性的道德相对主义[4]。我对客观道德真理存在与否的怀疑并不能阻止我强烈反对殉夫、女性割礼、向外太空发送信号等文化习俗和做法。

我对客观道德真理的怀疑主要是因为奥卡姆剃刀定律：道德直觉的存在是支持客观道德存在的唯一实证证据，但是既然可以通过其他因素解释，那么假定客观道德存在就是多余的[5]。

不管是新兴技术的潜在影响还是其他，一切的关键是世上没有什么事实足以告诉我们如何行事。我们的行动由自己决定，我们的决定建立在价值观念和事实的基础上（或者更确切地说，建立在我们对事实的看法之上）。我们想生活在什么样的世界？毋庸置疑，这会影响我们的选择。

无须元伦理的道德相对主义就能知道人类行为的自主性。假设元伦理的道德相对主义错误，且存在客观道德真理，进而假设我们掌握了它及其在一切情境下的运用。即便如此，我们也无法摆脱选择。为了说明这一点，假设我面临这样一个选择：是花钱给自己买一辆大卡车，还是把钱捐给从事人道主义援助的非政府组织无国界医生。即便知道客观道德要求我把钱捐给无国界医生，我也要在道德与不道德之间做出选择。我知道怎么做合乎道德不等于我会按此行事。

事实和价值观念会影响我们的选择。以下是一些关于价值观念的问题，这些观念可能对关乎人类未来的决策产生巨大的影响。

（1）我们自己的幸福较后代而言有多重要？道德哲学家往往认为，不管是现在还是将来的人，个人的幸福都同样的重要。不过，有一种被称为现实主义价值观的少数派的观点，这种观点认为道德论只适用于当前人类，而不是假想的未来人。我将在第10章探讨权衡个人利益与后代利益的两种截然不同的观点。

（2）倘若我们重视人类的幸福，那么幸福感平均水平和（所有人的幸福感总和）总体水平哪一个更重要？对这个问题的不同回答，也将使我们对以下问题有不同回答：哪种未来更美好，人数较少且人人生活美满的未来，还是人数较多而人人生活还算凑合的未来？类似的问题属于人口伦理学这个困难的领域，保证答案一致往往意味着违背常理或者是让人反感。

（3）**地球的生物圈及其生态系统是否有其内在价值，还是只在造福人类这个意义上有价值？** 这一个分歧代表了两个环境伦理学的不同流派。

（4）**体验物理现实是唯一真正重要的存在，还是在虚拟现实中的相同经历一样可以让我们过得很好？** 我认为，环境值得保护的部分原因是我喜欢在斯堪的纳维亚北部的荒野中徒步旅行和越野滑雪。然而，如果通过某些先进的虚拟现实技术就能获得相同的体验呢？这会使得保护环境不再重要吗？或许我们都应该迁移到虚拟现实，自愿创建《黑客帝国》那样的场景？

（5）**我们应该继续无限制地提高人类的认知能力和其他能力吗？在这一过程中，是否存在对人类价值和人性至关重要却有可能丢失的福山所说的 X 因素？** 本书在第 3 章详细探讨了相关话题。

（6）**人类蓬勃发展的未来，以及人类被同样蓬勃发展的机器人所取代的未来，前者一定比后者更好吗？** 这个问题与上个问题及机器人的道德状况相关。认知能力与人类相当的机器人拥有与人类相同的价值观念吗？现在看来，机器人的意识问题似乎相关。没有意识的机器人取代人类，进而殖民宇宙，这样的未来似乎毫无意义且荒谬至极。然而，如果机器人有意识，我们就更有理由看好这个设想了。

因为在考虑发展问题时，我们也该思考这些问题。

现实与未来：我们如何取得平衡

由于主流舆论对气候变化问题的日益关注，如何权衡当代与未来的福祉在过去十年得到了广泛宣传。因为许多针对气候变化的拟议行动，如用太阳能替代燃煤发电等，现在的行动成本很高，而且降低灾难性气候变化风险所带来的好处要到几十年后才能实现。为此，我们需要一种方法，对当前的成本和未来的收益进行相关比较。当然，这里的"相关"取决于我们如何回答上述问题（1）[6]。

标准方式是用**社会贴现率**衡量成本和收益。在气候变化的经济和政治影响讨论中，人们经常使用这个词，但在讨论新兴技术及其对未来人类的影响时则很少提及。这有点奇怪，因为成本和效益在时间上的分布恰恰是计算贴现率的相关条件。例如，如果认真思考人工智能突破的风险，我们可能就会考虑更加缓慢、更加谨慎地研究与开发人工智能，且研究重点将不再是人工智能的能力，而是其安全性。这一方面可能意味着经济成本，即人工智能的快速发展所带来的短期经济效益被牺牲；但另一方面，它也减少了几十年后出现人工智能灾难的风险。

在计算一年以上的经济状况时，常常会涉及贴现率 r，即对于一份必须等一年才能收到的资产，我们立即收回它时会造成多少损失。例如，假定 $r = 3\%$，某个东西现在值 1 美元，那么如果一年以后才能收到它，它就只有 $(1 - 0.03) = 0.97$ 美元[7]。贴现率和银行利率一样，采用复利计算法，所以上述资产在两年后值 $(0.97 \times 0.97) \approx 0.94$ 美元。以此类推，从现在起 t 年后，该资产的价值将会是现在的 $(1 - r)\,t$ 倍。

贴现率 r 可以选择不同的数值。当时间只是几年时，$r=3\%$ 和 $r=6\%$ 的结果差异并不大，但如果时间很长，二者就会出现惊人的差异。$r>0$，意味着我们认为当前比以后更重要，r 的值越大，这种偏好当前的倾向就越明显。表 10.1 给出了在不同贴现率 r 下，同一份资产在 10 年、100 年后的相应价值。

表 10.1　贴现率在不同时间段的相对影响

r	10 年	100 年
0.1%	0.99	0.90
1%	0.90	0.37
1.4%	0.87	0.24
3%	0.74	0.048
6%	0.54	0.0021

2007 年 6 月，我在斯德哥尔摩参加了一场非常有启发性的讨论。当时，杰出的经济学家尼古拉斯·斯特恩（Nicholas Stern）和马丁·威茨曼（Martin Weitzman）就气候变化对经济的影响，特别是贴现率进行了辩论。对贴现率的不同选择造成了他们对削减温室气体排放紧迫性的分歧。斯特恩赞成 $r = 1.4\%$，和他在《斯特恩评论》（*Stern Review*）中所解释的一样；而韦茨曼则倾向于 $r = 6\%$。从表 10.1 得知，斯特恩比威茨曼更加看重我们当前的福祉，而不是 100 年后子孙的福祉，两者在 100 年后的差距高达 $0.24/0.0021 \approx 114$ 倍[8]。因此，二人对气候政策持不同意见也就不足为奇了[9]。

在小组讨论中威茨曼反复强调，自己的选择是经济学的主流，几乎代表 95% 的经济学家，而斯特恩的立场则处于极端边缘。威茨曼认为，斯特恩极力倡导低贴现率的态度可以和石油公司的首席执行官相媲美，坚持无视所有气候科学家的立场，只在乎以 5% 最乐观的看法看待温室气体排放对气候变化的影响。不过，我认为这种类比并不合适，因为它忽略了事实——价值不同。气候变化问题是关于气候系统的事实，在这些问题上，除了相信主流科学，其他人确实没有更好的选择。

与此相反，贴现问题是我们如何看重子孙后代的福祉和经济繁荣的问题^[10]。和事实问题相比，专家在这个问题上的看法并不能决定哪种观点理性，哪种观点不理性。

那么，这些贴现率从何而来？他们是凭空出现的吗^[11]？事实上并不完全如此。威茨曼和斯特恩都同意使用拉姆齐公式（Ramsey Formula）选择贴现率，即

$$r = \eta g + \delta \tag{24}$$

式中，g 为平均每年 GDP 增长率；η 是风险回避系数；δ 表示我们对当代人福祉的看重程度（与未来的子孙相比），后两者都大于等于 0。当然，这个公式是否正确还有待进一步研究。现在暂且假设我们对当代人和未来子孙同等看重，那么只要 η 和 g 都是正数，贴现率 r 依然为正数，即如果 GDP 年均增长率 g 是正数，将来的人会比我们更富裕，对经济资源的需求可能也会更少。

这就好比同样增加一美元，它对穷人更重要，风险回避系数 η 就用来代表这个重要性。一美元的边际效应 $U'(x)$ 是总数 x 的递减函数，如果对于某个数值 b，边际效用与 $1/xb$ 成正比，那么我们就设 $\eta = b$。在 $\eta = 0$ 的极端情况下，增加一美元对乞丐和亿万富翁同样重要；$\eta > 0$ 时，增加一美元对乞丐更重要。η 越大，这种效应就越明显。在 $\eta = 1$ 的情况下，这种边际效应等于总资产的比例，例如给拥有 100 美元的人增加 1 美元，就相当于给拥有 1 000 美元的人增加 10 美元^[12]。在任何情况下，如果 g 正确反映了未来的 GDP 年增长率，η 正确反映了财富增加的边际效应，那么就可以用贴现率 $r = \eta g$ 来优化所有当代人口和未来人口的总效用^[13]。在此基础上，如果我们更倾向于提高当代人的福祉，而不是未来子孙的福祉，那就可以选择一个正数 δ 作为调节。

斯特恩设 $\eta = 1$、$g = 1.3\%$、$\delta = 0.1\%$^[14]，并把它们代入拉姆齐公式，

得到了 $r=1.4\%$。威茨曼则更喜欢他所谓的"三个 2"：$\eta=2$、$g=2\%$、$\delta=2\%$，得到 $r=6\%$。他因此批评斯特恩故意使用特别小的 η、g 和 δ，人为制造很低的贴现率 r。在斯德哥尔摩会议上，他强烈批评了斯特恩选择 $\delta=0.1\%$，但斯特恩回击说，如果 $\delta=2\%$，那么 35 年就能相差一倍，一个 1975 年出生的人就比 2005 年出生的人重要一倍，这简直荒谬。

在如何选择 δ 这个问题上，我更倾向于赞同斯特恩的观点，仅仅因为不同的人出生的时间不同，他们的人生就享有不同价值，这观点我难以苟同。至于 η 的取值，确实难以抉择。但这不是最令人纠结的，人们可能会更担心未来的 GDP 能否一直保持增长。

诚然，我们在过去经历了很长时间的经济增长，而且技术进一步发展也有继续推动经济增长的潜能，其速度可能会超出主流经济学家的想象，如汉森式的意识复制并上传，温和的智能爆炸，原子精确制造取得突破性进展，或者它们的一些组合。但毫无疑问的是，我们正在耗尽地球上的自然资源，这终将给我们自身带来严重伤害，而且我们也面临着多种全球大灾难的风险。我们现在还无法确定，究竟哪种趋势会在未来占据主导地位。但不假思索地认为所有事情都会顺利发展，设定 g 是一个正数，我认为还是有点冒失。

到此，总结一下我对拉姆齐公式右半部分的看法：我非常怀疑 δ 和 g 是否都应该是正数值；至于 η，我认为它的确应该是正数，但是请注意，如果 δ 和 g 都不是正数，那么不论正数 η 有多大，贴现率 r 都不会是正数。不过，我还有一点异议，如果把 r 设为 0 或者非常小的数值，经济决策可能受到一些不好的影响，如为了投资未来而禁止消费。

更困难的是，如果我们抱着关心后人发展的想法，把 r 设为非常接近 0 的数值，那么只要稍微变换一下时间尺度，就会发现比起遥远的将来，这不过是徒劳。例如，假设我们采用非常低的贴现率 $r=0.1\%$，那么根据表 10.1，这意味着今天的价值 100 年后还剩 90%，这听起来相当可观。但是如果把时间延长到 10 000 年，其剩余价值就会变为（1 − 0.001）× 10 000 ≈0.000 1，也就是说，我们几乎毫不在意一万年以后子孙后代的福利。

由此看来，贴现率的水平与时间尺度的长短密切相关。从短期看，较大的 r 值似乎比较好[15]，然而从长期看，只需很小的贴现率。这种观点引出了一种替代指标——"双曲线"贴现率。与普通的固定贴现率不同，它随着时间的增加而逐渐减少。

当贴现率 r 为固定值时，其数值 $V(t)$ 呈指数变化：

$$V(t)=V(0)e^{-pt}$$

其中，$p = - \log(1 - r)$。因此，这个标准案例也称作指数贴现率。

在双曲线贴现率中，$V(t)$ 依然随时间的增加而减少，但曲线的形状不同，其公式为

$$V(t) = \frac{V(0)}{1+ct}$$

其中，c 是我们自由选择的一个正数。这对应着一个随时间变化的贴现率 $r(t)$，最开始的 $r(0) = 1 - e^{-c}$，然后逐渐变小，随着时间 t 趋于无穷，$r(t)$ 趋于 0。这种贴现率的下降意味着我们希望未来的人比我们更加关心长远。

尽管有种种缺点，但指数贴现率依然在一个重要的方面胜过双曲线贴现率，那就是时间稳定性。如果将贴现率设置为 r，直到时间 t，一切发展都按我们的计划进行，我们可以期望未来的人会同意我们的选择，并继续使用同样的指数贴现率 r。相反，如果我们选择了一个双曲线贴现率，且直到时间 t 它依然正确，那么继续沿用同一贴现率意味着严重的短视行为，因为 r 是随时间不断减小的。这时我们要么调整时间轴，要么调整贴现率，使之更加符合未来发展的要求。关键在于，对于任何时代的人来说，指数贴现率都和我们现在用的一样，

对未来的看重性也一样。

正如安斯利所言，我这样理解双曲线贴现率：它是一种心理现象，深刻影响着我们生活的许多方面[16]。但从理性的角度看，它是我们大脑的缺陷或者校准不当，使我们的偏好随时间的流逝而变化。把这样的缺陷提升为指导人类长期发展的规划，我认为是非常荒谬的。

总而言之，指数贴现率和双曲线贴现率都有一定的问题。然而，在进行影响人类长久未来的系列决策中，不用贴现率也未必不行。下文的主题就是一种绕开贴现率的方法，虽然它只适用于一个特殊领域，却是一个很重要的领域，那就是避免灭绝风险。

最重要的是防范风险

预防存在风险至关重要，但是到底有多重要呢？一直读到这一章的读者可能会赞同我的观点：它应该得到决策者、科学家和其他思想者的更多关注。回想波斯特洛姆的话：从数量上看，单板滑雪运动领域的学术出版文献数量是这些存在风险领域的文献数量的 20 倍。这里隐含的信息是，虽然单板滑雪运动可能是个重要话题，但是存在风险的防范至少同样重要，甚至更加重要。

然而，这还是在一定程度上淡化了防范存在风险的重要性和紧迫性。波斯特洛姆的这篇文章名为《防范存在风险是全球首要任务》。他认为，防范存在风险比我们通常认为的更加重要，应该上升为科学研究和公共议程的国际头等大事。他论证的核心是德里克·帕菲特在其 30 年前的伟大著作《理与人》（*Reasons and Persons*）中提出的：

> 要毁灭人类，现在就可以，且后果将比大多数人想象的严重得多。试比较 3 种后果：

（1）和平。

（2）消灭 99% 世界现有人口的核战。

（3）消灭所有人的核战。

这些后果一个比一个严重。两两差异中谁更大？大多数人认为是前两者，我认为后两者的差异更大。

这是一个思维实验，其中的灾难是核战（这是 1984 年帕菲特在写作时显而易见的选择），但具体细节无关紧要[17]。

以 70 亿作为世界现有人口数也基本不会影响这一推论的说服力，因此，这意味着帕菲特的第（2）种后果是杀死 69.3 亿人，相对来说，几乎和消灭所有 70 亿人一样糟糕。这种比较在帕菲特看来是"大多数人的看法"。

不过，帕菲特的真正意思是，最后一种后果不仅消灭了现今世界上的所有人，而且消除了存在**未来后代**的可能性。帕菲特认为，繁荣兴盛的人类未来是美好的，而没有了人类将非常糟糕。若要做个定量分析的话，帕菲特提到"至少在未来 10 亿年，地球都不宜生存"。波斯特洛姆做了一个很粗略的计算，当地球人口为 10 亿、平均寿命为 100 岁时，人类进入可持续生存模式，未来 10 亿年的人口总数将高达 10^{16}。这个数字十分庞大，按照这个思路，帕菲特设想中的（2）和（3）在数值上的差异，将会是（1）和（2）的一百多万倍[18, 19]。波斯特洛姆继而提出 10^{16} 这个数字具有重大影响：

这意味着存在风险的亿分之一概率就至少相当于 100 万人口的 100 倍。 （25）

这一结论非同寻常且与人们的直觉相悖。它阐明了一点：避免存在风险至关重要，且应该得到更多关注。然而，如果把它上升到政策建议的高度，我则感到十分不安。后面我会讲述我为什么感到不安。

波斯特洛姆用来得出观察结论（25）的数字 10^{16} 其实非常保守，因为它假设人类一直在地球上生活。如果我们殖民宇宙将会怎样？这很容易得出比结论（25）更极端的结论。波斯特洛姆认为，考虑太空殖民，如果将来人类的生理结构与现在相似，预计未来人口数量为 10^{34} 更加合理。再假设我们把意识存储到电脑硬件中，10^{54} 就更为合理[20]。这些数字当然都很不确定，可能偏差许多数量级，但是我们需要知道的是，这个数字大得惊人，如果根据波斯特洛姆的结论（25）进行类似推理，就会得出极端得多的结论。

注意上一段的隐性假设：人类（或者后人类）实现太空殖民是件好事，充满人类文明的宇宙比原来更好。这是未来主义探讨中一个司空见惯的假设，却并非不证自明的真理。万一这种殖民进程实际上会造成宇宙范围内的灾难呢？计算机科学家、伦理学家布莱恩·托马西克在近期的文章《野生动物遭受苦难的重要性》（*The Importance of Wild-Animal Suffering*）和《生物福利学及野生动物保护者为什么应该关注生物扩散》（*Applied Welfare Biology and Why Wild-Animal Advocates Should Focus on not Spreading Nature*）中强调，生物扩散可能导致灾难。他首先引用了道金斯的话：

> 自然界每年遭受苦难的总数超乎想象。就在我写这句话的时间里，有成千上万只动物被活活吃掉，在逃亡的恐惧中流泪，被难以摆脱的寄生虫逐渐蚕食，死于饥饿、口渴和病疫。

托马西克继续提出"动物保护者应该考虑把精力放在自然界的各种苦难上"。他在第二篇文章中指出，如果人类殖民太空时携带野生动物，并将殖民地地球化使得野生动物得以传播，道金斯描述的巨大苦难可能还会大大增加。人类（至少包括我在内的很多人）高度重视自然和野生动物，所以想把它们带到定居的星球。托马西克建议我们应该抵制这种诱惑，因为这样会有更多动物遭受苦难。

上帝只是众神之一

想想结论（25），它说明把存在风险的概率降低一点点远比拯救100万人更重要。虽然这一结论非常抽象，不过你很难在推理过程中找到缺陷，我倾向于认为它是正确的，但如果政治家和决策者真把它用作政策建议，我会感到非常不安。这不禁让人想起那句名言，"不入虎穴焉得虎子"，即如果有利于创建未来乌托邦的目标，做出一些牺牲也可以。想象一个场景，中情局局长向美国总统汇报说，有可靠证据显示有个疯子在德国某地研发会导致世界末日的武器并打算借此消灭人类，他成功的概率是百万分之一，然而没有更多信息表明这个疯子的身份或下落。如果总统认同波斯特洛姆的观点，也知道计算方法，那么他就应该向德国发动大规模核打击，消灭德国境内的所有人。

有人对此进行了反驳。首先，中情局能够提供精确信息似乎是高度不现实的；其次，消灭德国境内的所有人显然不利于国际政治稳定，爆发核战的概率将提高百万分之一以上。总统计算时如果考虑到了这些因素，就会明白这场核攻击将会一无所获。

反过来，我对此也有几点回应。一是我们能否相信世界上的领导人真能明白这些；二是假设我是总统顾问且中情局的报告属实，我可能会对总统说："即使预期效用计算表明你应该消灭德国，也让它见鬼去吧。不管未来面临多大险境，有些事情你就是不能做！"此时我意识到，虽然我强烈反对现实主义价值观，但它在我心中还有一席之地。

综上所述，我认为波斯特洛姆的结论（25）是一个优秀的教学法手段，它表明对存在风险的防范比我们本能认为得更加重要，付出巨大代价去降低任何一丝存在风险的概率都很值得。其他一些论证也指向这个结论。下面是塔勒布等人强调的一种论证。

假设每年存在风险消灭人类的概率为 p。$p > 0$（于是论证得以延续），因为不管 p 多小，风险都随时间累积推移，在足够长的时间里人类幸存的概率趋于 0，所以我们在劫难逃[21]。比如，$p=0.001$ 听上去可能很小，但如果持续下去，那么以 t 代表将来的年限，$t=1\,000$ 时，人类幸存的概率为 0.37；$t=5\,000$ 时，概率为 0.0067；$t=10\,000$ 时，概率为 0.000\,045。p 值越小，人类灭绝就需要越长的时间，但最终我们还是会灭亡。因此，我们要把 p 降至 0。

概率 p 保持不变。如果我们考虑到 p 随时间发生变化且下降的可能性，那么正数 p 就是可以容忍的。如果我们相信当前阶段虽然异常危险，但它是个不长的过渡期，最多持续几十年，那么正数 p，比如 $p=0.001$，就可以接受。

我们目前处在这样一个过渡期吗？或许是的，目前的存在风险异常之多。不过，过渡期的说法若想奏效，我们还需证明这个时期很快就会结束。风雨过后会有彩虹[22]，不过理所当然地这样认为似乎又有些鲁莽。一位技术乐观主义者可能会说，将来的人类降低存在风险的能力比我们强得多，但在我看来，如果我们自己没有竭尽全力降低存在风险，期望后代会这么做是不道德的。

以上内容可能让精通哲学史的读者想到**帕斯卡赌注**。17 世纪，法国数学家、哲学家布莱士·帕斯卡大致创造了决策理论体系，用以分析是否应该相信上帝（和去教堂做礼拜以及虔诚的基督徒应该做的其他一切事情）。他指出，与不相信上帝比较，相信上帝带来的是：

如果上帝存在，将享受无限好处，来生在天堂而不是在
地狱生活。

如果上帝不存在，好处消极且有限（必须去教堂，不能
"享受"各种犯罪活动）。

另外，不管上帝存在与否，根据前文中提到的方法，结果总是支
持相信上帝存在。

如今几乎已经没人认真对待帕斯卡赌注了。我先解释一下存在风
险与帕斯卡赌注的相关性：出于某种原因，批评存在风险研究的人往
往乐于拿它和帕斯卡赌注相比较。瑞典生物伦理学家克里斯蒂安·蒙
特最近发表的一篇博客文章就是一个例子。蒙特说"我们为什么应该
有所行动来防范某个存在风险？驱使这一争论的仅仅是出现极其重大
的后果的可能性"，他接着拿它与上帝存在的可能性进行比较，并提出
设问"存在风险 / 最终伤害论的倡导者为什么不去做弥撒呢？"这也正
是他那篇博客文章的标题。

蒙特论证的关键是把一堆不同的概念组合成为"出现极其重大的
后果的可能性"。遗憾的是，他这篇文章没有明确列出参考文献，但是
从文本内容看，显然是在抨击波斯特洛姆和斯科维克。而我在本书中
大量引用了（通常表示赞同）后两者的著作。因此，为了具体起见，
让我们看看波斯特洛姆探讨的主要存在风险设想：

（S1）诞生了拥有超常智慧的人工智能，其目标和价值
观与人类不符，因而会消灭人类。

如果我对蒙特的观点理解正确，这就是"出现极其重大的后果的
可能性"。如果我们认为它指的是一种相对未知的设想，我们就可以赋

予其一个概率，并把这个概率代入到决策理论分析。

考虑与帕斯卡赌注相似的蒙特版本，注意帕斯卡指的不是任意一个古老的神，而是非常具体的上帝，我冒昧对这个设想做了以下总结：

（S2）耶和华创造了带有原罪的一男一女。后来他让这个女性怀孕了，从某种意义上说，这个婴儿就是他自己。婴儿长大后，他献祭了这个孩子（因此从某种意义上说是他自己），从而拯救我们脱离罪恶。不过他只拯救那些信奉他并且去教堂的人，其余人将下地狱。

蒙特倾向于完全同意（S2）是一个牵强附会和令人难以置信的假设，缺乏证据或合理论证的支持。正如蒙特所言："世间存在无数种版本的神，他们用诅咒的威胁和拯救的承诺引诱你，满足某个神的要求通常意味着否定其他神的需求，帕斯卡赌注似乎没有告诉你，你的神仅仅是众多神中的某一个。"

帕斯卡赌注尤其屈服于设想（S3），这个设想和（S2）一样看似合理，但是在这个设想下，去教堂的选择却起到了灾难性的反作用：

（S3）有一个全能的神——太阳神，他喜欢无神论者并会让他们去天堂。他会让那些信奉其他神明并让他产生嫉妒的人下地狱。

综上，蒙特的论证若想奏效，他就要以（S1）来弥补（S2）的牵强附会，以及在合理论证支持方面的欠缺。他写道：

似乎有无数种可能的潜在风险设想，以及无数种可能有利于阻止或减轻每一种风险的可行技术，我们没有足够的资源在所有风险上下大注，除非平均分配，但如此就变得毫无意义了。

那么，（S1）真得仅仅只是"无数"风险设想中的一个吗？有证据表明并非如此，它并没有牵强附会和令人难以置信的特性。当然，对于像蒙特这样不熟悉存在风险研究的人来说，乍一看（S1）可能牵强附会和令人难以置信。波斯特洛姆和其他人进行了充分的论证和合理的辩护，说明需要认真对待（S1）。蒙特如果想论证（S1）不值得这种关注，就需要提出详细的反驳理由，而不是抛出含糊不清、毫无根据的类似帕斯卡赌注的解释。

关键在于，当某个现象看似可能时，我们还无法赋予其一个有意义的概率，乃至一个比较接近的概率。在这种情况下，我们只说"（仅仅是）可能性"。然而，我们不能像蒙特一样被误导，认为这是个极低的概率。在一些情况下，比如（S2），结论看似正确；而在其他情况下，比如（S1），结论则显得毫无根据。这样一来认为所有"（仅仅是）可能性"相同是一种粗野的思考方式，只会让人困惑不解[23]。

在未来面前，不要坐以待毙

未来我们该怎么做？如果我只是给出真实的答案"我不知道"，那就太令人扫兴了，所以让我详细展开。

未来还不确定，如果听天由命，我们将一无所获。我们需要意识到的一点是，现在和未来几十年间我们采取的行动很可能产生两种后果：一种是人类文明历经数百万年甚至数十亿年后得以留存并蓬勃发展，或许还扩张到了其他恒星，我们就是这种文明的后代；另一种是我们的时日已不多了。若认真给风险定量，必将得到令人震惊的答案。

所以，我们要怎么做才能提高获得圆满结局的可能性？最迫切需要研究的是什么技术？哪些技术不太重要？哪些技术应该谨慎处理？有没有需要完全避免的技术？我们无从知晓，因为我们对未来知之甚少。因此，我们首先需要绘制这个领域的地图。

我希望在 10 年或 15 年后，我或者其他人可以更加了解未来技术的潜在前景和隐患，就本书涉及的领域再写一本书，为实际的政策建议提供有用的参考。为此，我的第一条政策建议是，应把重点放在未来重要的新兴技术上[24]。

我们如何确定哪些研究技术应该尽快推进，哪些应该被叫停？如果两个研究领域均涉及不容忽视的存在风险，其中一个是目前技术和经济进步的主要驱动力，而另一个处于边缘科学领域，从中短期看对经济或人类幸福没有什么贡献，那么叫停或限制后者则更加轻而易举。因此，我对向外太空发送信号和发展人工智能的看法大相径庭。

我认为向外太空发送信号可能招来灭顶之灾。在人类有更深入的了解之前，我不介意全面禁止这一行为，即杜绝主动向地外文明发送信息。当然，研究向外太空发送信号的理论构建是可以的，我谴责的是实施这个行为。

发展人工智能则截然不同。人工智能的突破可能会形成摧毁人类的超级智慧，这看似合理且现实，值得我们认真对待。再想想索塔拉和雅博尔斯基的警告——现在的专家非常不确定人工智能的突破时间，这"表明没有正当理由来判定'通用人工智能'近在咫尺或遥不可及。因此，我们认为坚信人工智能会马上爆发是不切实际的。"读者因此觉得暂停研究人工智能是个好主意也可以理解。然而，全面禁止人工智能研究可能极大地干预最具活力、最繁荣的经济发展，从而成为一个完全不切实际的政策建议，尤其是考虑到我们对人工智能的风险仍所知甚少——哪怕已有波斯特洛姆及索塔拉、雅博尔斯基的著作。即便这种政策建议在政治上可能，我们也不清楚这种禁令是否可取，因为在人工智能研究中取得的进展很可能有利于减轻各种存在风险，所以我们甚至不确定暂停研发是提高还是降低了存在风险。现在，对人工智能研发的优先顺序重新定位可能是更现实、更明智的，即不再全神贯注于提高人工智能的能力，而把重点放在提高其安全性上。

有一些因素导致了关于人工智能研发的政策难以制定。它可能带来巨大的不确定性，后果从大喜到大悲都有可能。地理学家、未来学家塞斯·鲍姆在最近一篇题为《危险的新兴技术面临的大难题》（*The Great Downside Dilemma for Risky Emerging Technologies*）的文章中指出的正是这一点。

合成生物学是面临类似难题的另一项技术，其危险之处是造成毁灭性的流行病风险。除非我们认真对待，否则我们可能很快就会陷入困境。

如果仅靠控制还不够呢？为了阻止恐怖分子合成并释放新型致命病毒，从而引发全球灾难，是否需要大规模监控呢？这个问题并不简单。桑德伯格说：

> 我们究竟应该加强还是弱化监控，尚未可知。一方面，监控有利于阻止犯罪、协助破案、保障社会安全、提供决策信息等；另一方面，它也会扰乱我们的私生活、侵犯人权、助长犯罪、形成强大的独裁主义和极权主义力量。不过，似乎任何一方也并没有能主导的压倒性理由：在很多情况下，棘手的实证问题和当下的社会背景决定了我们的诉求。

下面我们和鲍姆一起看看更积极的一面。值得指出的是，有很多技术提供了巨大的好处，却没有较大的弊端。本书第 2 章中强调的绿色能源，如太阳能、风能等就是这样一种技术，解决间歇性能源储存问题的技术也是其中一种。我认为，利用补贴和其他途径推动这一领域的研发很有意义。

接下来是核聚变技术，鲍姆称之为"可持续设计的圣杯"，因为"它预示着干净、无害、丰富的能源来源"。喜欢吹毛求疵的人可能想要指出，核聚变在严格意义上不是可持续的能源来源，因为它需要消耗燃料。不过，核聚变使用的氘和其他替补燃料足够丰富，远远多于核裂变所需的铀和化石燃料。同时，核聚变也不会产生大量的放射性废弃物。要是能够成功驾驭核聚变，将它作为大规模的能源来源，我们就能创造出更多机遇。例如用核聚变淡化海水，解决饮用水短缺的问题。核聚变还能避开空气捕捉的主要障碍之一，即消除大气中多余的二氧化碳的工业过程[25]。

遗憾的是，关于核聚变何时能够成为切实可行的能源生产技术，我们并没有任何可靠的时间表[26]。这与关于人工智能的讨论类似。这两个研究领域都有半个多世纪的活跃期，在预期终极目标的实现程度上有过起起落落，而且没有明确的迹象表明在未来 10 年或 20 年可以实现相关应用。我对核聚变的看法是，由于它一旦可行就能给社会带来巨大改变，我们应当保持或增加对它的投入。

鲍姆列举的最后一项技术是太空殖民。一个简单的观测结果是大部分物质资源都不在地球上，而在宇宙的其他地方。引用鲍姆的话，"毫不夸张地说，在地球之外出现文明的机会比在地球上大得多"。还有容错度的问题：在地球范围内出现的某种灾难可能消灭人类，除非有些人生活在自给自足的太空殖民地[27]。这似乎表明应该优先研究太空殖民，但这个结论又过于草率，它忽视了一个关键点——存在弊端不是叫停某项技术的唯一原因。另一个原因可能是研发这项技术需要付出的高昂的代价，与其他研究相比不划算。把物质（比如我们自己、机器或者原料）从地球或其他行星发射到太空需要消耗巨大的能量，在我们掌握阿姆斯特朗 - 桑德伯格设想中自我复制的探针技术前，大规模[28]太空殖民的费用可能高得令人望而生畏。

以上是关于一些具体领域和技术的初步建议。对于一切新兴技术，尤其是生物技术、纳米技术和人工智能这些令人苦恼的领域，我们需要在有能力做出明智的决定前，详细了解它们的发展前景和影响。

另外，千万不能拿"需要深入了解"来当做拖延的理由。诚然，我们现在的知识有限、存在缺陷、不够确定，但是或许从来都是如此，所以不能将这当做延缓、犹豫的理由，否则我们将不会采取任何行动。不做决定也是一种决定，而它将产生一定的后果。很有可能我们现在就处于或者接近某个有决定性的转折点，要么迅速灭亡，要么走向繁荣昌盛的未来。这个未来或许是整个星空，远远超出我们的想象。在未来面前，不要坐以待毙！

注　释

[1] 它们的差别并不是截然对立的。例如，"我们应该帮助穷人"可能听起来就像一个事实，我们应该如何去做的事实。本书不深入探讨其中差别的细微之处，读者可以参见朗（Long）等人的书，但是我也要指出来，这样（没有经验支撑）的例子并不能算事实。

　　　道德哲学家还经常给出一种更微妙的差别，那就是价值陈述（怎样做是有意义的？）和正常陈述（我们应该怎样做？）。本书将忽略这种差别，因此都采用了正常陈述："我们应该促进有意义的事物。"

[2] 休谟有一段名言，强调了人们是多么容易混淆这两类：

　　　迄今为止，在我所遇到的每一种道德体系中，我都发现，作者以普通的推理方式进行思考，建立上帝的存在，或者对人类事务进行观察；但我惊讶地发现，他们接下来所做的，并不是普通的命题推理，我看到的所有命题都带着"应该"或者"不应该"的字眼。这种变化是难以察觉的，但是结果确实如此。因为这种带着"应该"或者"不应该"的语句，表达了一些新的关系或论断，因此必须有观察或推理的解释才说得通，不然这些凭空冒出来的新说法就很难令人信服。因为那些作者并不常用这种预防措施，我把它推荐给读者们。我相信，这个微小的改变可以颠覆一切鄙陋的道德体系，让我们看到，罪恶和美德的区别不仅仅建立在事物之间的关系上，也不仅仅建立在理性上。

[3] 这种立场或许可以称为道德虚无主义。元伦理的道德相对主义和道德虚无主义的区别之一在于，前者认为有很多种竞争性的道德真理，而后者认为根本就没有道德真理这回事。但是在我看来，这两种说法都有问题，因为如果我们把焦点放在"客观"真理上，就会发现，如果有几种竞争性的真理，谁也不能压倒谁，那么这

基本上就等同于世界上不存在客观真理了。

[4] 然而，我是以一种温和的试探方式做的，而不是坚持僵硬的教条主义。我对这个问题持不可知论，这在第4章中对友好人工智能的道德正当性的讨论中体现得很清楚。

[5] 这是一个更原始的论点，但至少在我看来，它仍然有一些力量：假设你捍卫某种道德立场，例如有关我们应该做什么的客观真理——不妨说道德正确的事情可以最大化全世界的快乐总量，同时减少痛苦的总量。然后，我可以扮演魔鬼，根据你的立场，选择截然相反的立场，并说出这样的话：

> 这只是你的观点。你享受快乐，讨厌痛苦，但是我的爱好却与你相反。因此，我想正确的做法应该是最小化快乐的总量，增加痛苦。你看到这两种观点的对称性了吗？如果不求助于循环论证，是没办法打破这种对称的（类似于第6章中的例子）。这样一来，选择哪一种就是品味问题了。

> 你可能不相信我真是这样想的，但是我会继续坚持，最终你会发现，你没办法打破这种对称性，最多骂一句："你是个傻子！"但是"你是个傻子！"并不是一个论点，所以在这场辩论中，我赢了。

[6] 这里还有一种方法，那就是完全放弃成本效益分析，支持道德立场，即不允许我们采取恶化后代环境的行动。这种立场或许有其可取之处，但实际上很难甚至不可能始终如一地应用。

[7] 我用金钱计算贴现率的数量，这并不是偶然。价值可能也可以用其他数量来表示，但是经济学家最常用贴现率这个词，他们更倾向于把所有价值都转换为金钱。对于某些可定价的事物，如钻石和汽车，这都没问题，但对于另外一些事物，如人的生命、健康、生态系统，单单用钱来衡量可能就会有问题。

[8] 用威茨曼自己的话来讽刺就是：

关于在这里用多少贴现率的分歧，和对全球变暖在未来一百年导致的危害估计的分歧一样大，不同观点能有两个数量级的差异。分歧就是这么大！

[9] 后来，在对气候采取紧急行动的必要性方面，威茨曼似乎在靠近斯特恩的观点。他将此作为一项保险政策，以防止气候敏感性。

[10] 威茨曼说"斯特恩的数字有一个主要问题，就是没有观察人的行为，而这是会影响数字的。"他这是进一步模糊了事实——价值的区别（威茨曼）。对人们行为的观察确实属于事实的范畴，但根据这些事实，并不能决定我们在未来的价值观。人们在日常交易中也会表现出不耐烦，但这并不意味着这样做在道德上是正确的。诺德豪斯也犯了同样的错误。参见凯尼对威茨曼 - 诺德豪斯方法的批评。

[11] 想一下每个孩子都会发现的"为什么"游戏，我在第 3 章中曾提到过。告诉我你更喜欢哪种贴现率，然后我来问"为什么"。不论你怎样回答，我都继续问"为什么"，直到你最终决定结束争论，回答说"因为它一看就是那样的"，然而这样回答也就等于承认了你选择的贴现率并无可靠依据。

[12] 换言之，$\eta=0$ 表示金融资产效用的绝对增长不变，$\eta=1$ 表示金融资产效用的相对增长不变。

[13] 请注意，风险回避系数 η 是根据个体的效用来定义的，作为其经济资源的函数，但我们将其应用于整个社会，这便使推理少了一环。假设社会中未来经济资源的分配只是当今的缩放版本，就可以弥补这一环（例如，若某个未来时期人均 GDP 翻倍了，就假设其收入分配将是我们今天分配给每个人的收入翻倍）。但这种假设可能是错误的，因为有强烈迹象表明经济不平等正在加剧，而且愈演愈烈（请参阅第 4 章的讨论，以及皮凯蒂的观点）。不过，把这种假设作为一种简化方式，把一代人（或者更确切地说，在给定时

间 t 的社会）的经济不平等问题分离出来，在这一代人内部解决，仍然有意义。

[14] 斯特恩反对为现在或将来的人们的福祉分配不平等的权重。这等于设定 $\delta=0$。他认为人类在某次大灾难中灭绝的概率是 0.1%（参见第 8 章的大灾难名单），为了避免考虑也许不存在的后代人的福祉，他选择 $\delta=0.1\%$。令我担心的是，这种推理是可以自洽的：如果我们认为人类在相对不久的将来灭绝的可能性很高，那就将使我们得到更高的贴现率 r 值，而这个 r 会导致更加短视的政策，增加人类灭绝的可能性（因此在某种程度上，r 应该是比较大的，但是出于显而易见的原因，我依然不满意这个 r 值）。

[15] 如果我们只看非常短的时间，比如几天或者几小时，那将会非常明显。我想很多读者也都有类似的经历。例如有时候会出现这种情况：在周五的深夜，我决定喝五大杯酒，因为我认为当下多喝一点的快乐，远胜于第二天早上的不舒服，除非我使用合理的贴现率，才能打消这种想法。如果我们假设，我第二天早上身体状态的权重是当下感受的两倍，再把这个贴现率计算到一整年，那么如果一件事想要刺激我行动，它的价值需要达到正常值的 10^{200} 才行。

[16] 大量经验表明，我们在心理上都倾向于用双曲贴现率拟合未来价值，而不是用指数曲线。如果想把时间锁定在我们自己的冰箱里，或者把钱存到几十年后才能用的养老基金里，不经历一番与双曲贴现率模型斗争的心路，是很难理解的。参见前文对双曲贴现率的简要讨论。

[17] 可能有人会怀疑，ER7 中说的全球核战争未必能直接杀死 100% 或者 99% 的人类。但是如果我们把之后几年的间接影响也计算在内，包括核冬天引发的饥荒、第 8 章中提到的社会坍塌等，那么

帕菲特描述的场景（2）（3）也不算杞人忧天。

[18] 因为人们不理解这种观点，所以往往不会严肃对待人类大灭绝这种事情。尤德考斯基于 2008 年曾进行过一种心理观察，或许可以进一步解释这种现象：

除了典型的偏见以外。我亲自观察了有关存在风险的有害思维方式。1918 年的西班牙流感造成了 2500 万至 5000 万人死亡，第二次世界大战造成了 7000 万人死亡。在整个人类有记载的历史中，死亡人数最多的灾难，其数量级是 10^7。但是如果数量比这还要多得多，如 5 亿人死亡，甚至人类整体灭绝，其性质就完全不同了，似乎也会引发不同的思维方式，进入一种"魔法师思维"。那些永远都不会想到伤害儿童的人，在听到存在风险时却会说："好吧，也许人类这个物种真的不值得存在。"

[19] 如果未来后代（如第 3 章所述，有可能发展出后人类存在）坚持要求拥有类似我们的身体，那么，为了保持保守估计，我们可能不得不把帕菲特所说的人类存在的"另一个十亿年"再削减一点，这是因为太阳的照射强度会逐渐增加（参见第 8 章）。然而，即使这样，未来也至少还有 1015 个人类生命，这仍然足以说明人类灭绝所涉及的人口，比现在地球上的人口多好几个数量级。

[20] 为了把这些数字（10^{34}、10^{54}）转换到人类 100 年左右的寿命周期内，我们只需要将它们缩小两个数量级，就得到了 10^{32}、10^{52}。然而，我们并不确定这样的计算是否合理，因为在一个能够实现星际旅行的高科技文化中，很难想象我们不能适当延长自己的生命，也很难相信我们会主动放弃这种能力。

[21] 我的这些话用数学形式表示就是说，如果发生灭绝大灾难的年度概率为 p，那么人类能够幸存 t 年的概率就是 $(1-p)^t$，如果 $p>0$，那么 $\lim_{t \to \infty} (1-p)^t = 0$。

[22] 例如，一旦我们开始大规模的空间殖民活动，也许是按照第 9 章

所述的方式，人类就会进入一个存在风险较低的新时代。

[23] 在蒙特的文章中，不只这一处推理有问题，该博客文章还说人类
受到攻击的存在风险就像"皇帝的新装"一样：

> 事实上，可能有威胁人类的存在、在地球上生存或者生活的风险因素，
> 这并不算是新闻，对不对？这也谈不上是什么新见解，很多所谓的风险都是
> 人类自己创造出来的。

蒙特说的没错。像《原子科学家会刊》（*Bulletin of the Atomic
Scientists*）就从 1945 年开始多次指出，人类有毁灭自身的能力。
所以我们为了讨论，不妨先按他的说法，假设现有的存在风险相
关文献，以及波斯特洛姆的《把预防存在风险作为全球优先事项》
（*Existential Risk Prevention as Global Priority*，2013）等论文，都
缺乏原创内容。然后呢？蒙特的批评误解了存在风险文献，以为
它们主要是研究者试图在学术出版游戏中取得成功的产物，所以
才故弄玄虚，以此提高自己的新颖性，构建花哨的理论。然而，
我（虽然我真的只能为自己说话）了解的这个领域的大多数主要
贡献者并非如此。相反，他们似乎是认为与新兴技术相关的存在
风险研究很重要，在强烈的紧迫感驱动下，希望把这种思想传播
到学术界和世界的其他地方。从这个角度来说，一篇文献里是否
有某个具体观点或具体结果，反而不那么重要了。

蒙特的博客文章含糊不清，也没有提供如何改进这一领域的
建设性意见。因此，他只是在建议把这个问题放到不太重要的位
置（存在风险研究工作目前的学术文献出版量，也只相当于单板
滑雪相关主题学术文献出版量的二十分之一，参见第 1 章），在学
术市场上给其他领域留出更多的空间，包括蒙特自己的研究领域。
我对此决不能苟同。

[24] 然而，这接近于一种我认为非常蹩脚的政策建议，而且结果我们

都能猜出来：在 B 领域工作的研究人员 A 指出了将更多资源用于 B 领域的重要性（就我而言，虽然我的大部分研究重点都在其他领域，但确实也在投入越来越多的精力到未来学研究中）。面对这样的建议，就有必要怀疑 A 的建议动机。这有两种可能：

（ i ）因为 A 从事 B 领域研究，所以他认为 B 领域重要；

（ ii ）因为 A 认为 B 领域重要，所以他才从事 B 领域研究。

当然，对于很多人来说，有时候二者兼有，构成了一个强化循环。但是哪种影响所占的比重更大呢？如果是前一种，那么这就是质疑 A 动机的理由了。不过话说回来，对 A 提议的最终评价，需要更多地基于他的实际论点，而不是基于对其潜在动机的猜测。

[25] 如果我们有了核聚变提供的充足能源，对高能耗活动的定义可能又会产生变化。也许今后要非常极端的事情才称得上是高能耗吧。如果我们希望研究核聚变的重大缺陷，这可能是一个很好的起点。虽然我认为这个问题值得进一步思考，但就其本身而言，我认为起码现存问题并不足以阻滞核聚变的研究。

[26] 鲍姆甚至认为它有可能永远不可行。

[27] 作为第三个好处，鲍姆提到"感叹宇宙的成就，可以激发出人类伟大的奇妙灵感。"但这并不是那么明显：如果我们把感慨变成了诅咒怎么办？

[28] 我在这里说的"大规模"，不是指第 9 章中讨论的宇宙尺度的殖民化，而是更为温和的路线，在我们太阳系中其他地方建造供人类居住的太空殖民地，如可供十亿人居住的规模。

海派阅读
GRAND CHINA

×

READING
YOUR LIFE

人与知识的美好链接

十几年来，中资海派陪伴数百万读者在阅读中收获更好的事业、更多的财富、更美满的生活和更和谐的人际关系，拓展他们的视界，见证他们的成长和进步。

现在，我们可以通过电子书、有声书、视频解读和线上线下读书会等更多方式，给你提供更周到的阅读服务。

微信搜一搜

🔍 海 派 阅 读

关注**海派阅读**，随时了解更多更全的图书及活动资讯，获取更多优惠惊喜。还可以把你的阅读需求和建议告诉我们，认识更多志同道合的书友。让海派君陪你，在阅读中一起成长。

也可以通过以下方式与我们取得联系：

📱 采购热线：18926056206 / 18926056062　　📞 服务热线：0755-25970306

✉ 投稿请至：szmiss@126.com　　🌐 新浪微博：中资海派图书

更 多 精 彩 请 访 问 中 资 海 派 官 网　　(www.hpbook.com.cn ＞)